21世纪高等学校计算机
应用技术规划教材

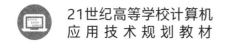

计算机组装与维护
（第2版）

◎ 李占宣　主编

U0316295

清华大学出版社
北京

内 容 简 介

本书采用"任务驱动,案例教学"的教学方法,详细介绍了计算机组装与维护的相关知识。主要内容包括计算机维修和配件的基础知识,配件选购与计算机维修方法,计算机整机的组装过程,BIOS 设置与硬盘分区,安装操作系统与驱动程序,常用软件安装与使用,以及计算机日常维护等。在"互联网+"的背景下,引入了相关的网络教学资源。

本书内容翔实,图文并茂,在内容上强调实用性,具有较强的可读性与可操作性,同时还配备了实训和一定数量的习题。

本书既可作为高等院校、高职高专院校和各类培训机构的"计算机组装与维护"课程的教材(含公共课程),也可作为计算机 DIY 爱好者、计算机发烧友、装机人员、计算机维修人员的自学参考书和实用手册。

图书在版编目(CIP)数据

计算机组装与维护/李占宣主编. —2 版. —北京:清华大学出版社,2018(2019.7 重印)
(21 世纪高等学校计算机应用技术规划教材)
ISBN 978-7-302-50444-3

Ⅰ. ①计…　Ⅱ. ①李…　Ⅲ. ①电子计算机－组装 ②计算机维护　Ⅳ. ①TP30

中国版本图书馆 CIP 数据核字(2018)第 123066 号

责任编辑:魏江江　薛　阳
封面设计:刘　键
责任校对:焦丽丽
责任印制:丛怀宇

出版发行:清华大学出版社
　　　　网　　　址:http://www.tup.com.cn,http://www.wqbook.com
　　　　地　　　址:北京清华大学学研大厦 A 座　　　　　　　邮　　编:100084
　　　　社 总 机:010-62770175　　　　　　　　　　　　　　邮　　购:010-62786544
　　　　投稿与读者服务:010-62776969,c-service@tup.tsinghua.edu.cn
　　　　质量反馈:010-62772015,zhiliang@tup.tsinghua.edu.cn
　　　　课件下载:http://www.tup.com.cn,010-62795954
印 装 者:三河市金元印装有限公司
经　　销:全国新华书店
开　　本:185mm×260mm　　印　　张:20.5　　　　　　字　　数:498 千字
版　　次:2012 年 9 月第 1 版　　2018 年 10 月第 2 版　　印　　次:2019 年 7 月第 2 次印刷
印　　数:7101~8100
定　　价:49.50 元

产品编号:074006-01

前 言

在当今信息时代,计算机应用已经涉及社会的各个领域。特别是"互联网＋"的产生与发展及操作平台的日趋简单化,为计算机的使用和普及创造了良好的条件。如何选购计算机、选购配件、安装软件,以及进行计算机维护是许多计算机使用者关注的事情。计算机组装与维护是计算机应用过程中非常重要的环节,做好计算机的日常维护,并及时排除故障,对于预防计算机故障发生、延长计算机使用寿命、保证计算机正常运行是至关重要的。为此,根据教育部的相关要求及高等院校、高职高专等各类专业的教学需求(含公共课程),结合"互联网＋"背景下的教学特点,作者组织编写了本教材。

本书将计算机技术的基本原理与组装维护实践技术两部分内容合理整合,将理论与实践紧密结合,并通过贯穿全书的图例与案例,使读者仿佛身临其境,更好地帮助读者学习计算机组装与维护的相关知识与维修技巧,并充分发挥互联网资源的作用。本书是黑龙江省高等教育教学改革项目"互联网＋"背景下地方高校软件工程专业人才培养模式研究(项目编号:SJGY20170252)的研究成果之一。

为了便于组织教学,本书在内容编排上采用了由易到难、由浅入深的方式,做到新旧结合,依照各大硬件部件的组装与维护以及各类软件的安装与维护的顺序组织编排,注重易学性和实用性。本书内容翔实、结构合理、实用性强、图文并茂、资源丰富,具有较强的可读性与可操作性。同时每章都配备了实训和一定数量的习题,第10章配备了计算机组装的综合实训,注重培养学生的实践能力和科学的工作作风。实战演练部分采用任务驱动,都是精选案例,主要通过完成某一任务来帮助读者掌握和巩固基础知识和基本操作,使读者产生成就感,极大地提高读者的学习兴趣。

本书采用了理论知识和实训技能操作相结合的形式编写,共分15章。主要介绍了计算机组装与维护必须具备的基础知识和技能,计算机组成部件的工作原理、性能指标及部件产生的故障现象和排除方法,如何配置适合具体应用的计算机,计算机配置及软件安装与维护的方法,以及计算机的日常维护方法。

本书由李占宣主编,参加编写的有李占宣、李洪洋、左雷、张晶、陈秀芳、于洪鹏、董中杰等,全书由李占宣统稿。

由于计算机技术发展日新月异,编者的理论修养和实践经验有限,教材中难免有疏漏和不足之处,恳请专家和读者批评指正。

编 者
2018 年 6 月

目 录

第 12 章　BIOS 设置与升级 ······························ 209

第1章 计算机结构与维修基础

教学提示：要了解计算机的安装及维护，首先要了解计算机的一些基本知识。本章首先介绍了计算机的系统组成，然后详细介绍了微型计算机的发展、微机硬件的基本结构和微机维修的基础知识。

教学目标：了解微处理器发展的过程。掌握微型计算机的系统组成，理解微型计算机的硬件系统和软件系统。了解微型计算机的性能指标，掌握计算机的维修方法和要领。

1.1 计算机系统的基本组成

电子计算机(Electronic Computer)，简称计算机(Computer)，是一种用于高速运算和信息处理的电子系统设备，既可以进行数值计算，又可以进行逻辑计算，还具有存储记忆功能，是能够按照程序运行，自动、高速处理海量数据的现代化智能电子设备。由于在很多情况下计算机代替了人脑的工作，而且处理信息的速度比人脑快许多倍，所以现在人们习惯把计算机称为电脑。

计算机系统由两大部分组成，即硬件系统和软件系统。计算机硬件和软件既相互依存，又互为补充，是不可分割的统一体。硬件是计算机系统的物质基础，软件又能促使硬件发挥更大的效能，它们相辅相成，互相促进，共同构成一个完整的计算机系统。按照计算机的结构原理可分为模拟计算机、数字计算机和混合式计算机。按照计算机的用途可分为专用计算机和通用计算机。按照计算机的运算速度、字长、存储容量等综合性能指标，可分为巨型计算机、大型计算机、中型计算机、小型计算机、微型计算机。

1.1.1 硬件系统基本组成

计算机系统的硬件由 5 个单元结构组成，即运算器、控制器、存储器、输入设备和输出设备，这是计算机最基本的单元结构。如图 1-1 所示，图中粗箭头代表数据或指令，在机内表现为一组高、低电平，高、低电平代表 1 和 0，通常用二进制表示。细箭头代表控制信号，在机内表现为一系列高、低电平，起控制作用。高、低电平表示两种不同的状态，计算机的工作正是通过这些不同信息的流动来完成的。下面围绕图 1-1 说明各部件的作用。

1. 运算器

运算器(Arithmetic Logic Unit，ALU)又称算术逻辑部件，是计算机用来进行数据运算

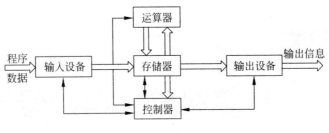

图 1-1　计算机的基本结构

的部件。数据运算包括算术运算和逻辑运算。

2. 存储器

存储器(Memory)是计算机中具有记忆能力的部件,用来存放程序或数据。程序和数据是两种不同的信息,应放在不同的地方,两者不可混淆。注意图 1-1 中所表示的信息流动方向:指令总是送到控制器,而数据则总是送到运算器。存储器就是一种能根据地址接收或提供指令或数据的装置。

3. 控制器

控制器(Control Unit)是计算机的指挥系统,在控制器的控制下,计算机有条不紊地协调工作。控制器通过地址访问存储器,逐条取出选中单元的指令并分析指令,然后根据指令产生相应的控制信号作用于其他各个部件,以控制其他部件完成指令要求的操作。上述过程周而复始,保证了计算机能自动、连续地工作。

4. 输入设备

输入设备(Input Device)是用来输入程序和数据的部件。典型的输入设备:键盘、鼠标、光笔、图像扫描仪和数字化仪等。

5. 输出设备

输出设备(Output Device)正好与输入设备相反,是用来输出结果的部件,要求输出设备能以人们所能接受的形式输出信息,如以文字、图形的形式在显示器上输出。除显示器外,常用的输出设备还有打印机、绘图仪等。

另外,输入设备、存储器、运算器、输出设备都具有向控制器反馈控制信息的能力。

1.1.2　软件系统的组成及分类

1. 软件系统的组成

软件是指计算机程序及有关程序的技术文档资料。对计算机来说,两者中更为重要的是程序,它能使计算机正常工作,在不太严格的情况下,认为程序就是软件。对软件人员来说,软件还应该包含相应的技术支持文档,便于阅读、修改和维护。

硬件与软件是相互依存的,软件依赖硬件才能保存和存储,而硬件则需在软件支配下才能有效地工作。现在软件技术变得越来越重要了，有了软件用户面对的将不再是计算机硬件本身，而是一台具有运算能力和逻辑判断能力的全能计算机。人们不必了解计算机本身，就可以更加方便、有效地使用计算机为人类服务。从这个意义上说，软件是用户与机器的接口。

2．软件系统的分类

通常根据软件的用途将其分为两大类：系统软件和应用软件。

1）系统软件

系统软件是指管理、监控、维护计算机正常工作和供用户操作、使用计算机的软件。这类软件一般与具体应用无关，是在系统一级上提供的服务。系统软件主要包括以下两类：①面向计算机本身的软件，如操作系统、诊断程序等；②面向用户的软件，如各种语言处理程序、实用程序、字处理程序等。

2）应用软件

应用软件是某特定领域中的某种具体应用，如工业控制软件、财务报表软件、数据库应用软件等。值得注意的是，系统软件和应用软件之间并无严格的界限，随着计算机的广泛应用，应用软件也在向标准化、商业化方向发展，并将其纳入软件库中。这些软件库既可看成是系统软件，也可视为应用软件。

1.1.3　计算机系统的层次关系

计算机系统由硬件系统和软件系统组成，没有安装任何软件的计算机称为裸机。计算机系统是按层次结构组织的，如图1-2所示。各层之间的关系是：内层是外层的支撑环境，而外层不必了解内层细节，只需根据约定调用内层提供的服务。

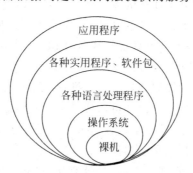

图1-2　计算机系统层次结构

由图1-2可见，在所有软件中操作系统最重要，因为操作系统直接与硬件相关联，属于最低层的软件，它管理和控制硬件资源，同时为上层软件提供支持。换句话说，任何程序必须在操作系统的支持下才能运行。操作系统最终把用户与机器隔开了，凡对机器的操作一律转换为操作系统的命令，这样一来，用户使用计算机就变成使用操作系统了。有了操作系统，用户不再是在裸机上艰难地使用计算机，而是可以充分享受操作系统提供的各种方便、优良的服务。可以通过图1-3概括地表示计算机系统的组成。

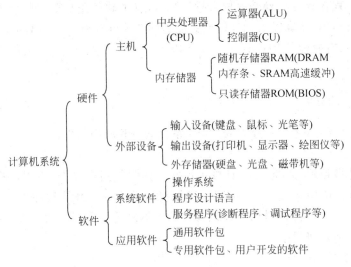

图 1-3　计算机软、硬件系统组成

1.2　微型计算机简介

世界上第一台数字电子计算机(ENIAC)于 1946 年在美国宾夕法尼亚大学研制成功。此后,计算机的发展突飞猛进,日新月异。计算机在短短八十多年的发展历程中,已经历了电子管计算机、晶体管计算机、集成电路计算机和大规模/超大规模集成电路计算机 4 代的发展历程。自 20 世纪 80 年代中期起,人们开始了以智能化、网络化为基础的第 5 代计算机的研究。那么,什么是第 5 代电子计算机呢?目前,"第 5 代电子计算机"并没有一个统一的定义,大多数人认为第 5 代电子计算机应该是具有广泛知识、能推理、会学习的智能计算机。理想的智能计算机拥有各种类型专家系统组成的知识库,具有理解、联想、推理、学习、判断和决策的能力。智能计算机应能够理解人类的自然语言,能直接接收语言、文字、图形或图像等输入信息,利用知识库中的知识和规则进行推理,从而使问题得到解决。在解决问题的同时,智能计算机的知识库也将进行自动更新或补充。美国曾提出对"更新一代计算机"的研究设想。所谓"更新一代计算机"将不再只是采用传统的电子器件,而是更多地采用光电子器件、超导器件、生物电子器件、量子器件等。

作为第 4 代计算机的一个重要分支,微型计算机(微机)于 20 世纪 70 年代初诞生。微机(Micro Computer)就是以超大规模集成电路的中央处理器(CPU)为主,配以少量的内存储器、有限的外存储器及简单的输入设备(如键盘)和简单的输出设备(如显示器)等,再配备比较简单的操作系统所构成的计算机系统。微机的发展是以微处理器的发展为特征的。四十多年来,微处理器的集成度几乎每隔两年就增加一倍,产品每 2～4 年就更新换代一次,各代的划分通常以 CPU 的字长和速度为主要依据。

1.2.1　微型计算机的发展史

(1) 第 1 代(1971—1972 年):4 位微处理器和微型计算机。例如,以 Intel 4004 为处理器加上一片 320 位的 RAM、一片 256B 的 ROM 和一片 10 位的寄存器,通过总线连接在一起就构成了世界上第一台微型计算机 MCS-4。作为第 1 代微型计算机虽然不够完善,但由于价格较低,所以一经问世就赢得了市场。于是,Intel 公司对它进行了改进,正式生产了通用的 4 位微处理器 4040。

(2) 第 2 代(1972—1977 年):8 位微处理器和微型计算机。1972 年 4 月,Intel 公司推出了第一个 8 位微处理器 8008,它含有 3500 个晶体管,时钟频率为 108kHz,寻址空间为 16KB。1974 年,集成有 4900 个晶体管的 Intel 8080 问世,随即以 8080 为中央处理器的微型计算机 Altair 问世。

1974 年,Motorola 公司也推出了集成有 6800 个晶体管的 8 位的微处理器 M6800。1976 年,Zilog 公司推出了集成有 10 000 个晶体管的 Z-80。Z-80 完全兼容 8080,而性能明显优于 8080,所以 Z-80 迅速成为当时最受欢迎的微处理器。

(3) 第 3 代(1978—1983 年):16 位的微处理器和微型计算机。1978 年 6 月,Intel 公司发布了第一个 16 位微处理器 8086。1979 年,8086 的变形产品 8088 问世。同年,Motorola 公司推出了集成有 68 000 个晶体管的 M68000。Zilog 公司也相继推出了集成有 37 500 个晶体管的 Z-8000。Intel 8086/8088、M68000 和 Z-8000 都是 16 位的微处理器的典型代表。

(4) 第 4 代(1984—1991 年):32 位的微处理器和微型计算机。1984 年,Motorola 公司率先推出了首个 32 位的微处理器 M68020。1985 年,Intel 公司发布了它的第一个 32 位微处理器 80386。1989 年,Intel 公司发布了它的第二个 32 位微处理器 80486,将第 4 代微处理器的性能又大大提高一步。Intel 公司的第三个 32 位微处理器为 Pentium,随后又推出了 Pentium 的增强型产品 Pentium Pro 和 Pentium MMX。1997 年,Intel 公司发布了 Pentium Ⅱ 微处理器,1999 年 Pentium Ⅲ 问世,2000 年 Pentium 4 投入市场。

(5) 第 5 代(1992 年以后):64 位的微处理器和微型计算机。1992 年,美国 DEC 公司率先推出了首个 64 位的微处理器 Alpha 21064。

2001 年,Intel 公司和 HP 公司联合推出了基于 IA-64 体系结构的 64 位的微处理器——安腾。2002 年推出安腾-2,2003 年推出改进的安腾-2。

1995 年,IBM 公司和 Motorola 公司联合发布了它们的第一款 64 位的微处理器 PowerPC 620。2007 年 7 月,IBM 公司推出新一代 64 位微处理器——Power 6。

目前,微处理器已经进入多核处理器时代。

总体来看,微机技术发展非常迅速,平均每两三个月就有新的产品出现,平均每两年芯片集成度提高一倍,性能提高一倍,性能价格比大幅度下降。目前,微处理器和微机正向着集成度更高、微型化、高速、廉价和多媒体、网络化的方向发展。现在流行的微机有台式计算机和便携式计算机。

1.2.2 微型计算机的分类

目前,市场上的微机种类较多,令人眼花缭乱。人们从结构方面把微机分为三类。

1. 单片机

把微处理器、存储器、输入输出接口都集成在一块集成电路芯片上,这样的微型计算机叫作单片机。它的最大优点是体积小,可放在仪表内部;缺点是存储量小,输入输出接口简单,功能较少。

2. 单板机

单板机将计算机的各个部分都组装在一块印制电路板上,包括微处理器、存储器、输入输出接口,以及简单的 7 段发光二极管显示器、小键盘、插座等。单板机的功能比单片机强,适于进行生产过程的控制;可以直接在实验板上操作,适用于教学。

3. 个人计算机

供单个用户操作的计算机系统通常称为个人计算机。个人计算机系统一般包括微型计算机、软件、电源及外部设备。微机常用的外部设备为键盘、显示器、磁盘机和打印机等。微处理器、微型计算机和微型计算机系统是三个不同的专业术语,是三个不同层次的概念。微处理器即通常所说的 CPU(或 MPU),是微机主机中的核心部分;微型计算机多指微机主机或硬件实体;微型计算机系统则包括微机硬件和软件。

另外,也可以按字长把微机分为 8 位计算机、16 位计算机、32 位计算机和 64 位计算机;按用途把微机分为工业过程控制计算机和数据处理计算机。也可以按微机的生产厂家及其型号把微机分为品牌计算机和兼容计算机,我国著名的微机品牌有"联想""方正""清华同方"等。根据微机所用的微处理器芯片可分为 Intel 系列和非 Intel 系列两类:IBM PC 中使用的微处理器芯片就是 Intel 系列芯片,主要有 Intel 8088/8086、80286、80386、80486 以及 Pentium、Pentium Ⅱ、Pentium Ⅲ、Pentium 4;非 Intel 系列的有 AMD 和 Cyrix 等公司的产品。

1.2.3　微型计算机的主要指标

微型计算机的指标比较多,主要有下列几项。

1. 字长

字长是指微机能直接处理的二进制信息的位数。字长越长,微机的信息处理能力就越强,运算精度就越高,微机的性能就越强。

2. 内存容量

内存容量是指微机的内部存储器的容量,主要指内存储器所能容纳信息的字节数。内存容量越大,它所能存储的数据和运行的程序就越多,程序运行的速度就越快,微机的信息处理能力就越强。现在微机的内存一般在 1GB 以上。

3. 存取周期

存取周期是指对存储器进行一次完整的存取(即读写)操作所需的时间,即存储器进行连续存取操作所允许的最短时间间隔。存取周期越短,则存取速度越快。存取周期的大小直接影响微机运算速度的快慢。微机中使用的是大规模或超大规模集成电路存储器,其存取周期在几十到几百纳秒(ns)。

4．主频

主频是指微机 CPU 的时钟频率。主频的单位是 MHz(兆赫兹)和 GHz(吉赫兹)。主频的大小在很大程度上决定了微机运算速度的快慢,主频越高,微机的运算速度就越快。286 微机的主频为 4～10MHz,386 微机的主频为 16～40MHz,486 微机的主频为 25～100MHz,奔腾机的主频已达 3.6GHz 以上。

5．运算速度

运算速度是指微机每秒能执行多少条指令,其单位为 MIPS(百万条指令/秒)。由于执行不同的指令所需的时间不同,因此运算速度有不同的计算方法。现在多用各种指令的平均执行时间及相应指令的运行比例来综合计算运算速度,即用加权平均法求出等效速度,作为衡量微机运算速度的标准。目前微机的运算速度为 500～800MIPS 或更高。

6．多媒体性能

多媒体性能主要指计算机的视频和音频加速性能。具体表现在显卡的 2D、3D 加速性能和声卡的音频加速性能上。优秀的显卡能够带来视觉上的巨大享受,给视觉发烧友以满足,给游戏发烧友以快乐。同样,好的声卡能够带来听觉上的巨大享受,能够给音乐和游戏发烧友带来巨大的愉悦。

7．安全性能

计算机的安全性能指的是计算机的自我保护能力。具体表现在计算机主板的病毒防护能力、计算机硬盘的数据安全性、电源过电压防护能力以及计算机的防雷击能力上。在使用计算机时,不仅要给人们带来高效率的生活和工作,同时也要使用起来安全、放心,否则会造成不可弥补的损失。

字长、内存容量、存取周期、主频和运算速度等是微机非常重要的性能指标。另外,还有一些因素,对微机的性能也起着重要的作用。

(1)可靠性:是指微机系统平均无故障工作时间。无故障工作时间越长,系统就越可靠。

(2)可维护性:是指微机的维修效率,通常用故障平均排除时间来表示。

(3)可用性:是指微机系统的使用效率,可以用系统在执行任务的任意时刻所能正常工作的概率来表示。

(4)兼容性:兼容性分为硬件兼容性与软件兼容性。硬件兼容性指计算机各个组成部件之间搭配后能否运行或运行时是否顺利的程度。软件兼容性指软件与软件之间是否会起冲突。兼容性强的微机,更利于推广及应用。

(5)性能价格比:这是一项综合评估微机系统性能的指标。微机性能包括硬件和软件的综合性能;价格是整个微机系统的价格,与系统的配置有关。

1.2.4　我国计算机科学与技术的发展与最新成果

新中国电子计算机科学与技术的发展始于 1956 年国务院制定的《1956—1967 年科学

技术发展远景规划纲要》,其中的第 41 项即为“计算技术的建立”。1956 年 6 月 19 日成立了以华罗庚为主任的“计算技术研究所筹备委员会”,这就是中国科学院计算技术研究所的前身。该委员会成立后,立即开展了国产 103 机和 104 机的研制。这两台机器都属于电子管计算机(即第 1 代计算机),其中,103 机于 1958 年 8 月 1 日仿制成功,结束了我国没有计算机的历史。

104 机是我国在苏联专家的帮助下,自行研制的大型通用数字电子计算机。该机于 1959 年 10 月 1 日宣布完成,为新中国“十年大庆”献上了一份厚礼。

1960 年 4 月,我国第一台自行设计电子计算机——107 机研制成功,这是一台小型通用计算机。1964 年,我国第一台自行设计的大型通用数字电子管计算机 119 机研制成功,平均浮点运算速度每秒 5 万次。

从 20 世纪 60 年代开始,我国的计算机科学工作者自行设计并成功研制出了一批晶体管计算机(第 2 代计算机),如哈尔滨军事工程学院研制的 441B 机,计算技术研究所研制的 109 乙机和 109 丙机。

进入 20 世纪 70 年代,我国的集成电路计算机(第 3 代计算机)也相继研制成功,1971 年,中国科学院计算所和华北计算所分别研制出 111 计算机和 112 计算机。1973 年,北京有线电厂和北京大学合作研制出 150 计算机。

1983 年,中国科学院计算所研制完成了我国第一台大型向量计算机——757 机,它的计算速度达到 1000 万次/秒。同年,国防科技大学研制出我国第一台运算速度达到 1 亿次/秒的巨型计算机“银河(YH)-1”。

我国微型计算机的研究开始于 1974 年。DJS-050 系列、DJS-060 系列是我国最早的微型计算机,它们属于 8 位微型计算机。1984 年推出了 16 位微型电子计算机——长城 0520 系列和紫金-Ⅱ。

1992 年,国防科技大学研制成功峰值速度达到 4 亿次浮点运算/秒的通用巨型计算机“银河-2”。1997 年,峰值速度为 130 亿次浮点运算/秒的“银河-3”问世。

20 世纪 80 年代以来,中国科学院计算技术研究所、国防科技大学、江南计算技术研究所、联想公司等单位先后研制成功了“曙光 1000”“曙光 2000”“曙光 3000”“曙光 4000”“银河-4”“神州/神威”系列大型/巨型计算机、联想深腾 1800 和 6800 等。

2008 年 6 月,曙光 5000A 系统问世,它的峰值速度达到 230 万亿次浮点运算/秒。这标志着我国成为世界上第二个可以生产超百万亿次超级计算机的国家。

在 2008 年 11 月 17 日公布的全球高性能计算机 TOP500 排行榜中,曙光 5000A 位列世界超级计算机第 10 位,是我国高性能计算机的最好成绩。

2009 年 10 月 29 日,我国首台千万亿次超级计算机系统——“天河一号”研制成功。该超级计算机峰值性能为 1206 万亿次双精度浮点数操作。按照 2009 年 6 月的性能数据,天河一号实测性能排列 TOP500 第四位,峰值性能列第三位,使我国成为继美国之后世界上第二个能够研制千万亿次超级计算机的国家。

同时,具有我国自主知识产权的微处理器的研发也取得了明显的进展。中国科学院计算技术研究所研制的“龙芯”系列微处理器、北京大学研制的“众志”微处理器等,已被应用到我国的科技和经济工作中。

1.2.5　电子计算机的最新应用

1．网格计算与云计算

网格计算(Grid Computing)的研究与应用是为了解决单台计算机的运算和存储能力的不足。网格计算就是将一个计算分割成片段,提交到网络系统上的各个计算机上(格点),工作做好进行汇总完成。比较流行的软件有Globebus。网格计算一般都是用在科学计算领域,例如天气预报、油藏模拟、天体物理等。

云计算(Cloud Computing)是指一个虚拟化的计算机资源池,是一种新的IT资源提供模式。可以简单地把它理解成一个数据中心,这个数据中心的计算机可以自动地管理和动态地分配、部署、重新配置以及回收资源,也可以自动安排安装软件和应用。

云计算是一种全新的信息技术,在云计算中,动态分享的计算资源被虚拟并可以作为服务被访问,取代了那些独立拥有和管理自己硬件和软件系统的传统数据中的已计算模式。同时,云计算还代表了一种绿色技术模式,它可以通过更有效地使用资源而降低能源消耗,而相等的计算工作负载只需更少的系统来处理。

2．为人民计算

所谓"为人民计算"(Computing for the Masses)是指以全民普及为目标的计算机科学技术研究和应用。它关注的用户群体不只限于科学家、工程技术人员和企业用户,而是要扩展到全体人民,在我国,包括数亿成年人和每年几千万的初中和高中毕业生。在计算机发展史上,过去新技术和新系统往往发端于科学研究和企业应用,以企业计算和科学计算为起点和重点。为人民计算则是以一个个公民为起点。近年来出现的很多网络服务,如MySpace、YouTube、Facebook、百度和腾讯,都是以人民为起点,为人民服务的思想已初现端倪。多年来,普及计算能力、为大众服务一直是计算机科学技术和产业发展的目标。微型计算机的发明是"为人民计算"发展历程中的一个里程碑。

近年来,随着半导体芯片工业发展速度所遵循的摩尔定律变缓,多核处理器的出现以及网络的发展,为人民计算重新受到计算机研究界和产业界的关注。

3．框计算

未来,打开计算机或其他任何终端,桌面上将只有一个简单的框,人们想要什么就在框中输入什么,框就能自动识别人们的需求,然后在互联网可选范围内自动匹配满足人们相关需求的最佳应用和服务。

框计算(Boxing Computing)是一种最简单可依赖的互联网需求交互模式,用户只要在框中输入服务需求,系统就能明确识别这种需求,并将该需求分配给最优的应用或内容资源提供商处理,最终返回给用户相匹配的结果。

4．智慧的地球

进入2008年,IBM公司开始把自己的业务范围从"商业机器"延伸到了"医疗、食品、能源、淡水"等领域。2008年年底,IBM公司宣布:2009年IBM将在全球推出全新战略理念

"智慧的地球"。

"智慧的地球"的三个基本要素包括："更透彻的感应和度量""更全面的互联互通""更深入的智能洞察"。IBM称世界不仅在变得更小、扁平,而且会变得更加"智慧"。"智慧的地球"是由智能化的各个行业、各个社会层面、各个组织机构甚至个人组成的。基于飞速发展的信息、网络和计算技术,世界的基础结构正在向"智慧"的方向发展。

5. 物联网

物联网(Internet of Things)的定义是：通过射频识别(Radio Frequency Identification,RFID)、红外感应器、全球定位系统、激光扫描器等信息传感设备,按约定的协议,把任何物品与互联网连接起来,进行信息交换和通信,以实现智能化识别、定位、跟踪、监控和管理的一种网络。

简言之,物联网就是"物物相连的互联网"。在这个网络中,物品(商品)能够彼此进行"交流",而无须人的干预。其实质是利用RFID技术,通过计算机互联网实现物品(商品)的自动识别和信息的互联与共享。

RFID是20世纪90年代开始兴起的一种自动识别技术,是一种非接触识别技术。以RFID系统为基础,结合已有的网络技术、数据库技术、中间件技术等,构筑一个由大量联网的传感器(阅读器)和无数移动的RFID标签组成的,比Internet更为庞大的物联网。

1.3　计算机硬件的基本结构

计算机的硬件是指由各种电子线路、器件、机械装置组成的看得见摸得着的物理实体。从外观上来看如图1-4所示,计算机主要由主机、显示器、键盘、鼠标和音箱等硬件构成。主机是计算机最重要的部件,它是由CPU、主板、内存、显卡、硬盘、光驱、声卡、网卡和软驱等硬件构成。机箱的内部构造如图1-5所示。

图1-4　计算机的外观

图1-5　主机箱内部结构

1.3.1　中央处理器

CPU(图1-6)全称为Central Processing Unit,即中央处理器或微处理器,主要包括运算器和控制器两大部分。CPU的性能直接影响着计算机的运行速度。它是计算机的指挥控制中心,负责对程序的指令进行分析,协调计算机各部件的工作以及对数据进行各种运算。

(a) Intel　　　　　　(b) AMD CPU　　　　　　(c) Intel 酷睿2双核E6300

图 1-6　CPU

1.3.2　主板

　　主板(图 1-7)是计算机最基本也是最重要的部件,是承载计算机所有硬件设备运行的平台。它既是连接各个部件的物理通路,也是各部件之间数据传输的逻辑通路。主板主要包括 CPU 插座、各种扩充插槽、BIOS 芯片、I/O 控制芯片、键盘和鼠标接口、面板控制开关接口、直流电源的供电插座等。

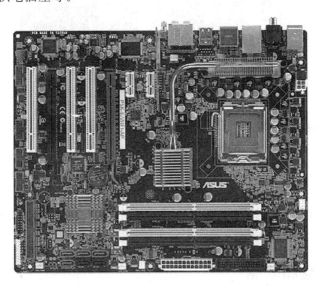

图 1-7　华硕 P5K-E/WIFI-AP 主板

1.3.3　内存条

　　内存(图 1-8)在计算机系统中起着暂时存储各种数据、信息的作用,它是直接与 CPU 相连的存储器,一切要执行的程序和需要处理的数据都要先装入内存,再由 CPU 进行处理。当退出程序或关闭计算机后,其数据信息就会丢失。因此,内存的性能和容量,在整个系统中起着举足轻重的作用。

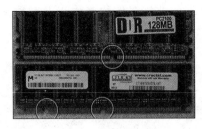

图 1-8　内存条

1.3.4　显卡和显示器

计算机的显示系统主要由显卡(图 1-9)和显示器两大部分组成。

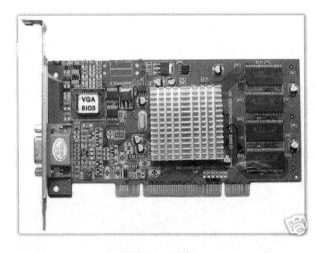

图 1-9　显卡

显卡又称为显示适配器,它是显示器与主机通信的控制电路和接口,主要由视频存储器、字符发生器、显示系统 BIOS、控制电路和接口等部分组成。

显示器是主要的输出设备,它通过电缆与主机的显卡相连,以便将计算机中的内容显示给用户。它是计算机操作中实现人机交互的重要设备。

1.3.5　硬盘和软驱

硬盘(图 1-10)是用于存放计算机各种软件、数据和文件的大容量存储器,是计算机中广泛使用的外部存储设备,具有存取速度快、容量大、可靠性高、几乎不存在磨损问题的特点,是计算机中最重要的外部存储器。

软驱(图 1-11)是一种直接存取的设备,它的优点就是方便携带,缺点是单个软盘的容量小。

1.3.6　光驱

光驱(图 1-12)又叫作 CD-ROM,是计算机系统常见的外部存储设备之一。

(a)   (b)

图 1-10 硬盘

(a)   (b)

图 1-11 软驱

光盘上可以存放计算机程序、多媒体应用软件等,也可以存放文本、图形、压缩的静态或动态图像信息。由于光盘容量大、成本低,许多软件也以 CD-ROM 作为载体发售,如Windows、AutoCAD、Photoshop 等。

图 1-12 光驱   图 1-13 声卡

1.3.7 声卡与音箱

声卡(图 1-13)和音箱构成了计算机的音效系统。声卡是多媒体计算机的重要组件之一,各种游戏、视频播放、CD 音乐效果都是通过声卡来实现的。但是有了声卡之后,还必须配备音箱才能正常发挥它的音效功能。

音箱是多媒体计算机必备的部件,声音通过声卡传到音箱,再由它传播出来。此外,也可以用耳机代替音箱。

1.3.8　网卡

网卡(图 1-14)是网络接口卡的简称,它的作用是向网络发送数据、控制数据、接收并转换数据。它安装在计算机的扩展槽中,充当计算机和网络之间的物理接口。

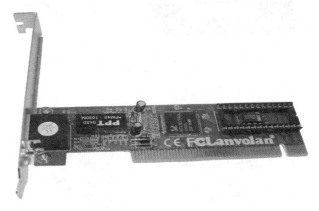

图 1-14　网卡

1.3.9　机箱和电源

机箱(图 1-15)是安装和保护主机内各种配件的外壳。计算机里所有的配件都靠电源(图 1-16)来供电。因此,电源质量的好坏对计算机整体稳定性有很大的影响,质量低劣的话,还可能会损坏机器中的其他部件。

图 1-15　机箱

图 1-16　电源

1.3.10　键盘和鼠标

键盘(图 1-17)是计算机中最重要的输入设备之一,键盘的安装是通过一个 PS/2(或USB)接口与主板上的键盘接口相连。鼠标(图 1-17)是随着 Windows 图形操作界面流行起来的一种输入设备,很多情况下不需用键盘输入命令,只要通过鼠标单击相应的菜单命令或选择即可完成所需要的操作。

图 1-17　键盘和鼠标

1.3.11　调制解调器

调制解调器(Modem,图 1-18)的主要功能是进行数字信号和模拟信号的互相转换,是计算机通过电话线上网的一种设备。Modem 分为内置式和外置式两种。

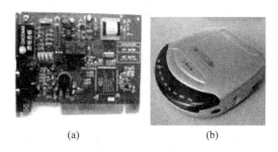

(a)　　　　　　　　　　(b)

图 1-18　内置式和外置式 Modem

1.3.12　打印机和扫描仪

打印机和扫描仪虽然不属于计算机的必需设备,但跟它们的关系很紧密。打印机与显示器一样,是一种常用的输出设备,而扫描仪则属于输入设备。它们都可以通过一根电缆与主机后面的接口相连。

除了上面介绍的硬件之外,计算机的可选外设还有摄像头、数码相机和手写板等,添加不同的硬件则增加了相应的功能。

1.4　计算机维修基础

微机是由硬件和软件构成的系统,任何一个硬件和软件出现了问题,都会影响微机系统的正常使用。良好的个人素质和道德品质是对计算机组装与维护人员的基本要求,专业的技术水平是计算机组装与维护的关键。

在实际工作中,必须对计算机的维护概念有一个明确与系统的认识。其实,只要注意维护与保养,就可确保计算机系统长期稳定地工作。据统计,计算机的故障 70%～90%来自于缺乏使用常识、保养常识;而真正的计算机维护、维修工作比例是很少的,大约占 10%～30%。也就是说,计算机维护主要是指在稳定的工作环境中,对计算机硬件系统的正确使用与保养,对硬件系统与软件系统进行科学的安装、分配、管理和整理,做到"护理"为主,"维修"为辅。

1.4.1　计算机故障概述

计算机在使用过程中难免会出现各种各样的问题,而且现象是多样的,引起故障的原因和部位也是不同的,所以对故障的分类会有几种不同的方法。

首先,按照计算机系统的组成可把故障大致分为软件故障、硬件故障和综合性故障。

1．软件故障

软件故障是指由计算机软件所引起的故障,如 Setup 参数设置不正确、一些高版本的软件不能在较低版本的操作系统中运行、软件冲突或软件运行时占用较多资源并导致死机、计算机病毒感染、操作系统破坏等。

2．硬件故障

硬件故障是指由计算机硬件设备引起的故障,如板卡或 CPU 未安装正确、板卡或内存条的金手指被氧化造成接触不良、散热不佳导致 CPU 不能稳定工作,以及数据线或电源线松动等。硬件故障又可分为电器故障、疲劳性故障、人为故障和外界干扰故障等。

3．综合性故障

综合性故障主要是指硬件冲突故障和软硬件故障共存的故障。硬件冲突主要指计算机的各设备在其他计算机上运行无误,而组装为独立的计算机时便会出错。软硬件故障指软件故障和硬件故障共存,即硬件设备错误,同时软件安装错误。

其次,按故障的影响程度分,可以分为非关键性故障(非严重性故障)和关键性故障(严重性故障)。非关键性故障是指只影响系统某一个或几个功能,系统仍可继续完成其他功能。例如,系统板扬声器控制电路有了故障,除无声音外,主机仍可正常运行完成其他功能。关键性故障是指某一部分出了故障,会影响整个计算机的运行,如系统板上的时钟电路坏了或 CPU 坏了等都会使整台计算机不能运行。

第三,按其故障的持续时间又可分为间歇性故障(或叫暂时性故障或随机性故障),通称"活故障"和固定性故障。间歇性故障主要是由于插件、元器件等接触不良造成电路的似通非通、似断非断,或因电路竞争、元器件性能变差、热特性不好等而引起的功能错误。它的特点是持续时间较短,往往不需要人工干预就可以自行恢复正常,或转化为死故障。由于这种故障极不稳定,时隐时现,所以一般要用较长时间才能排除。固定性故障主要是由于元器件损坏严重,电路短路或断路,机械部件损坏或失灵造成的。这些故障在计算机故障中所占比重是较大的,排除这类故障比活故障容易些。

另外,按其各功能块的故障分,计算机故障又可分为数据处理部分的故障、信息控制部分的故障、信息存储部分的故障和外部接口及外部设备的故障等。

1.4.2　计算机故障产生的原因

一般影响微机正常工作及微机故障产生的原因可分为两大类:内部因素和外部因素。

内部因素包括电子器件的老化和接口的松动等。外部因素包括环境温度及湿度、电磁干扰、灰尘、强磁场、静电、供电系统干扰和计算机病毒等。总的来说,外部因素对微机的影响要远远高于其内部因素。

1. 环境因素

计算机是一种精密仪器,对工作环境要求较高,如果长时间在恶劣环境中工作,就可能引起计算机故障,其中,湿度、温度、灰尘、电源对计算机工作的影响较大。

（1）湿度：计算机正常工作的环境湿度应为 30％～80％,湿度过高容易使元器件受潮并引起短路；湿度过低容易产生静电,造成硬件损坏。

（2）温度：计算机正常工作的环境温度应为 10～45℃,温度过高或过低都会影响计算机的正常工作,并缩短计算机的使用寿命。

（3）灰尘：如果在计算机的工作环境中有大量的灰尘,就会影响计算机的散热,有时也会引起线路短路。

（4）电源：计算机的正常工作电压范围应在 220(±10％)V 之间,频率应在 50(±5％)Hz 之间。

2. 硬件因素

计算机要靠所有硬件的协同工作才能发挥作用,其中的某个硬件如果出现了问题都有可能导致计算机不能正常运行。硬件故障从发生部位来看可以分为电路故障、机械故障、存储介质故障、光电器件被灰尘严重污染、接触不良等。

3. 计算机病毒

计算机病毒最早只是人们的一种科学幻想。而这种幻想很快成为现实,并迅速漫延,给计算机带来了灾难性的后果。计算机病毒是一种程序代码,如果计算机感染了病毒,可能造成其运行速度变慢、破坏硬盘数据、BIOS 被改写或是根本不能使用。

4. 人为因素

用户不良的使用习惯和错误的操作都可能造成计算机故障。比如频繁的开关机、不正确的开关机都可能造成计算机故障。

1.4.3　计算机维修工具及常用仪表

对计算机进行安装和维修时,常会用到一些基本的工具包括硬件工具和软件工具两大类,软件工具主要包括操作系统安装盘、设备驱动程序和防病毒软件等。硬件工具主要在检测和修复硬件故障和组装计算机时使用。

维修计算机时,除了需要有一定的计算机硬件、软件及系统的基础知识和丰富的实践经验外,还必须具备足够的维修工具及常用仪表。例如,所需工具主要是各种尺寸的"十"字形和"一"字形螺丝刀、钳子、拔 IC 夹和烙铁等。由于计算机中的螺丝多为"十"字形凹槽,因此应准备一把"十"字形螺丝刀,螺丝刀最好带有磁性,这样有利于吸住螺丝,防止螺丝滑落。尖嘴钳主要用来拔一些小的元件,如跳线帽或主板的支撑架等。常用仪表有万用表、逻辑笔和示波器等。

1. 万用表

万用表是维修工具中最常用的仪表,可用于测量交、直流电压和电流、电阻、电容、三极管的放大倍数和二极管等多种参数。万用表分为指针式和数字式两种。

2. 逻辑笔

逻辑笔是一种专门测量数字电路中各点电平的工具。逻辑笔上一般有三个用于指示逻辑状态的发光二极管。其中,红色发光二极管用以指示逻辑高电平;绿色发光二极管用以指示逻辑低电平;黄色发光二极管用以指示俘空或三态门的高阻抗状态。如果红、绿、黄三色发光二极管同时闪烁,则表示有脉冲信号存在。

3. 示波器

示波器是通过 CRT(阴极射线管)显示输入信号电压与时间或关系的仪器。示波器按照输入探头的数量可分为单踪示波器、双踪示波器,直至八踪示波器。有些示波器内部还设有存储器,可将重要的信号进行存储,以便日后分析。通过使用示波器,可以十分直观地将被测信号反映在屏幕上,便于维修人员定性和定量地分析故障原因和部位。

4. 主板诊断卡

诊断卡也叫 POST(Power On Self Test)卡,其工作原理是利用主板中 BIOS 内部程序的检测结果,通过代码一一显示出来,根据卡上显示的代码,参照机器是属于哪一种 BIOS,结合代码含义速查表就能很快地知道计算机故障所在。

1.4.4 计算机维修的基本方法

计算机在出现了故障后,就需要检测引起故障的原因。检测计算机故障的顺序一般是先软后硬,即先检测软件故障,再检测硬件故障。检测计算机的故障可按如图 1-19 所示的步骤进行。

检测计算机软件故障的方法比较简单,可以重新安装软件或操作系统,根据提示安装相应的文件,如动态 DLL 文件等。对于硬件故障的检测,常用的有加电自检法、观察法、替换法、最小化系统法、程序诊断等方法。

1. 加电自检法

加电自检法就是指计算机在开机后会检测硬件的状态,当硬件出现问题或信息与 BIOS 中的信息不一致时,会用不同的报警声告知用户。用户可以根据报警声的类型和提示信息判断故障部位。

2. 观察法

观察法就是利用人的感觉器官,即"看、听、闻、摸"。

看:即观察系统板卡的插头、插座是否歪斜,电阻、电容引脚是否相碰,表面是否有烧焦

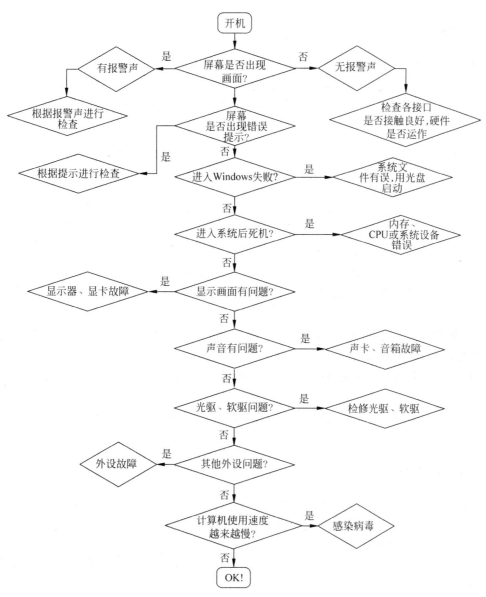

图 1-19　检测计算机故障的步骤

的痕迹,芯片表面是否开裂,主板上的铜箔是否烧断。另外,还要查看是否有异物掉进主板或其他板卡的元器件之间造成短路,也可以看看板卡上是否有烧焦变色的情况,看看是否灰尘积了很多等。

听:即系统发生短路故障时常常伴随着异常响声。一般是监听电源风扇、软/硬盘电机或寻道机构、显示器变压器等设备的工作声音是否正常。

闻:即闻主机、板卡中是否有烧焦的气味,便于发现故障和确定短路所在的位置。

摸:即用手按压管座的活动芯片,看芯片是否松动或接触不良。另外,在系统运行时用手触摸或靠近 CPU、显示器、硬盘等设备的外壳,根据其温度可以判断设备运行是否正常。

3．替换法

用好的部件替换有故障疑点的部件,观察故障变化情况,帮助判断、寻找故障原因的一种方法。如果无法点亮计算机,同时通过观察法无法找到有故障的硬件,就可以采用替换法。如果使用完好的显卡替换现有的显卡,当替换后完全正常时,则表明原有的显卡有问题。但是该方法一般用于有两台以上的计算机或计算机配件。

4．比较法

比较法就是用正确的特性与错误的特性进行比较,即用好的部件与怀疑有故障的部件进行外观、配置、运行现象等方面的比较,也可以在两台计算机之间进行比较,以判断故障计算机在环境设置、硬件配置方面的不同,从而找出故障部位。按比较的性质分为以下几种。

(1) 电压比较:如电源的电压、键盘、显示器等连接信号线正常的情况下,机内各处的电压值都有一定的范围。将所测数值与正常数值进行比较。

(2) 电平比较:就是设法把机器暂停在某一状态,根据逻辑原理,用万用表或逻辑笔测量所要考察的各点电平,再与好的机器在同一状态下进行比较,以分析判断故障原因。

(3) 波形比较:对那些有规律的信号(如时钟、复位信号等)与正常的波形进行比较。对一些变化无常的信号就不好比较,只能测量其波形有或无。

(4) 静态阻抗比较:在机器断电情况下,可以用万用表测量有关电阻,与正常情况进行比较。

(5) 输出结果比较:比如按键偶尔断续产生错误,比较出错码与正确码;打印机打印字符出错部分与正确部分比较等。

5．最小化系统法

所谓最小化系统法就是指只在主板上安装CPU、内存和显卡,连接电源后,如果可以启动计算机,则表明这些组件没有故障,这时可以在最小化系统的基础上逐个安装其他的板卡,直到故障发生,则刚换上的部件为故障部件。

6．插拔法

插拔法就是通过将插件或芯片拔出或插入来寻找故障原因的一种方法。通过插拔板卡或芯片后观察计算机的运行状态来判断故障所在。若拔出除CPU、内存、显卡外的所有板卡后系统工作仍不能正常,那么故障很有可能在主板、CPU、内存或显卡上。另外,插拔法还能解决一些如芯片、板卡与插槽接触不良所造成的故障。

注意在插拔板卡时要在计算机断开电源的情况下进行操作,因为计算机内的大多数部件不能进行热插拔操作,如果对这些部件进行热插拔操作很可能会将其烧毁。

7．敲打法

对计算机出现的一些"活"故障,就是时隐时现的故障,有时采用敲打法来诊断。如果机器运行时好时坏,可能是由于虚焊、管脚氧化造成接触不良或电阻增大,可适当敲打机器外壳或用橡皮榔头轻敲有关元件,看故障现象有什么变化,以确定故障位置。

8. 升降温法

计算机运行一段时间或环境温度升高以后出现故障,关机检查正常,在开机一段时间后又出现故障,故障源为元件热稳定性能差,这时可以使用升降温法来查找故障元件。升温法是人为将有疑点元件局部升温,若出现异常,则此元件热稳定性差。降温法是人为降低局部温度,若降温后故障消失,则为故障点。也可以检查出低温环境下不能正常运转的元件。

9. 测量法

根据参考手册、使用说明书等提供的元器件工作参量(电压、电阻等),也可以是经验值、实验数据等,与有故障机器的波形、电压电阻值进行比较,根据逻辑电路图逐级测量,使信号由逆求源的方法逐步检测,分析后确定故障位置。

测量有在线测量法(设法将机器暂停在某一状态测量)和无源测量法(机器处于关闭状态或组件与母板分离进行测量),可以分别进行电阻测量、电压测量、波形测量等。

10. 程序诊断测试法

程序诊断测试法的首要条件是可以点亮计算机并能进入操作系统,程序诊断测试法一般在操作系统下完成。

安装与维修计算机时,首先要注意的就是释放操作人员身上的静电,因为静电会对计算机设备造成严重的损坏。释放静电的方法很多,可以触摸自来水管和洗手等。另外,在安装与维修计算机时,千万不要用蛮力,因为计算机的重要硬件设备都是非常精密的,用力稍大就会造成硬件永久损坏。

1.4.5　计算机维护与维修的基本思路

1. 先调查,后熟悉

无论是对自己的计算机还是别人的计算机进行维护维修,首先要弄清故障发生时计算机的使用状况及以前的维修状况,才能对症下药。此外,在对计算机进行维修前还应了解清楚其计算机的软件、硬件配置及已使用年限,是否在保修期内等,做到有的放矢。

2. 先机外,后机内

对于出现主机或显示器不亮等故障的计算机,应先检查机箱及显示器的外部件,特别是机外的一些开关、旋钮是否调整正确,外部的引线、插座有无短路、断路现象等。不要认为这些是无关紧要的小事,实践证明,许多用户的计算机故障都是由此而起的。当确认机外部件正常时,再打开机箱或显示器进行检查。

3. 先机械,后电气

对于光驱及打印机等外设而言,先检查其有无机械故障再检查其有无电气故障,是检修计算机的一般原则。例如,CD 光驱不读盘,应当先分清是机械原因引起的(如是否光头的问题),还是由电气故障造成的。当确定各部位转动机构及光头无故障时,再进行电气方面的检查。

4．先软件，后硬件

先排除软件故障再排除硬件问题，是计算机维修中的重要原则。例如，Windows 系统软件的损坏或丢失可能造成死机故障，因为系统启动是一步一个脚印的过程，哪一个环节都不能出现错误，如果存在损坏的执行文件或驱动程序，系统就会僵死在那里。但计算机各部件的本身问题，插接件的接口接触不良问题，硬设备的设置问题(例如 BIOS 设置)，驱动程序是否完善，与系统的兼容性，硬件供电设备的稳定性，以及各部件间的兼容性、抗外界干扰性等也有可能引发计算机硬件死机故障。在维修时应先从软件方面着手，再考虑硬件。

5．先清洁，后检修

在检查机箱内部配件时，应先着重看看机内是否清洁，如果发现机内各组件、引线、走线及金手指之间有灰尘、污物、蛛网或多余焊锡、焊油等，应先加以清除，再进行检修，这样既可以减少自然故障，又可取得事半功倍的效果。实践证明，许多故障都是由于脏污引起的，一经清洁故障往往会自动消失。

6．先电源，后机器

电源是机器及配件的心脏，如果电源不正常，就不可能保证其他部分的正常工作，也就无从检查别的故障。根据经验，电源部分的故障在机器中占的比例最高，许多故障往往就是由电源引起的，所以先检修电源常能收到事半功倍的效果。

7．先通病，后特殊

根据计算机故障的共同特点，先排除带有普遍性和规律性的常见故障，然后再去检查特殊的故障，以便逐步缩小故障范围，由面到点，缩短维修时间。

8．先外围，后内部

在检查计算机或配件的重要元器件时，不要先急于更换或对其内部重要配件动手，而应检查其外围电路，在确认外围电路正常时，再考虑更换配件或重要元器件。若不问青红皂白，一味更换配件或重要元器件了事，只能造成不必要的损失。从维修实践可知，配件或重要元器件外围电路或机械的故障远高于其内部电路。

1.4.6　维护人员必须具备的良好习惯

对技术操作人员来说，有时候一种好的习惯比一种好的技术更重要，良好习惯的培养是计算机组装与维护技术必备的基础，也是计算机组装与维护工作成功的关键，具体习惯有以下几点。

1．5 个了解

所谓知己知彼，谋定而后动。维护计算机前，要做到以下 5 个了解，为维护奠定基础。
(1) 了解故障计算机的工作性质及所用操作系统和应用软件。

（2）了解故障计算机的工作环境和条件。

（3）了解故障计算机的配置情况和工作要求。

（4）了解系统近期发生的变化，如移动、装软件、卸软件等。

（5）了解诱发故障的配置情况或间接原因与死机时的现象。

2. 4 个步骤

（1）先静后动：先冷静对待出现的问题，静心分析，然后再动手处理，注意要有足够的耐心和信心，否则会方寸大乱，影响技术的发挥。

（2）先假后真：确定系统是否真有故障，操作过程是否正确，联机是否可靠。排除假故障的可能后再去考虑真故障。

（3）先外后内：先检查机箱外部，然后再考虑打开机箱。能不拆机时，尽可能不要盲目拆卸部件。

（4）先软后硬：先分析是否存在软故障，再去考虑硬故障。

3. 三个环节

（1）注意观察：通过识别环境、开机信息浏览、看图像、听声音、闻气味等线索找到所提示的潜在故障原因。

（2）对策科学：运用已有的知识或经验，将问题或故障分类，寻找方法和对策。

（3）善于归纳：认真记录问题或现象，并及时总结经验及教训。

4. 两点注意

（1）胆大心细：不能对计算机故障有恐惧心理，该出手时就出手，但同时要注意维修计算机时不可粗心大意，细致工作是很重要的。

（2）安全第一：计算机需要接电源运行，因此在拆机维护时千万要记住检查电源是否切断；此外，静电的预防与绝缘也很重要，所以做好安全防范措施，是为了保护自己，同时也是保障计算机部件的安全。

1.4.7 计算机系统的操作规程

要想正确、高效地使用与维护计算机，减少事故发生率，除了给计算机一个良好的运行环境外，还应当严格地遵守计算机的操作规程，不能因为操作失误而损坏机器，造成不应有的损失。另一方面就是掌握一些通用的操作规程。

（1）计算机系统的电源必须正确、合理、可靠和良好。

（2）注意计算机的通电、关电顺序：启动计算机时，应先开稳压电源，待输出稳定后，再开外部设备（显示器、打印机等），最后开主机。停机时则相反，先关主机，再关外部设备，最后关稳压电源。

（3）不要在带电情况下插拔任何与主机、外部设备相连的部件、插头、板卡等。带电操作是计算机维护与维修中的大忌，不能因为图省事，急于求成，而引起无法挽回的损失。

（4）在计算机工作过程中，不得随意搬动、移动和振动机器。

（5）在计算机运行过程中，如果出现死机，一般应采用系统热启动和系统复位方式，不要采用关闭电源再开电源的方式重新启动计算机。在迫不得已时，必须在关闭电源至少一分钟后再开启电源。

（6）在计算机操作过程中，不得频繁地关闭或打开电源，开关机的时间间隔至少应在一分钟以上。

（7）长期不用的计算机过一段时间应加电运行几小时，以防内部受潮或发霉。

（8）键盘操作时，动作要轻，点到为止，以减少键座的压力。

1.5　实训

1.5.1　实训目的

掌握计算机的外部信号线和电源线的连接方法、开关机操作和开机信息的含义。

1.5.2　实训内容

（1）计算机的连接；

（2）识别计算机的开机信息。

1.5.3　实训理论基础

正确地连接计算机是使用计算机的关键，连接计算机要认真观察计算机的接口，它们是有规律可循的。通过观察可以发现它们是由各种颜色、大小不一的接口组成的，而且有统一的规范，即由 Microsoft 公司和 Intel 公司共同制定出的 PC99 规范，已经在信号线设计中被广泛采用，在连接设备方面足以表现其便捷的易用性。

计算机的启动分为冷启动和热启动，冷启动即加电启动，热启动是按复位键 Reset 启动。启动过程实际上是计算机自检、初始化，并将操作系统从外存调入内存的过程，也是计算机为下一步执行程序、完成用户任务做准备的过程。利用计算机的开机过程可以得到很多信息，不打开机箱就能把计算机的配置信息了解得一清二楚，同时为计算机维护与维修提供解决思路，能方便地判断机器故障（特别是硬件故障）。

计算机启动的过程是：开机自检（进入 BIOS，要用到一些低端 RAM）；显示 ROM-BIOS 的版本和版权信息以及检测出的 CPU 型号、主频和内存容量；密码检测（判断有没有开机密码）；硬件 CMOS 设置参数识别与初始化；扫描附加 BIOS 程序；从磁盘、光盘或网卡引导操作系统。

1.5.4　实训过程

（1）确定计算机放置位置，注意电源位置和采光。

（2）连接的顺序是先非电源线，即键盘、鼠标、显示器数据线、打印机数据线、音箱线等，然后连接电源线，即主机电源线、显示器电源线、打印机电源线等。

（3）按照顺序开启计算机，快速按下 Pause Break 键（或按照屏幕提示进行操作），使屏幕暂停,填写表 1-1 记录相关信息。

表 1-1 操作记录表

项　　目	内　　容
BIOS 的公司与版本	
CPU 类型与频率	
内存大小	

续表

项　　目	内　　容
硬盘厂家与大小	
光驱型号	
进入 BIOS 设置的方法	
主板序列号	
缓存(Cache)大小	

1.5.5 实训总结

通过本次实训,应该熟练掌握计算机的连接方法、开关机的步骤。不同型号的计算机开机信息的表现略有差异,但是基本信息是相同的。

小结

本章介绍了计算机系统的组成,微机的发展、分类、主要性能指标,计算机的结构和维修基础与要领。重点掌握计算机软件、硬件的组成和作用以及二者之间的关系,掌握计算机的连接方法和开机信息的含义和用途。

习题

1. 计算机由哪两部分组成? 其中每部分的功能是什么?
2. 计算机硬件主要是指什么? 其中各部分有什么功能?
3. 软件系统包括哪些方面的内容?
4. 简述计算机的启动过程。
5. 简述计算机连接的步骤。
6. 简述开机信息对计算机维护的意义。
7. 简述计算机故障产生的原因。
8. 计算机维修的基本方法有哪些?
9. 通过互联网查询实验计算机(或已知计算机)的主要性能指标。

第2章 中央处理器

教学提示:有一些计算机常识的人都知道,CPU 的好坏将直接影响整个计算机的运行速度。对于准备自己组装计算机的人来说,CPU 的选购非常重要。本章将着重介绍 CPU 的基本知识,以及如何选购和维护 CPU。

教学目标:了解 CPU 的发展历程,CPU 的工作原理、类型、特点,CPU 的主要性能指标以及主流 CPU。熟练掌握 CPU 的安装与拆卸、CPU 超频的原理及方法、选购与维护。

2.1 CPU 简介

中央处理器的英文是 Central Processing Unit,缩写为 CPU,它的主要任务是执行各种命令,完成各种运算和控制功能,是计算机的核心部件,由运算器和控制器组成。人们平常所说的 286、386、486、586、Pentium 等都是指 CPU。如图 2-1 所示为双核 CPU 的逻辑图。

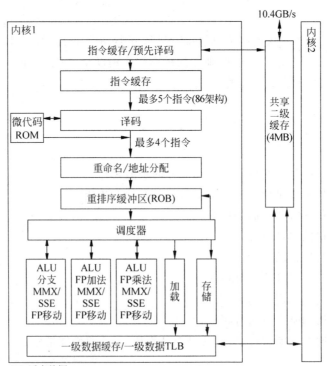

FP: 浮点数据
MMX: Multimedia Extension   SSE: Streaming SIMD Extension

图 2-1 双核 CPU 逻辑图

2.1.1 CPU 的发展历程

从世界上第一个 CPU 诞生到现在已经有四十多年了,在这期间,按照 CPU 处理信息的字长,可以把它分为 4 位、8 位、16 位、32 位以及 64 位等。随着科学技术的发展,最近几年又出现了超线程技术 CPU 和双核 CPU。

超线程技术是在一个 CPU 上同时执行多个程序而共同分享一个 CPU 内的资源,理论上要像两个 CPU 一样在同一时间执行两个线程,使芯片性能得到提升。虽然采用超线程技术能同时执行两个线程,但它并不像两个真正的 CPU 那样,每个 CPU 都具有独立的资源。当两个线程都同时需要某一个资源时,其中一个要暂时停止,并让出资源,直到这些资源闲置后才能继续。

进入 21 世纪以来,处理器领域可谓是风起云涌,似乎在一夜之间,处理器就进入了多核时代。首先是 AMD 于 2004 年 8 月演示了双核处理器 Opteron,其产品于 2005 年开始供货。Intel 公司不甘落后,在 2005 年 10 月推出了双核处理器 Paxville DP,随后在 2006 年 5月发布了升级版的双核处理器 Dempsey,同年 7 月又发布了基于 Core 微架构的 Woodcrest处理器,接着 12 月推出了四核处理器 Clovertown。

事实上,最先推出多核处理器的厂商是 IBM 公司。2001 年,IBM 公司发布了内含两个Power3 处理器核的双核处理器产品 Power4,每个核是一个 8 路超标量处理器。2004 年,IBM 公司发布了新一代双核处理器产品 Power5,每个核是一个同时多线程处理器。2006年,IBM 公司又发布了第三代双核处理器产品 Power6,这是一个两路的单片多线程处理器。

另外一个著名的处理器生产厂商 Sun 公司于 2004 年上半年发布了它的第一款双核处理器产品 UltraSPARC Ⅳ,并于下半年推出 UltraSPARC Ⅳ+。UltraSPARC Ⅳ 采用了CMT 技术,片内集成了两个 UltraSPARC Ⅲ核。2004 年,Sun 公司还发布了 Niagara(也称为 UltraSPARC T1)多核处理器,它包含 8 个核,每个核支持 4 个线程,共支持 32 个线程。2006 年 8 月,Sun 公司发布了 Niagara 2 多核处理器,它包含 8 个 SPARC 处理器核,每个核支持 8 个线程,共支持 64 个线程。

Intel 公司推出的多核处理器产品有:含两个安腾 2 处理器核的 Montecito 双核多线程处理器,含两个 Pentium 4 处理器核的 SmithField 双核处理器,基于 Core 架构的 Conroe(酷睿 2)处理器。Intel 公司在 2003 年推出双线程技术时,将其称为超线程。

目前,多核处理器的主要发展趋势就是增加核数。有人称核数多于 8 的多核处理器为众核处理器(Many_core Processor)。但是相对于多核处理器中的核,众核处理器一般选用的是更加简单的核。

核心(Die)又称为内核,是 CPU 最重要的组成部分。CPU 中心那块隆起的芯片就是核心,是由单晶硅以一定的生产工艺制造出来的。CPU 所有的计算、接收、存储、处理数据都由核心执行。各种 CPU 核心都具有固定的逻辑结构,一级缓存、二级缓存、执行单元、指令级单元和总线接口等逻辑单元都会有科学的布局。

双核处理器(Dual Core Processor):是指在一个处理器上集成两个运算核心,从而提高计算能力。"双核"的概念最早是由 IBM、HP、Sun 等支持 RISC 架构的高端服务器厂商提出的,不过由于 RISC 架构的服务器价格高、应用面窄,没有引起人们广泛的注意。

　　多核处理器,也叫片上多处理器(Chip Multiprocessor,CMP),是指在一个芯片中集成两个或多个处理内核(Core)的处理器。这些内核首先是一个完整的处理单元,能够独立执行指令;其次,它们往往具有设计简单、功耗低的特点。内核一般都带有私有的一级缓存,同时共享二级或者三级缓存。相对而言,传统的处理器被称为单核(Single-core)处理器。

　　在多核处理器运行过程中,操作系统将每个执行内核作为一个独立的逻辑处理器。通过在并行执行的内核之间分配任务,多核处理器可在特定的时钟周期内执行更多任务。

　　双核与双芯(Dual Core Vs. Dual CPU),AMD 和 Intel 的双核技术在物理结构上也有很大不同之处。AMD 将两个内核做在一个 Die(晶元)上,通过直连架构连接起来,集成度更高。Intel 则是将放在不同 Die(晶元)上的两个内核封装在一起,因此有人将 Intel 的方案称为“双芯”,认为 AMD 的方案才是真正的“双核”。从用户端的角度来看,AMD 的方案能够使双核 CPU 的管脚、功耗等指标跟单核 CPU 保持一致,从单核升级到双核,不需要更换电源、芯片组、散热系统和主板,只需要刷新 BIOS 软件即可,这对于主板厂商、计算机厂商和最终用户的投资保护是非常有利的。客户可以利用其现有的 90nm 基础设施,通过 BIOS 更改移植到基于双核心的系统。

　　多核处理器的时代已经到来,但是人们必须清醒地看到,多核处理器并不仅仅是处理器核心的数量的简单增多,它实质上对处理器体系架构、计算机整体架构、I/O 到操作系统、应用软件提出巨大的挑战。

2.1.2　CPU 的类型和特点

　　按生产厂家来看,CPU 可划分为 Intel、AMD 和 Cyrix(已被 VIA 收购)三类。Intel 公司生产的 CPU 型号有 4004、8008、8086、8088、80286、80386、80486、Pentium、Pentium Ⅱ、Pentium Ⅲ、Pentium 4 和 Celeron 系列,AMD 公司生产的有 K5、K6、K6-2、K7、Athlon 和 Athlon XP、毒龙。目前主流 CPU 从封装形式来看主要分为两大类:一种是传统针脚式的 Socket 类型,另一种是插卡式的 Slot 类型。

1. Socket 7

　　PC 从 386 开始普遍采用 Socket 插座来安装 CPU,从 Socket 4、Socket 5 一直延续到现在最为普及的 Socket 7,如图 2-2 所示。

图 2-2　Socket 7

　　Socket 7 是方形多针脚 ZIF(零插拔力)插座,插座上有一根拉杆,在安装和更换 CPU 时只要将拉杆向上拉出,就可以轻易地插进或取出 CPU 芯片了。Socket 7 也是 CPU 进入 Pentium 时代后最常见的主板构架,一般采用 Intel 公司的 HX、TX 等芯片组,主要特点是具有 66MHz 的标准外频(最高 83MHz),一般提供双电压供电机制,有多个 PCI 及 ISA 插槽用以支持 PCI 及 ISA 接口设备,VX、TX 等芯片组还支持 168 线的 SDRAM。Socket 7 系列具有代表性的 CPU 产品有:Intel 公司的 Pentium、Pentium MMX,还能安装 AMD 公司的 K5、K6 和 K6-2。

2. Super 7

Super 7 应该算是 Socket 7 系列的升级版本。一般采用 MVP3 和 Aladdin 等非 Intel 芯片组，与 Socket 7 相比主要有两点改进——将总线频率提高到 100MHz（最高到 133MHz）以上，提供了 AGP 插槽，可以使用 AGP 显卡。K6-2 仍然采用 Socket 7 插座式封装，但支持 100MHz 的外频，K6-3 也运行在 Super 7 构架的主板上。

3. Slot 1

与 Socket 7 相比，Slot 1 是完全不同的 CPU 插槽，如图 2-3 所示。Slot 1 是一个狭长的 242 针脚的插槽，与采用 SEC（单边接触）封装技术制造的 Pentium 处理器紧密吻合。除 CPU 插槽有较大差异外，Slot 1 架构的主要特点与 Super 7 非常相近。Intel 的 440BX 芯片组是专为支持 100MHz 以上外频而设计的，并对 AGP 技术提供了完善的支持。Slot 1 是以前主板的主流架构，所适应的 CPU 有 Intel 的 Pentium Ⅱ、Pentium Ⅲ、Celeron 及 Celeron A 系列 CPU。Celeron 300A 是当时最流行的一款。

图 2-3 Slot 1

4. Slot A

AMD K7 所用的 Slot 接口被称为 Slot A，从外观上看，Slot A 接口与 Intel 的 Slot 1 接口完全相同，但两者在电气性能上完全不兼容，为 K7 所设计的芯片组或主板将不能使用 Intel 公司的 CPU。

5. Socket 370 系列

Intel 公司曾一度希望其拥有专利保护的 Slot 1 架构能拉开和 AMD 的差距，从而独享 CPU 市场，但事实上却反而为对手创造了生存空间。新型的 Celeron CPU 具有 370 条针状引线，与 296 针的 Socket 7 插座不兼容。它的外形与 Intel 的 MMX 非常相似，但它们并不完全相同，因为集成二级缓存的缘故，Socket 370 的 Celeron CPU 要大些。通过转换卡，Socket 370 CPU 也可以安装在具有 Slot 1 插槽的主板上。

6. Socket 478 系列

这是 Pentium 4 系列 CPU 采用的新的构架方式,Socket 478 CPU 的外形尺寸与 Socket 370 系列相同,不同的是针脚数目增加了。Socket 478 系列 CPU 的使用方法也与 Socket 370 基本相同,但是,由于它的运算速度高,所以需要功率大一些的散热器。

7. 其他系列

最新消息爆出 AMD 将推出三种全新的 Socket 接口。首先是 Socket S1,这种接口是为笔记本设计的,将替代现在笔记本处理器 AMD Turion 使用的 Socket 754 接口,支持 DDR2 进一步降低耗电量。

其次是 Socket M2,拥有 940 个针脚,专门针对 AMD 下一代主流桌面平台,将支持 DDR2 内存,将给双核心 Athlon 64 X2 提供更大的 CPU 带宽,但遗憾的是不兼容现在 Socket 940 的 Opteron 处理器。

最后是 Socket F,将替代目前的 Socket 940,具备 1207 个针脚,支持 DDR2。AMD 将采用强大的 65nm 生产工艺,Socket F 将支持四核心产品,核心大小应该与 $0.09\mu m$ 技术的双核心大小相同。到时四核心 Opteron 将有更大的功耗,而现在双核心 Opteron 无法满足 128b 双通道内存带宽,那么更无法应对四核心 CPU。然而因为 Socket F 具备更多的针脚,所以能够支持高达 256b 四通道的 DDR2 内存,能够胜任未来的要求。

2.1.3　CPU 的主要性能指标

CPU 的主要性能指标可以反映出 CPU 的性能,而了解 CPU 的主要性能指标的意义对正确选择和使用 CPU 将有一定的帮助。

1. 主频、外频与倍频

主频也就是 CPU 的时钟频率,英文全称是 CPU Clock Speed,简单地说就是 CPU 的工作频率,是 CPU 内核(整数和浮点运算器)电路实际运行频率。主频越高,CPU 的运算速度也就越快。

外频指的是系统总线的工作频率,也称为总线频率。系统总线的工作频率(速度)是由主板上的时钟芯片产生的,是由主板为 CPU 提供的基准时钟。

倍频就是 CPU 的运行频率与整个系统外频之间的倍数,在相同的外频下,倍频越高,CPU 的主频也越高。它们三者之间的关系是:主频＝外频×倍频。

外频就是常说的 66MHz、75MHz、83MHz、100MHz、133MHz,甚至更高。倍频系数就是 CPU 的工作频率和 CPU 内部频率的比值,如 3 倍频、3.5 倍频等。如 Celeron 300A 的工作频率是 300MHz,其内部频率是 66MHz,倍频数为 4.5。

2. 前端总线(FSB)频率

前端总线频率是指 CPU 与内存数据总线直接交换数据的速度。数据传输最大带宽取决于所有同时传输的数据的宽度和传输频率,即数据带宽＝(总线频率×数据位宽)÷8。目前 PC 上前端总线频率可达到 1333MHz。前端总线频率越大,代表着 CPU 与内存之间的数据传输量越大,更能充分发挥出 CPU 的功能。现在的 CPU 技术发展很快,运算速度提高很快,而足够高的前端总线可以保障有足够的数据供给 CPU。较低的前端总线将无法供给足够的数据给 CPU,这样就限制了 CPU 性能的发挥,成为系统瓶颈。

外频与前端总线频率的区别是前端总线的速度指的是数据传输的速度,外频是 CPU 与主板之间同步运行的速度。也就是说,100MHz 外频特指数字脉冲信号在每秒钟振荡一千万次;而 100MHz 前端总线指的是每秒 CPU 可接收的数据传输量是:100MHz×64b＝6400Mb/s＝800MB/s(1B＝8b)。

3. 内存总线速度

内存总线速度(Memory Bus Speed)也叫系统总线速度,一般等同于 CPU 的外频。

4. 缓存

最早的 CPU 缓存是一个整体,而且容量很低。Intel 公司从 Pentium 时代开始把缓存进行了分类,把 CPU 内核集成的缓存称为一级缓存,而外部的称为二级缓存。随着 CPU 制造工艺的发展,二级缓存也能集成在 CPU 内核中,容量也在逐年提升。二级缓存是 CPU 性能表现的关键之一,在 CPU 核心不变化的情况下,增加二级缓存容量能使性能大幅度提高。而同一核心的 CPU 高低端之分往往也是在二级缓存上有差异,由此可见二级缓存对于 CPU 的重要性。双核心 CPU 的二级缓存比较特殊,和以前的单核心 CPU 相比,最重要的就是两个内核的缓存所保存的数据要保持一致,否则就会出现错误。

5. 扩展指令集

目前市面上 Intel 和 AMD 的桌面级处理器在 X86 指令集的基础上,为了提升处理器各方面的性能,又各自开发了新的指令集。指令集中包含处理器对多媒体、3D 处理等方面的支持。

MMX(Multi Media eXtension,多媒体扩展)指令集是 Intel 公司在 1996 年为旗下的 Pentium 系列处理器所开发的一项多媒体指令增强技术。MMX 指令集中包括 57 条多媒体指令,通过这些指令可以一次性处理多个数据,在处理结果超过实际处理能力的时候仍能够进行正常处理,如果在软件的配合下,可以得到更强的处理性能。

SSE 是 Streaming SIMD Extension(SIMD 扩展指令集)的缩写,而其中 SIMD 的含义为 Single Instruction Multiple Data(单指令多数据),所以 SSE 指令集也叫单指令多数据流扩展,该指令集最先运用于 Intel 的 Pentium Ⅲ 系列处理器。

3DNow!指令集是由 AMD 公司所推出的,该指令集应该是在 SSE 指令之前推出的,被广泛运用于 AMD 的 K6、K6-2 和 K7 系列处理器上,拥有 21 条扩展指令集。在整体上 3DNow!与 SSE 非常相似,它们都拥有 8 个新的寄存器,但是 3DNow!是 64 位的,而 SSE 是 128 位。

6. 制造工艺

通常所说的 CPU 的"制作工艺"指的是在生产 CPU 过程中,要进行加工各种电路和电子元件,制造导线连接各个元器件。通常其生产的精度以微米来表示,未来有向纳米发展的趋势,精度越高,生产工艺越先进。在同样的材料中可以制造更多的电子元件,连接线也越细,提高 CPU 的集成度,CPU 的功耗也越小。

制造工艺中的微米是指 IC 内电路与电路之间的距离。制造工艺的趋势是向密集度高的方向发展。密度愈高的 IC 电路设计,意味着在同样大小面积的 IC 中,可以拥有密度更高、功能更复杂的电路设计。微电子技术的发展与进步,主要是靠工艺技术的不断改进,使得器件的特征尺寸不断缩小,从而集成度不断提高,功耗降低,器件性能得到提高。芯片制造工艺在 1995 年以后,从 $0.5\mu m$、$0.35\mu m$、$0.25\mu m$、$0.18\mu m$、$0.15\mu m$、$0.13\mu m$、90nm 一直发展到目前最新的 65nm,而 45nm 和 30nm 的制造工艺将是下一代 CPU 的发展目标。

7. 工作电压

工作电压即 CPU 正常工作所需的电压。早期的 CPU(286、386、486)由于制作工艺落后,因此工作电压较高,一般为 5V(Pentium 是 3.5V、3V、2.8V 等)左右,导致 CPU 的发热量过大,电子迁移现象缩短了 CPU 的使用寿命。现在随着 CPU 制造工艺的提高,工作电压一般为 1.2~2.0V,使 CPU 发热量问题得到了很好的解决。

2.2 CPU 的超频

2.2.1 CPU 超频的概念

"超频"就是强制 CPU 在高于标称频率的频率下工作,通过提高计算机主频来提高计算机的性能。超频从狭义上来说就是提高 CPU 的工作频率以使整机性能改善。现在人们已把超频扩到了更大的领域,除了 CPU、AGP 接口卡、PCI 接口卡、DRAM 甚至于硬盘等都是因为 CPU 外频提升而工作在额定的频率以上,从广义上讲这都叫作超频。

2.2.2 CPU 超频的方法

提高 CPU 的工作频率有两种方法:提高倍频系数和提高外部总线频率。具体操作的方法一是在主板上跳线,方法二是在 CMOS 里直接更改主板频率和倍频,第二种方法可免于打开机箱造成不必要的损伤。

1. 超频的成功条件

1) CPU 的性能

CPU 是超频中的主角。CPU 超频能力的强弱是决定超频能否成功的首要条件。由于现在市场中的 Intel 系列 CPU 都已经锁住了倍频,要想超频的话就只能从超外频考虑。一般说来,CPU 的倍频越低就越容易超(外)频,因此在超频时最好选择倍频较低的 CPU;又由于超外频时是把较低的外频调整为较高的外频,这就要求最好选择外频不是太高的 CPU,否则就只好超更高的非标准外频了,这对其他周边硬件来说是一个严峻的考验。

2) 主板的超频性能

与超频关系最大的部件除了 CPU 就是主板了。对于一台计算机来说,稳定是比什么都重要的。一台计算机若要稳定地运行,一块稳定可靠的主板是绝对必要的。对于超频运行的计算机来说,由于超频本身就会带来不稳定的因素,因此具备一块稳定的主板就显得尤为重要。而且,主板的布局结构要合理,这样有利于散热,在主板的北桥芯片上应该有散热片,以增强系统的稳定性——毕竟散热是超频中非常重要的一环。如果主板上还能提供风扇用的 3PIN 插座、温度监测及环境监控装置就更好了。

3)机器的散热性能

超频带来的最明显的后果就是温度增高,如果能够做好散热工作,将会对超频成功起到很大的帮助。那么怎样做好散热工作呢?

首先,改善散热环境,整理好机箱内部的杂乱连线。防止 CPU 风扇扇叶被卡住,同时应当保持空气的顺畅流通,建议在有条件的情况下加装机箱风扇。其次,选用质量上乘的散热风扇。好的散热风扇不但风量大,散热效果明显,而且寿命也长。尤其是对于 AMD 公司的 CPU 来说,质量低劣的散热风扇一旦出现故障,对于 CPU 的影响将是致命的。

2. CPU 超频常见方式

在选择了一块适合超频的 CPU 后,要借助一些手段来使 CPU 稳定工作在更高的频率上。要做三项工作:调整外频,增加工作电压,增加散热效果。

1)硬跳线

硬跳线实际上就是一个可以控制主板上特定跳线柱脚间的通路、断路以实现对外频(及倍频)的设置的小跳线。每一个厂商对柱脚的定义都不一样,所以,跳线的操作需要按照说明书来进行。跳线常用于调节 CPU 外频、电压、键盘、开机等,仔细阅读说明书可找到自己想要调节的跳线。跳线柱上有一个两孔的小塑料帽,表面起绝缘的作用,里边却是一块铜片。跳线帽插在跳线柱上后,就起到了一个通路的作用,调整了主板上的电信号。

现在主板上的跳线都很简洁,仅保留了 CPU 外频调节或 CMOS 跳线,且多为三针跳线。但过去的老主板,如 Intel 公司的 TX、LX、BX 上的跳线要丰富一些,包括跳线组即多组跳线,但调节频率较多,包括外频和倍频调节。三针跳线的跳线组如图 2-4 所示。

2)软跳线

通过修改 BIOS 设置来实现对外频和倍频的调节,当前几乎所有主流的主板都具备软跳线功能。

3)DIP 开关

与跳线类似,只是在通、断路的控制硬件上,以小型的拨动开关代替了跳线,如图 2-5 所示。

图 2-4 三针跳线的跳线组

图 2-5 DIP 开关

2.3　CPU 的选购

CPU 没有必要一味地追求高频高能,选择什么样的 CPU 首先要考虑自己的计算机用途。如果是简单的上网、看碟、欣赏音乐、玩玩小游戏这些普通应用,那么,低端的赛扬就足够了。因为在低端应用中,高端的 Pentium 4 并不会有优于赛扬的表现。如果消费者在这个时候购买昂贵的 Pentium 4,虽然在心理上可以得到一定的满足,但是实际使用起来,并不会比赛扬有任何优势,那么,为了购买 Pentium 4 所付出的金钱投入实际上就白白浪费掉了。同理,如何选择 AMD 和 Intel 也是一样的道理,如果资金不多,又要追求不俗的性能,就没有必要一味追求 Pentium 4 而牺牲其他配件的档次,高性价比的 Athlon 才是最合适的选择。

CPU 的选购原则实际上很简单:认清需求,看清定位,结合自己的应用和财力综合考虑,做出合理的选择。型号、核心、工艺、接口、主频、前端总线、二级缓存、当前价格都可以作为参考。

2.4　CPU 常见故障与处理

CPU 作为计算机系统的运算及控制部件,在计算机系统中起着极其重要的作用。当 CPU 出现故障时,计算机根本无法启动,更不用说运行。所以了解产生 CPU 故障的原因,掌握常见 CPU 故障的处理,对于计算机用户来说非常重要,而且也可以延长 CPU 的使用寿命。

1. CPU 故障产生的原因

由于 CPU 的集成度非常高,一般很少出现硬件质量问题,出现 CPU 故障的原因主要是由于温度过高、接触不良、参数设置错误,或者是 CPU 与其他设备工作参数不匹配等。

1)温度过高

CPU 在工作时会产生大量的热量,若散热不佳,会使 CPU 工作不稳定,甚至被烧损。在众多的 CPU 中,Intel 的发热量最小,而其他公司的 CPU 发热量要大一些,所以在购买计算机,以及使用计算机的过程中,都应对计算机的 CPU 进行很好的散热。

2)接触不良

接触不良是指 CPU 与主板插座之间没有完全、良好的接触所引起的故障。该故障通常表现为无法启动计算机,或者开机无显示。

3)参数设置错误

参数设置错误主要是指在 BIOS 中错误地设置 CPU 参数,因而引起故障。该故障通常也表现为无法启动,解决方法是设置正确的参数,如设置过高导致无法开机,则就应该对 CMOS 进行放电,清除 BIOS 参数后再重新设置。

4)CPU 与其他设备工作参数不匹配

CPU 与其他设备工作参数不匹配是指其他硬件设备工作频率达不到 CPU 的外频,从而导致传输异常而引发的故障。

2．CPU 常见故障排除

CPU 是计算机不可缺少的部件之一，如果 CPU 出现了问题，整个计算机系统将陷于瘫痪状态。下面介绍一些 CPU 的常见故障及维修方法。

1）CPU 不兼容引起无法启动

故障现象：计算机开机之后不能正常进入 Windows，即使有时能进入 Windows，用显卡自带的驱动程序也会将颜色从 256 色调至 16 位色，重新启动 Windows 后，双击该驱动程序图标便黑屏，只能冷启动。

故障分析与处理：出现这种情况后，可以从以下几个方面进行考虑。第一是利用杀毒软件检查系统是否被病毒感染；如果没有被感染，则第二步考虑是否是 BIOS 参数设置出现的问题，如果还不能解决问题，则检查是否是由于硬件不兼容造成的故障。

首先用瑞星杀毒软件对硬盘进行杀毒，检查完所有的硬盘之后，如果仍然没有解决该问题，接下来再按照主板说明书重新设置 CMOS 的参数，并将 Shadow RAM 和 Internal/External Cache 等全部改为 Disabled，但是故障仍然存在。

最后，采用插拔法对机箱中的内部硬件分别进行测试，发现把 CPU 和显卡放在另一块主板上使用，没有任何问题，然后把另一块主板上的 CPU 和显卡放在该主板上运行，也无任何问题，于是确定是 CPU 芯片与主板及显卡不兼容导致的故障，更换 CPU 后故障解决。

2）CPU 风扇不转导致出现异常声音

故障现象：计算机使用一段时间后，机箱内就发出连续的响声，重启后响声会消失，但是过不了多久又会出现同样的现象。

故障分析与处理：因为故障是在计算机使用一段时间后出现的，所以系统的软、硬件应该没有问题，估计是由于计算机工作一段时间后 CPU 温度过高引起的。于是关闭计算机后重启计算机，通电后观察，计算机开始使用时正常，当出现响声后再仔细观察，发现 CPU 风扇没有转动，将其取下后用手转动风扇，转动十分困难。更换风扇后再次测试，再也没有异常的声音出现。

3）CPU 温度过高引起自动热启动

故障现象：一台 CPU 为 Pentium D 的双核计算机在开机运行一段时间后自动热启动，有时甚至一连数次，关机片刻后重新开机，恢复正常，但数分钟后又出现上述现象。

故障分析与处理：首先怀疑感染了病毒，用瑞星杀毒软件检查，并没有发现病毒，又怀疑 CMOS 参数设置有误，关机后重新开机进入 CMOS 参数设置，未发现任何异常，但故障依旧。最后怀疑故障可能出在硬件上，打开机箱，加电后仔细观察，发现 CPU 上的风扇虽然在转，但是感觉非常慢，断电后用手触摸风扇和 CPU，感觉很烫，为 CPU 风扇添加适量润滑油后，故障排除。

4）计算机花屏、死机

故障现象：计算机在进行了一次全面的清洁后，在使用过程中经常会出现花屏、死机等故障。

故障分析与处理：计算机死机、花屏在 Windows 98 中应该说是一种比较常见的现象，但是自从有了 Windows 2000 之后，花屏几乎很少出现，如果出现花屏现象，多数情况都是由于硬件原因所引起的。

所以,出现该问题后,应首先确定计算机中的部件是否全部接触良好,而第一肯定是查看显卡是否有问题,第二才是内存条、CPU等部件。

经过多次检查后发现,主机内的CPU有一根针脚被碰弯曲了,应该是被碰弯曲了的CPU不能很好地与CPU插座接触导致的故障。用镊子小心地将该弯曲的针脚拨直后再插入CPU插座,故障排除。

5) BIOS检测CPU不正常导致的故障

故障现象:计算机升级了CPU后,在使用中经常会出现死机等情况。

故障分析与处理:在启动时发现,本来是Celeron D CPU却被检测成为Pentium 4 CPU,很明显,这是BIOS版本太旧,不能识别新CPU的缘故,只需升级该主板的BIOS即可。在升级该主板的BIOS后,BIOS正确地识别了该CPU,在使用中也就不会出现死机情况了。

6) 超频引起的故障

故障现象:计算机在平时使用都很正常,但只要一运行3D游戏或大型程序,如3D程序,便会立即重新启动。

故障分析与处理:经过多次检查发现操作系统、应用程序均无问题,看来故障应该是硬件方面的问题,后来想起为了提高计算机的运行速度,对计算机的CPU进行了超频,而且为了使存储容量更大些,使用了两个硬盘,会不会是因为电源跟不上而引起的问题?当换上一个大功率电源后,故障排除。

最后,经过检查发现,该电源标称功率为200W,但实际输出功率只有160W左右,由于CPU在超频运行,且连接了多个IDE设备,导致该电源功率输出跟不上,因此引起自动重启故障。

7) 超频后无法访问硬盘

故障现象:某计算机配置为Pentium D双核CPU、965芯片主板,西部数据320GB硬盘、Acer DVD光驱,将CPU超频到2GHz后,发现无法访问硬盘。

故障分析与处理:对硬盘进行低级格式化并重新分区,操作完成后重启计算机,硬件检测顺利通过,接着格式化,Windows XP安装成功后,用Debug制作MBR和DBR的备份文件,存入U盘,然后用Ghost备份整个C盘,把硬盘模式在Windows中设置为DMA且重启计算机后,发现硬盘中的文件与目录无法识别,怀疑故障是由于CPU超频引起的,将CPU的频率降低后,一切正常。

8) 双核CPU只显示一个CPU

故障现象:新组装的计算机是双核的CPU,可是在使用软件查看后显示的却是一个CPU。

故障分析与处理:出现该故障的原因有如下4种。

首先,操作系统不正确,因为Windows 98和Windows 2000操作系统不支持超线程或双核CPU。其次,只要是支持双核的操作系统,如果是使用Ghost版并不影响系统对超线程或双内核CPU的识别与支持。再次,检查是否正确启用双核CPU,除了主板支持外还必须在BIOS中正确设置。最后,值得注意的是Windows XP操作系统也能支持双核和超线程CPU,但不支持Socket技术,即两个或更多的物理处理器。

2.5　实训

2.5.1　实训目的

（1）熟练掌握安装 CPU 的正确方法。

（2）熟练掌握 CPU 的拆卸方法。

2.5.2　实训内容

CPU 是计算机的核心部件,是整个计算机中最重要的,也是最昂贵的部件,因此要熟练掌握 CPU 的正确安装。

2.5.3　实训过程

CPU 的安装过程请参照 11.2.1 节。

2.5.4　实训总结

通过本节的学习,能够按正确的方法熟练地安装 CPU。

小结

本章主要讲解了 CPU 的类型和特点、CPU 的主要性能指标、CPU 的安装、CPU 的超频等。通过本章的学习,读者对 CPU 有了一个初步的了解,了解了 CPU 的内部结构和工作原理,知道了计算机内部的数据流程,了解了影响 CPU 速度的一些重要因素,能够在选购 CPU 时有一个判断,买到适合自己需要的 CPU。

习题

1. CPU 有哪些类型和各自的特点?

2. CPU 有哪些重要的性能指标?

3. 简述 CPU 的发展历程。

4. Intel 酷睿 2 双核 E7400 CPU 的主频为 2.8GHz,倍频系数为 10.5,采用了 QDR 技术,则 FSB 频率为多少? 若总线位宽为 64b,则总线带宽(即总线每秒可接收的数据量)为多少?

5. 通过互联网查询及市场调查,写出两款目前市场上最新的 CPU 的主要参数。

第3章

主板

教学提示：主板是计算机中不可缺少的部件之一，起着举足轻重的作用，主板的好坏将直接影响整台计算机的性能，以及其工作的稳定性。

教学目标：掌握主板的基础知识、主板的几大部件的基础知识。主板的选购以及故障排除在实际生活中非常有用，应重点掌握。

3.1 主板的分类

主板是计算机系统中最大的一块电路板，英文名字为 Mainboard 或 Motherboard，简称 MB。

3.1.1 按主板上使用的 CPU 架构分类

不同的 CPU 需要搭配不同的主板。主板按照 CPU 接口的架构分为：Socket 370、Slot A、Socket A、Socket 423、Socket 478、Socket 479、Socket 603、Socket 754、PAC 418、Socket T、Socket 940 和 Socket 939 等。另外，同一名称的 CPU 由于内核不同，芯片组也不相同，与这种 CPU 配套的主板也不同。

3.1.2 按逻辑控制芯片组分类

芯片组（Chipset）是构成主板的核心，是主板的灵魂，主板的功能主要取决于芯片组。芯片组由 1～4 片集成电路组成，负责管理 CPU、内存、各种总线扩展以及外设等设备。

生产主板芯片组的厂家主要有 Intel、AMD、nVIDIA（丽台）、VIA（威盛）、SIS（矽统）、Ali（扬智）、ATi 等。根据 CPU 的架构，芯片组分为不同型号。

1. 芯片组的作用

芯片组的作用是在 BIOS 和操作系统的控制下按规定的技术标准和规范通过主板为 CPU、内存条、图形卡等部件建立可靠、正确的安装和运行环境，为各种 IDE 接口存储设备以及其他外部设备提供方便、可靠的连接接口。一块主板能不能支持最新型的 CPU、内存以及新型的高速存储设备，实际上主要取决于芯片组的技术性能。

1）支持各种类型的 CPU

根据 CPU 发展情况，芯片组应该能支持 FSB（前线总线）频率分别为 133MHz、

200MHz、266MHz、300MHz、400MHz、533MHz 以及 800MHz 的 CPU,而芯片组也因 CPU 的接口标准而相应分成支持 Socket 8、Slot l/Slot A、Socket 370、Socket A、Socket 423、Socket 478、Socket 479、Socket 603、Socket 754、PAC 418、Socket T、Socket 940 和 Socket 939 等类型。

2）支持不同类型和标准的内存

根据主板设计需要,芯片组必须能支持微机运行时所需要的内存类型和工作频率,其中,内存按类型可分为 FPMDRAM、EDODRAM、SDRAM 以及其他高速的 DDRSDRAM、VCMDRAM 和 RDRAM 内存,按内存工作频率可分为 PC66、PCI00 和 PCI33 等各种标准。Intel 开发的 i820 芯片组支持 PC400、PC600 或 PC800 的 RDRAM。

3）支持相应的高速图形接口

按照 3D 图形显示卡的要求,应能支持 AGP 1.0(AGP 2X)、AGP 2.0(AGP 4X)、AGP 3.0(AGP 8X)三种标准的 AGP 总线标准,以便为更快速的图形显示卡提供高达 2GB/s 的数据传输带宽。

4）支持新型 EIDE 设备

应能支持 UltraDMA 33/66/100/133 接口的硬盘和其他光、磁存储设备。

5）支持各种新型 I/O 设备接口

支持通用串行总线(USB)、IEEE 1394、红外传输(IR)以及传统的软驱、串口(Serial Port)和并口(Parallel Port)。

6）支持其他特殊功能

根据芯片组的类型和型号,可支持微机系统的 ACPI 能源管理、DMI 系统硬件监控、CPU 和内存时钟异步运行,支持 AMR 和 AC97 标准等各种功能。

2. 芯片组结构特点

目前,芯片组结构类型基本上可分为传统的“南、北桥型”和新型的“中心控制型”两种。其中,南、北桥型就是以 Intel 430TX 和 Intel 440BX 系列为代表的二片型芯片组;中心控制型则是以 Intel 的 i810 为代表,以 GMCH(Graphics Memory Controller Hub,图形、内存控制中心)、ICH(I/O Controller Hub,I/O 控制中心)和 FWH(Firmware Hub,固件中心)三块芯片为结构的芯片组。

1）南、北桥型芯片组

传统的南、北桥型芯片组一般由两块芯片组成。其中一片负责支持和管理 CPU、内存和图形系统器件,称为北桥;另一片负责支持 IDE 设备,各种高速串、并行接口及能源管理等部分,称为南桥。两片芯片之间的信息则由 PCI 总线沟通。此时的芯片组就像桥梁或纽带一样将微机系统中各个独立的器件和设备连接起来形成整体。

2）中心控制式芯片组

Intel 继 440BX 之后开始放弃传统的南、北桥架构,首次推出中心控制型芯片组 i810。这种架构的芯片组与南、北桥芯片组之间的最大差别是中心控制型芯片组中三片集成电路之间的连接(信息通道)改用数据带宽为 266MB/s(比 PCI 总线高了一倍)的新型专用高速总线,芯片组之间采用这种专用高速总线进行数据通信显然在理论上比采用 PCI 总线(带宽为 133MB/s)进行连接的传统南、北桥芯片组的运行速率要快得多。而且连接在 ICH 上的各种设备或器件需要与 CPU 交换数据时可以不经 PCI 总线而直接通过内部专用高速总线进行,这就是其定义为"中心控制型"芯片组的缘由。

中心控制型芯片组中 GMCH 和 ICH 模块的分工与传统南、北桥型区别不大,其中,GMCH 仍然负责支持和管理 CPU、内存以及图形显示控制电路(类似传统的北桥芯片);ICH 负责支持 PCI 总线、IDE 设备以及各种高速和传统的 I/O 接口和微机系统能源控制等(类似传统的南桥芯片)。FWH 则是一片包括主板和 i752 显示卡 BIOS、随机数发生器等电路在内的综合芯片,其中的快闪 ROM 的容量应在 4MB 以上。

3.1.3　按主板结构分类

主板结构标准主要分为 ATX、Baby AT、BTX 和 NLX 等类型。主流结构是 ATX,早先的 Baby AT 结构已很少使用,只有个别用户在对其原来的 AT 型机箱升级时才使用。至于 NLX 结构的主板,市场上没有零售的,由于它的结构小巧特殊,可以使用体积较小的机箱,所以一般仅用于国外品牌机。

1. AT 主板

AT 是一种主板尺寸大小和结构的规范,因 AT 主板首先应用在 IBM PC/AT 上而得名,已成为一种工业标准。AT 主板的尺寸为 32cm×30cm(长×宽),以键盘插座所处边为上沿。AT 标准尺寸的主板现在已经被淘汰。

2. ATX 主板

ATX(Advanced Technology eXtended,扩展的 AT 主板规范)是 Intel 公司首创并得到广大主板厂商响应的主板结构规范。标准 ATX 主板的尺寸为 19cm×30.5cm(长×宽),使用 ATX 电源,符合 ATX 标准的主板上集成了常用的功能芯片和 I/O 端口。ATX 主板提供 7 个 I/O 槽(1 个槽共享),需要配合专门的 ATX 机箱,它是广泛采用的主板结构。ATX主板的变形结构有 Micro ATX 主板结构,即小板,Micro ATX 主板提供 4 个 I/O 槽。由于 AT 结构的主板有许多缺点,如主板横向宽度太窄、主板上 CPU 和内存的位置不合理、软硬盘控制器及软硬盘支架没有特定的位置,所以 ATX 主板针对 AT 和 Baby AT 主板的缺点做了改进:主板外形在 Baby AT 的基础上旋转了 90°、CPU 与内存插槽位置更加合理,优化了软硬盘驱动器接口位置。ATX 主板结构如图 3-1 和图 3-2 所示。

3. BTX 主板结构

随着 Serial ATA 和 PCI Express 等一批充满活力的新技术的诞生,一种全新的架构呼之欲出,它就是 BTX(Balanced Technology eXtended)。BTX 在设计理念上和 ATX 十分相似,只是经过一系列改进,使得该架构可以显著提高系统的散热效能并降低噪声。

不同尺寸的 BTX 样式之间并不涉及大规模的位置改动。由于 BTX 架构把系统最主要的组件都安排在主板的上部,因此减小主板的尺寸只需要去掉多余的外围设备扩展槽便可实现,PicoBTX 就仅保留了一条外围设备扩展槽,如图 3-3 所示。

图 3-1 ATX 主板结构

图 3-2 Micro ATX 主板结构

图 3-3 BTX 主板

4. 其他主板结构

1) NLX 主板

NLX 主板是一种低侧面主板,标准尺寸为 32.5cm×22.5cm(长×宽),使用专用机箱,采用 AT 或 ATX 电源。它支持各类微处理器技术,支持新的 AGP 接口,支持高内存技术,提供了更多的系统级设计和灵活的集成能力。这种设计上的灵活性允许系统设计者快速完成主板的拆装,在多数情况下甚至不必拆卸一个螺钉。因此 NLX 主板降低了整个 PC 系统的成本。

2) 一体化主板

一体化主板上集成了声卡、显示卡、Modem、网卡(NIC)等多种电路,一般不需再插卡就能工作,具有集成度高、可靠性高、节省空间、价格较低等优点,但也有维修不便和升级困难的缺点,在原装品牌机中采用较多。

3) Flex ATX 主板

Flex ATX 主板是 Intel 研制的主板结构。Flex ATX 主板比 Micro ATX 主板小 1/3,主要用于类似 iMAC 的高度整合微机,如有一种 Socket 370 架构的 Flex ATX 主板结构,只有一个 PCI 槽和一个 AMR 槽。

3.1.4　按功能分类

按功能分类可以将主板分为：PnP 功能主板，节能(绿色)功能主板，无跳线主板。

3.1.5　按生产主板的厂家分类

市场上常见的主板品牌有：微星(MSI)、华硕(ASUS)、佰钰(ACORP)、建基(AOpen)、磐正(SUPoX)、升技(Abit)、硕泰克(SOLTEK)、映泰(BIOSTAR)、联想(QDI)等。

3.2　主板的组成

主板虽然品牌繁多，布局不同，但其基本组成是一致的，主要包括南、北桥芯片，板载芯片(I/O 控制芯片、时钟频率发生器、RAID 控制芯片、网卡控制芯片、声卡控制芯片、电源管理芯片、USB 2.0/IEEE 1394 控制芯片)，核心部件插槽(安装 CPU 的 Socket 插座或 Slot 插槽、内存插槽)，内部扩展槽(AGP 插槽、PCI 插槽、ISA 插槽)，各种接口(硬盘及光驱的 IDE 或 SCSI、软驱接口、串行口、并行口、USB 接口、键盘接口、鼠标接口)及电子电路器件，如图 3-4(a)和图 3-4(b)所示。

3.2.1　CPU 插座或插槽

主板上最醒目的接口便是 CPU 插槽，针对不同的 CPU，这种插槽现在主要可以分为 Socket 插槽和 Slot 插槽。

目前，主流桌面处理器主要分为两大派系：AMD 的 Socket 462(又称 Socket A)以及 Intel 的 Socket 478。它们分别对应不同的芯片组，因此并不是任何一款主板都能随便使用 AMD 或者 Intel 的 CPU。决定芯片组支持何种 CPU 的关键在于北桥芯片。

主板上有些部件发热量较大，所以 CPU、显示卡、北桥芯片都装有散热片。为了系统的稳定，在主板上又添置了一片芯片，用于 CPU 及系统的温度监测以免其因过热而烧毁。主板上用于测试 CPU 温度的技术是在 CPU 附近安放热敏电阻作为温度探头，温度探头位于插槽式 CPU 插槽旁边，针脚式插座的温度探头则位于插座底部的中心位置。

3.2.2　控制芯片组

控制芯片组一般由两片芯片组成，按照在主板上的排列位置不同，通常分为北桥芯片和南桥芯片。其中，靠近 CPU 的一块为北桥芯片，另一块为南桥芯片。北桥芯片提供对 CPU 的类型和主频、内存的类型和最大容量、ISA/PCI/AGP 插槽和 ECC 纠错的支持。南桥芯片则提供对 KBC(键盘控制器)、RTC(实时时钟控制器)、USB(通用串行总线)、Ultra DMA 33/66/100/133、EIDE 数据传输方式和 ACPI(高级能源管理)的支持。其中，北桥芯片起着主导性的作用，也称为主桥(Host Bridge)。主板使用何种北桥芯片将决定主板支持何种 CPU，而包含在北桥芯片中的内存控制器也将直接决定其支持的内存种类。

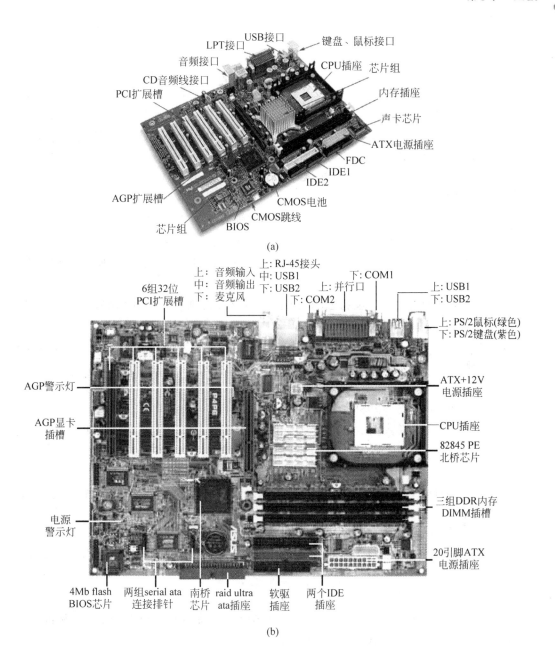

(a)

(b)

图 3-4 主板结构图

除了最通用的南北桥结构外,目前芯片组正向更高级的加速集线架构发展,即中心控制式芯片组。Intel 的 8xx 系列芯片组就是这类芯片组的代表,它将一些子系统如 IDE 接口、音效、Modem 和 USB 直接接入主芯片,能够提供比 PCI 总线宽一倍的带宽,达到了 266MB/s。

芯片组是主板上除 CPU 外尺寸最大的芯片,采用表面封装(PQFP)形式焊接在主板上或采用引脚网状阵列(PGA)封装形式插入主板的插槽中,有的芯片上面覆盖着一块散热片。芯片组只能根据不同的主板和常见的芯片组编号进行识别。主板上常见的控制芯片组有 Intel、VIA、nVIDIA、SIS、ATI 等,其中大部分主板采用 Intel 的控制芯片组。下面就几家主流芯片组公司的典型产品做详细的介绍。

1. Intel 控制芯片组

Intel 研制的最主要的芯片组分为以下几种：Intel 850/850E，Intel 845，Intel 848，Intel 865，Intel 875P 与 Intel 925x/915P/915G。其中，845 芯片组是 Intel 的早期产品，用于 Pentium 6.0 和 66MHz CPU；430NX 芯片组用于海王星(Neptune)CPU，这两种芯片组目前已经被淘汰，不再生产。其余的芯片组目前都在继续生产和使用。各种芯片的性能和适用的 CPU 都有一定的差别，下面分别介绍 Intel 430FX 及其以后推出的各种芯片组。

1) Intel 850/850E 芯片组

为 RAMBUS 内存和 P4 CPU 量身定做，最好地发挥了 P4 CPU 的效能。

2) Intel 845 系列芯片组

为 RAMBUS 时代的选择，Intel 845 芯片组为 Socket 478 CPU 设计，使用 SDRAM，可节省用户的投资。

(1) Intel 845D 芯片组。支持 DDR 内存，并使之成为新一代内存标准。支持 533MHz FSB CPU，全新的 ICH4 控制器，支持 USB 2.0。

(2) Intel 845G/GL 芯片组。集成全新的 3D 图形显示芯片，只支持 400MHz FSB CPU，全新的 ICH4 控制器，支持 USB 2.0。

(3) Intel 845PE 芯片组。支持 533MHz FSB CPU，支持 DDR 333 标准(只适用于 P4)，全新的 ICH4 控制器，支持 USB 2.0。

(4) Intel 845GV 芯片组。集成全新的 3D 图形显示芯片，支持 533MHz FSB CPU。支持 DDR 333 标准(只适用于 P4)，全新的 ICH4 控制器，支持 USB 2.0。

3) Intel 865PE/875P 芯片组

支持 800MHz FSB CPU，支持双通道 DDR 400 标准(只适用于 P4)，全新的 ICH5/ICH5R 控制器，支持 SATA 和 RAID0。

4) Intel 848P 芯片组

支持 800MHz FSB CPU，支持单通道 DDR 400 标准(只适用于 P4)，全新的 ICH5 控制器，支持 SATA。

5) Intel 915/925 芯片组

LGA775 封装 CPU 平台，支持 800MHz FSB CPU，支持双通道 DDR2 400 标准，全新的 ICH6 控制器，支持 SATA 和 PCI Express。

2. VIA

VIA(威盛电子)是一家老资格的控制芯片组生产厂商。

1) 早期的 Apollo 产品

早期的 Apollo 产品有 4 组控制芯片组，用于 Socket 7 主板的有 Apollo MVP3 和 Apollo MVP4 两组，用于 Slot 1 主板的有 Apollo Pro 和 Apollo Pro Plus 两组。

2) VIAKT400 芯片组

如图 3-5 所示，威盛电子 VIA Apollo KT400 芯片组是由 VT8377 系统控制器和 VT8235V-Link 南桥芯片构成的。VT8377 北桥芯片采用了 828Pin 的 BGA 封装，VT8235

南桥芯片采用了 487Pin 的 GBA 封装。而 VT8377 系统控制器支持 SocketA(Socket462)的 AMD Athlon XP/Athlon/Duron 处理器,它内建了 PLL(锁相环)电路提供最佳的时钟周期控制。具有 4 个处理器命令请求入口,提供最佳处理器的效率,24 个处理器数据入口和控制队列,可以分开存储处理器数据和控制队列,具有读写两个不同的缓存。与以往的 KT333 以及 KT266 相比,KT400 除正式支持 DDR 400 外,首次加入了对 AGP 8X 的支持以及由 8235 南桥引进的诸多特性。

图 3-5　芯片组

3) VIA KT600(VT8237)芯片组的 AMD K7 主板

VIA KT600(VT8237)芯片组支持 400MHz FSB 频率的 Athlon XP 处理器,标准搭配 VT8237 南桥芯片后支持双通道 SATA 150 和 8 个 USB 2.0 端口。

4) VIA KT880 芯片组的 AMD K7 主板

VIA KT880 芯片组支持双通道 DDR 400 内存技术,其他性能指标基本上与 VIA KT600 (VT8237)芯片组一样。

5) VIA PT890、PM890

PT890 可支持 800MHz、533MHz 和 400MHz 前端总线,无论是 Prescott、Pentium 4 还是 Celeron,均可在 PT890 主板上使用。同样,PT890 采用双通道 DDR 和双通道 DDR2 533/400 方案,主板制造商可根据实际情况自行选择。图形接口方面,PT890 也转移到 PCI Express X16。

PM890 是 PT890 的整合版本,除了拥有 PT890 的所有特性之外,还整合了 UniChrome 3 图形核心。该核心同样支持 DirectX9 API。

3. nVIDIA

1) nVIDIA nForce2

AMD 平台的 nVIDIA 的逻辑芯片组 nForce2,和第一代 nForce 一样,也分为整合显示核心的 IGP 和非整合的 SPP。

2) nVIDIA nForce4

随着 AMD 发布 Athlon64 4000＋/FX-55 处理器新品后,nVIDIA 公司也相应地推出了

nForce4 系列芯片组。nForce4 系列共有三款产品,包括针对主流的 nForce4 标准版、针对高端市场的 nForce4 Ultra,以及针对高级游戏玩家的 nForce4 SLI,如图 3-6 所示。

图 3-6　nVIDIA nForce4 芯片

nVIDIA 的 nForce4 芯片组可支持 Socket 754/939 处理器,只能支持 800MHz HT 总线,支持 SATA-150、10 个 USB 2.0 端口,支持带硬件防火墙的 GbE。

4. SIS

1) SIS 748 芯片组

AMD 发布 200MHz 外频的 Athlon XP3200＋处理器后,SIS 紧接着就发布了对应的 SIS 748 芯片组。SIS 748 芯片组采用了南、北桥分离的设计,北桥支持 266/333/400MHz FSB 频率处理器,支持 DDR 266/333/400 内存。南北桥之间采用 16b 的 MuTIOL 总线进行连接,在 SIS 748 芯片组中 MuTIOL 总线的工作频率达到 533MHz,带宽则达到了 1GB/s,而其他芯片组之间的总线带宽一般为 512MB/s,nForce 2 芯片组得到的总线带宽也仅为 800MHz。对于 SIS 748 芯片组,SIS 已经推荐搭配 963L 南桥芯片,这款芯片同 963 南桥之间最大的差别就是去掉了 IEEE 1394 的支持,并支持 6 端口的 USB 2.0,5.1 声道声卡,双通道 ATA 66/100/133 IDE 控制器。

2) SIS 656 和 SIS 662 芯片组

SIS 针对 Prescott 平台的芯片组是 SIS 656 系列。SIS 656 支持 Prescott Pentium 4、Celeron 和 PCI Express X16 图形接口。SIS 656 可采用双通道 DDR 400 或双通道 DDR2 方案,除了 DDR2 400/533 之外,SIS 656 更可以支持到 DDR2 667(ECC)。在 SIS 656 的基础上,SIS 还推出增强版本的 SIS 656FX,将支持的内存规格提升到 DDR2 800。

3) SIS 756 与 SIS 761

SIS 756 的规格同 KT 890 相当,支持 PCI Express X16 图形接口。SIS 756 搭配的南桥芯片是 SIS 965 和 SIS 966,支持 Serial ATA RAID、PCI Express Xl 扩展槽、千兆位网络、USB 2.0 及 IEEE 1394 等功能。

SIS 761 是 SIS 756 的整合版本,所整合的图形核心与 Prescott 平台的 SIS 662 相同,均可支持 DirectX 9 API。

5. ATI

1) ATI RS400 与 RL400

对应 Prescott,ATI 推出了 RS400 和 RL400 两款整合型芯片组。RS400 支持 800MHz

FSB 的 LGA775 Prescott,双通道 DDR2 667/DDR 400 和 PCI Express X16 图形接口,支持 DirectX 9 API。

RS400 将与 SB400(IXP400)南桥搭配使用。该南桥可支持 4 个 PCI Express X1 扩展槽、4 个 Serial ATA 端口、两个并行 ATA 端口和 8 个 USB 2.0。

RL400 是 ATI 的第二代 PCI Express 芯片组,它可支持 800/1066MHz 前端总线的 Prescott 的处理器,双通道 DDR2 667/DDR 400 内存和 PCI Express X16 图形接口。

2)ATI RX480 和 RS480

ATI 推出 RX480 和 RS480 两款 AMD 平台芯片组。前者没有整合图形核心,提供 PCI Express X16 图形接口,而后者则整合了 Radeon 9600 级别的图形核心。RX480 和 RS480 都可以同 SB400 或 SB450 南桥搭配。

6. 控制芯片组的选择

Pentium 4 是 Intel 的主流产品。目前与 Pentium 4 搭配的芯片组主要有 i865PE、i875P 和某些加强版 i845PE 三大类。与采用 Prescott 核心的 Pentium 4 D、Celeron D 搭配的芯片组主要有 i865PE、i848P 和 i845PE。与 LGA 775 的 Pentium 4 Prescott 搭配的芯片组有 Intel 的 i915,i925;VIA 的 PT 890 和 PM 890;SIS 的 SIS 656、SIS 656FX 和 SIS 662;ATI 的 RS400 与 RL400;以及 Ali 的 M1683 等。

目前市场上 AMD 平台与 Athlon XP 搭配的主流芯片组有来自 VIA 的 KT 400、KT 600、KT 880;nVIDIA 的 nForce2 Ultra 400、nForce2 400、nForce3、nForce4;SIS 的 SIS 748、SIS 741。与 Athlon 64 或 Athlon 64FX 搭配的主流芯片组有来自 nVIDIA 的 nForce2、nForce3 Pro;ATI 的 RS480、RX480;SIS 的 755FX、800;VIA 的 K8T890 等。

3.2.3 内存插槽

内存插槽的作用是安装内存条,目前的内存主要分为 SDRAM、DDR、RDRAM、DDR2 这 4 种,其中,SDARM 使用 168Pin 接口,DDR 和 RDRAM 采用 184Pin 接口,DDR2 采用 240Pin 接口。采用 168Pin 的 SDRAM 内存插槽有两个非对称缺口,采用 184Pin 的 DDR 内存插槽只有一个缺口,采用 184Pin 的 RDRAM 内存插槽有两个位置对称的缺口,采用 240Pin 的 DDR2 内存插槽只有一个缺口,如图 3-7 所示。

图 3-7 内存插槽

此外,采用 nForce4、1865/875、SIS6 55 等芯片组的主板都支持双通道 DDR,此时必须将两条内存插在不同的两组通道才能激活双通道 DDR 以提高性能。为了方便用户安装,目前,部分厂商的主板将对称的内存插槽用不同的颜色标示出来,用户只要把内存安装在颜色相同的 DDR 插槽上即可。

3.2.4　总线扩展槽

总线是构成计算机系统的桥梁,是各个部件之间进行数据传输的公共通道。在主板上占用面积最大的部件就是总线扩展插槽,它们用于扩展 PC 的功能,也被称为 FO 插槽,大部分主板都有 1～8 个扩展槽。总线扩展槽是总线的延伸,也是总线的物理体现,在它上面可以插入任意的标准选件,如显示卡、声卡、网卡等。

扩展槽按其发展历史和连接的总线类型分为许多种。8 位机、16 位机、32 位机和 64 位机分别使用 8 位、16 位、32 位和 64 位并行总线。常见的总线结构有 ISA、MCA、EISA、VESA 和 PCI,其对应的扩展槽有 ISA 扩展槽、MCA 扩展槽、EISA 扩展槽、VESA 扩展槽和 PCI 扩展槽。其中,前三种为总线标准,后面两种为局部总线标准。586 以上主板上最常见为 ISA 总线扩展槽和 PCI 局部总线扩展槽。

1．ISA 扩展槽

ISA(Industry Standard Architrcture,工业标准体系结构)是 IBM 公司在 PC 中最早推出的一种总线标准。该标准规定:数据总线宽度为 16 位,工作频率为 8MHz,数据传输率最高为 8MB/s。ISA 扩展槽为黑色且长度最长,所以通常说在主板上又黑又长的是 ISA 插槽,传统的插卡都插在 ISA 插槽上。

由于 ISA 总线的频率为 8MHz,而且是 8 位或 16 位的,所以跟不上 386DX、486 等 32 位 CPU 的速度。ISA 总线是一种被淘汰的总线,保留它只是为了兼容已有的大量硬件产品,如 ISA 插卡等。

2．PCI 扩展槽

目前主板上的 PCI 扩展槽有 3～6 个。PCI 扩展槽为白色且长度较短,仅能插 PCI 接口卡,如 PCI 显示卡、PCI 声卡、PC 网卡等,如图 3-8 所示。

图 3-8　PCI PCI Express X1 和 X16

PCI 总线是独立于 CPU 的系统总线,采用了独特的中间缓冲器设计,可将显示卡、声卡、网卡、硬盘控制器等高速的外围设备直接挂在 CPU 总线上,打破了瓶颈,使得 CPU 的性能得到充分的发挥。PCI 扩展槽有多项不同的规范。常用的 PCI 扩展槽为 33MHz、32b。表 3-1 总结了常见的 PCI 扩展槽。

表 3-1 常见的 PCI 扩展槽分类

PCI 协议标准	总线数据位宽	总线工作频率	理论最大带宽
PCI 2.2	32b	33MHz	133MB/s
PCI-X 1.0	64b	33MHz	266MB/s
PCI-X 1.0	64b	66MHz	533MB/s
PCI-X 1.0	64b	133MHz	1.06GB/s
PCI-X 2.0	64~128b	266MHz	2.1GB/s

3. PCI Express 扩展槽

PCI Express 总线是第三代输入输出总线,简称 3GIO(Third-Generation Input/Output)。它的开发代号是 Arapahoe,所以又称为 Arapahoe 总线。

PCI Express 采用串行差分接口技术让设备以点对点的方式进行连接,在两个设备间构筑起专用通道,仅供两端的设备使用。根据 PCI Express 1.0 标准,PCI Express 的信号传输速度可达每组差分线对单向 312.5MB/s。PCI Express 最基本的物理串行连接被称为 X1 模式。PCI Express 还提供了扩展带宽模式(分别为 X2、X4、X8、X12、X16、X32),以便灵活配置、轻松扩展。X2~X32 模式是建立在 X1 模式之上的,"X"后的数值越大就意味着基于该连接模式的设备间的带宽越大。PCI Express X16 模式最大能为显示卡提供 4GB/s 带宽。如图 3-8 所示为 PCI Express X1 和 X16 扩展槽。

按照相应的规范,PCI Express 的 X1、X4、X8、X16 几类插槽已经得到一定程度的应用,主要性能和应用领域如表 3-2 所示。

表 3-2 PCI Express 插槽分类

接口类型	总线单向带宽	主要应用领域
PCI Express X1	250MB/s	PC、声卡、网卡接口
PCI Express X4	624MB/s	服务器领域,千兆位网络等
PCI Express X8	1248MB/s	服务器领域,千兆位网络等
PCI Express X16	2496MB/s	服务器领域,显示卡接口

从 PCI Express 的插槽可以看出,X4 的插槽就是在 X1 的基础上增加了三对差分信号传输通道,因此总线带宽变为 X1 的 4 倍。PCI Express X16 插槽的应用主要是为了取代目前的 AGP 插槽。今后的主流平台主板的 I/O 扩展槽是 1 个 PCI Express X16 接口加 4 个 PCI Express X1 接口的组合方式,同时也可以根据需求而保留一定的 PCI 插槽。

PCI Express 总线架构的用途非常广,例如,桌面计算机、笔记本、企业级别的应用、通信和工作自动化等。

4．AGP 接口插槽

为了让 PC 具有图形工作站的 3D 处理能力，Intel 公司开发了 AGP（Accelerated Graphics Port，加速图形接口）标准，主要目的就是要大幅度提高 PC 的图形处理能力，尤其是 3D 图形的处理能力。AGP 不是一种总线，因为它是点对点连接，即连接控制芯片和 AGP 显示卡。AGP 在主内存与显示卡之间提供了一条直接的通道，使得 3D 图形数据越过 PCI 总线，直接送入显示子系统，这样就能突破由于 PCI 总线形成的系统瓶颈，从而达到高性能 3D 图形的描绘功能。AGP 标准可以让显示卡通过专用的 AGP 接口调用系统主内存作显示内存，是一种解决显示卡板显示内存不足的廉价解决方案。

AGP 插槽的形状与 PCI 扩展槽相似，位置在 PCI 插槽的右边偏低，为褐色。AGP 插槽只能插显示卡，因此在主板上 AGP 接口只有一个，如图 3-9 所示。

图 3-9　AGP 4X 插槽

AGP 的工作模式有 AGP 1X、AGP 2X、AGP 4X、AGP 8X 共 4 种，其对应的数据传输率为 266MB/s、533MB/s、1066MB/s 和 2133MB/s。其中，AGP 4X 的插槽和金手指与 AGP 1X、AGP 2X 都不一样。支持 AGP 4X 的插槽中没有了原先的隔断，但金手指部分的缺口却多了一个。只要是支持 AGP 4X 的芯片组（如 Intel i820、VIA 694X），板子上都采用 Universal AGP Socket，这种 AGP 插槽是 4X 模式的，不过由于有向下兼容的特性，所以 1X/2X/4X 的显示卡皆通用。而对于早期不支持 AGP 4X 的主板，上面的 AGP 插槽则是 AGP 2X 的，只能向下兼容至 1X 的显示卡，把 AGP 4X 的显示卡插在 2X 的槽上，并非不能工作，只不过会以 2X 模式来工作。

5．AMR 插槽和 CNR 插槽

AMR 是从 i810 主板才开始有的，它是主板上一个褐色的插槽，比 AGP 插槽短许多，如图 3-10 所示。Intel 公司开发的 AMR（Audio/Modem Riser，声音和调制解调器界面）是一套基于 AC 97（Audio Codec 97，音频系统标准）规范的开放工业标准。采用这种标准，通过附加的解码器可以实现软件音频功能和软件调制解调器功能。从其全称就能发现它是由 Audio Riser（AR）和 Modem Riser（MR）两部分组成的。AMR 扩展卡就属于 MR 的一部分，AR 部分一般都集成在主板上，所以就没有了 AMR 声卡。

声卡、Modem 和视频卡上均有接口、模拟电路、解码器、控制器和数字电路。控制器和数字电路很容易集成在主板上或整合在芯片组中，而接口电路和模拟电路部分集成在主板

图 3-10 AMR 插槽

上则有一定困难。例如,由于电磁干扰、电话接头、电信标准的不同,Modem 的调制解调电路和接口电路就不宜集成在主板上。

Intel 公司制定 AMR 标准的目的就是解决上述问题,将模拟 I/O 电路留在 AMR 插卡上,而将其他部件集成在主板上。AMR 标准的基本用途是将音频和 Modem 的接口电路、模拟电路和解码器制作在一张 AMR 接口卡上,例如,在 Intel i810 芯片组的 ICH 中已集成了 AC 97 控制器与 MC 97 控制器,只要连接相应的解码器即可获得声卡或 Modem 的功能。此外,AMR 还能与 Intel i810 的 DVOP 配合,在 AMR 接口卡上集成符合 Panel Link标准的控制芯片以连接数字平板显示器,集成 TV 控制芯片连接电视机。

AMR 接口的骨干部分是一个符合 AC 97 规格的 AC 链路,最多支持 4 个解码芯片,解码芯片可以另制作在不同的组件上,如音频解码芯片制作在主板上,而 Modem 解码芯片则可制作在 AMR 接口卡上。基本 AMR 支持音频及 Modem 子系统的硬件加速,加速器位于预处理数据源与处理数据目的地之间,它直接从主内存取得预先处理好的数据,再通过 AC链路传递给解码芯片。具有 AMR 插槽的主板需配有相应驱动程序及 BIOS 代码,方能对AMR 架构子系统的硬件资源进行管理。

主板厂商常将音频解码芯片及其接口电路集成在主板上,而将 Modem 的调制解调电路及解码芯片留给 AMR Modem 接口卡。

CNR(Communication Network Riser,通信网络插卡)是 AMR 的升级产品,从外观上看,它比 AMR 稍长一些,而且两者的针脚也不相同,所以两者不兼容。CNR 插槽如图 3-11所示。

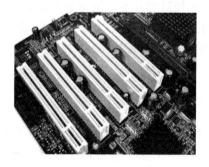

图 3-11 CNR 插槽

3.2.5 板载芯片

通过使用不同的板载芯片,用户可以根据自己的需求选择产品。与独立板卡相比,采用板载芯片可以有效降低成本,提高产品的性价比。

1. I/O 控制芯片

I/O 控制芯片就是输入输出管理芯片,负责对系统所有的输入输出设备如并口、串口、PS/2 等进行管理。此外,现在的 I/O 控制芯片往往还具备 CPU 过电压保护、风扇转速检测、5V/12V 电压监控等功能。I/O 控制芯片总是与特定的芯片组配合使用,如 W83627HF-AW I/O 控制芯片就与 i865/i875 芯片组配合使用。

2. 时钟频率发生器

时钟信号在电路中的主要作用就是同步,保证数据在传输过程中不出差错。时钟频率发生器可以给出 CPU 的外频频率,而倍频由 CPU 自身的电路决定。此外,时钟频率发生器还配合晶振负责对 AGP/PCI 进行分频。

3. RAID 控制芯片

主流的 IDE RAID 控制芯片为 HighPoint HPT 372/374 以及 Promise PDC 20276,它们都支持 RAID0 和 RAID1 模式,并且提供了对 ATA 133 的支持。

目前,Serial ATA RAID 也开始在高端主板上普及,支持 Serial ATA RAID 的控制芯片主要是 Silicon Image SIL 3112 ACT l44 和 Promise PDC 20376。

4. 网卡控制芯片

随着宽带网的普及,如今大多数主板都带有一个网络接口。常见的网卡控制芯片有 Realtek RTL8100B 和 VIA VT6105。

现在 i865A 875 主板开始集成千兆位网卡控制芯片,如 Broadcom BCM5702 WKFB、3COM940 以及 Intel 82554 等都是最为常见的集成性千兆位网卡控制芯片。

5. 声卡控制芯片

由于信号干扰的原因,声卡控制芯片不可能完全集成于南桥芯片,具体的数模转换以及声音输入输出还得依靠声卡控制芯片。目前,板载声卡控制芯片都符合 AC 97 规范,主要型号有 Realteck ALC 650、CMI 8738-6CH/CMI 9739A、Creative CT-580、VT1611、VIA Envy24 等。

6. 电源管理芯片

传统主板的电源管理芯片都集成于南桥芯片,但是效果并不是很好。为此,Winbond 开发了 W83301R 电源管理芯片。W83301R 可以同时支持 SDRAM、DDR、DRAM 内存的深层次休眠。常见的电源管理芯片有 Realteck RT9237、HIP6302 等。

7. USB 2.0/IEEE 1394 控制芯片

VIA VT6202 和 ALI M5621 是最常见的 USB 2.0 控制芯片。IEEE 1394 控制芯片目前以 VIA VT6306 和 TI 1394a 为主。

3.2.6　BIOS 芯片

BIOS 英文全称是 Basic Input/Output System，完整地说应该是 ROM-BIOS，即只读存储器基本输入输出系统。它是安装在主板上的一个 ROM 芯片，其中固化保存着微机系统最重要的基本输入输出程序、系统 CMOS 设置程序、开机上电自检程序和系统启动自举程序，为计算机提供最低级的、最直接的硬件控制。一块主板性能优越与否，很大程度上取决于主板上的 BIOS 管理功能是否先进。主板上的 ROM BIOS 芯片是主板上唯一贴有标签的芯片，上面印有"BIOS"字样，虽然有些 BIOS 芯片没有明确印出"BIOS"，但凭借外贴的标签也能很容易地将它认出，国内品牌机和组装机的主板上主要使用 Award 和 AMI 两种 BIOS，进口品牌机中多使用 Phoenix 或专用的 BIOS，在芯片上都能见到厂商的标记。

3.2.7　CMOS 芯片

CMOS（是指互补金属氧化物半导体，一种应用于集成电路芯片制造的原料）是微机主板上的一块可读写的 RAM 芯片，用来保存当前系统的硬件配置和用户对某些参数的设定（如 BIOS 参数），开机时看到的系统检测过程（如主板厂商信息和各种系统参数信息的显示等）就是 CMOS 中设定程序的执行。CMOS 芯片可由主板的电池供电，即使关闭机器，信息也不会丢失。CMOS RAM 本身只是一块存储器，只有数据保存功能，而对 CMOS 中各项参数的设定要通过专门的程序。

3.2.8　电池

为了在主板断电期间维持系统 CMOS 内容和主板上系统时钟的运行，主板上特别地装有一个充电式电池，电池的寿命一般为 2～3 年。

3.2.9　电源插座

主板、键盘和所有接口卡都由电源插座供电。传统的 AT 主板使用 AT 电源，ATX 主板使用 ATX 电源。一些 Super 7 主板为了能够使用两种不同结构的机箱，集成了 AT 和 ATX 两种电源插座。

AT 主板的电源插座是 12 芯单列插座，没有防插错结构。电源插座看似连在一起，实际上分为两个插头，其编号为 P8 和 P9，在插接时，应注意将 P8 与 P9 的两根接地黑线紧靠在一起，现在的主板上已经很少采用 AT 电源插座，相应地，AT 电源也逐渐被 ATX 电源所取代。

ATX 电源插座是 20 芯双列插座，该插座具有方向性，可以有效防止误插，并且能固定电源，避免因为接头松动导致主板在工作状态下突然断电。在软件的配合下，ATX 电源可以实现软件关机和通过键盘、Modem 远程唤醒开机等电源管理功能。

另外，有些 Pentium 4 主板为了加强 CPU 以及 AGP 显示卡的电源供应而多出 4Pin 和 6Pin 辅助电源接口，对应电源上的专用输出接头，如图 3-12 所示。

图 3-12 电源插座

3.2.10 IDE 接口插座

IDE(Integrated Device Electronics,集成设备电子部件)是由 Comp 开发并由 Western Digital 公司生产的控制器接口,主要用于连接 IDE 硬盘和 IDE 光驱,如图 3-13 所示。

图 3-13 IDE 接口和软驱接口

增强型 IDE(Enhanced IDE)是 Western Digital 为取代 IDE 而开发的接口标准。在采用 EIDE 接口的微机系统中,EIDE 接口也已直接集成在主板上,因此不必再购买单独的适配卡。与 IDE 相比,EIDE 具有支持大容量硬盘、可连接 4 台 EIDE 设备、数据传输快等优点。为支持大容量硬盘,EIDE 支持三种硬盘工作模式:NORMAL、LBA 和 LARGE 模式。

目前,几乎所有的主板上都集成了 IDE 接口插座,该功能也可以通过 BIOS 设置来屏蔽。IDE 接口为 40Pin 双排针插座,主板上都有两个 IDE 设备接口,分别标注为 IDE1 或 Primary IDE 和 IDE2 或 Secondary IDE。一些主板为了方便用户正确插入电缆插座,取消了未使用的第 20Pin,形成了不对称的 39Pin IDE 接口插座,以区分连接方向。另外,主板还在接口插针的四周加了围栏,其中一边有个小缺口,标准的电缆插头只能从一个方向插入,避免了错误的连接方式。根据 PC99 认证规定,第二个 IDE 插座为白色。另外,对于支持 ATA 66/100/133 的硬盘及光驱,一定要使用 80 芯的数据线。

3.2.11 软盘驱动器接口插座

目前,几乎所有的主板上都集成了软盘驱动器接口插座,取代了多功能 I/O 卡的作用。该功能也可以通过 BIOS 或跳线开关来屏蔽。主板上的软驱接口一般为一个 34Pin 双排针插座,标注为 Floppy、FDC 或 FDD。一些主板为了方便用户正确插入电缆插头,把未使用的第5Pin取消,形成了不对称的33Pin软驱接口插座以区分连接方向。一个软盘驱动器接口可以接两台软盘驱动器,如图3-13所示。

3.2.12 跳线开关

跳线开关简称跳线(Jumper),是控制电路板上电流流动的小开关,最常见的就是主板上的跳线。主板为了与各种类型的处理器、设备相兼容,就必须有一定的灵活性,通过跳线的设置可以增加对各种处理器和其他设备的支持。跳线由两部分组成,一部分是固定在电路板上的,由两根或两根以上金属跳针组成,另一部分是"跳线帽",这是一个可以活动的部件,外层是绝缘塑料,内层是导电材料,可以插在跳线针上面,将两根跳线针连接起来。跳线帽扣在两根跳线针上时是接通状态,有电流通过,称之为ON,反之不扣上跳线帽时称之为OFF。最常见的跳线主要有两种,一种是只有两根针,另一种是三根针。两针的跳线最简单,只有两种状态:ON或OFF。三针的跳线可以有三种状态:1和2之间短接;2和3之间短接;全部开路。

跳线最常用的地方就是在主板上,一般可以用来设置CPU的频率、电压。另外,还有使用DIP开关实现跳线设置的主板,它的功能和普通跳线是一样的,只是把小跳线做成了开关。目前,免跳线的技术十分流行,在这种主板上除了一个清除CMOS信息的跳线之外再无任何跳线,只要把CPU插入,机器就可以自动识别,并为其设置频率和工作电压,而且还可以通过BIOS对主频、工作频率和电压进行更改。

3.2.13 外部设备接口

主板上的外部设备接口有:串口、并口、USB接口,如图3-14所示。

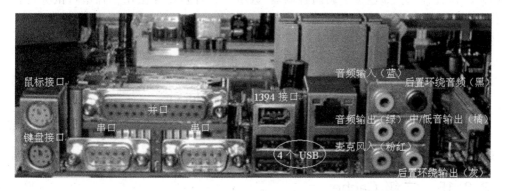

图3-14 主板外部接口

1. 串行口插座

串行口(Serial Port)也叫作COM Port(通信口),"COM"是Communication(通信)的缩写。串口是所有微机都具备的I/O接口,在品牌微机上常用"Serial"表示,在有两个串口的微机上则分别标为COM1和COM2,或者Serial A和Serial B。

2．并行口插座

并行口(Parallel Port)由于主要连接打印机(Pinter)，也称打印口(LPT、PRN)。

3．USB 接口插座

USB 是 Universal Serial Bus(通用串行总线)的缩写。USB 使用特殊的两种 D 型 4 针插头插座，小的一头与外设上设置的 USB 接口相连，大的一端与微机 USB 插座相连。目前的 586 级以上档次主板均已设置 USB 接口，一般为两个 USB 插座。USB 是逐渐广泛使用并逐步代替串、并口的一种高速串行 I/O 接口。

USB 接口的速率根据标准而定，USB 1.0 标准的数据最高传输速率为 12Mb/s，而 USB 2.0 标准的数据传输速率可高达 480Mb/s。

4．键盘插座

传统 AT 主板的键盘插座是一个圆形 5 芯插座，这种键盘接口在外观上要比 PS/2 键盘接口大一些。

ATX 主板使用 PS/2 型的 6 针微型 DIN 型键盘接口插座，该插座集成在 ATX 主板上。当然也可以使用 AT 转换为 PS/2 或 PS/2 转换为 AT 的转换线，来转换不同类型的键盘接口。

5．PS/2 鼠标插座

PS/2 接口因最初应用于 IBM PS/2 微机而得名，它是一个 6 针微型 DIN 接口。如果两个 COM 口均已占满(如连接了调制解调器、数字化仪等)，则无法用 9 针串口鼠标，而应改用小圆口的 PS/2 型鼠标。有些老主板的 PS/2 鼠标口的默认设置是关闭的，如果微机不认 PS/2 鼠标，则要在 CMOS 设置中将 PS/2 鼠标功能打开。

对于 ATX 型主板，PS/2 鼠标插座已集成在主板上了。

3.2.14   机箱面板指示灯及控制按钮插针

主板上有一组插针接口，机箱面板上的电源开关、重置开关、电源指示灯、键盘锁、硬盘指示灯，都连接到该接头组上。

3.2.15   二级 Cache

现在所有的 CPU 都包含二级 Cache，主板上的独立二级 Cache 都已经消失，所以在现在的主板上没有二级 Cache。

3.2.16   SATA 接口

随着技术的成熟，越来越多的主板和硬盘都开始支持 SATA(串行 ATA)接口，如图 3-15 所示。SATA 接口有取代传统的 PATA(并行 ATA)接口的趋势。串行 ATA (Serial ATA,SATA)最大数据传输率为 150MB/s(SATA 1.0)和 300MB/s(SATA 2.0)，而且其接口非常小巧，排线也很细，有利于机箱内部空气流动从而加强散热效果，也使机箱内部显得规整。与并行 ATA 相比，SATA 还有一大优点就是支持热插拔。

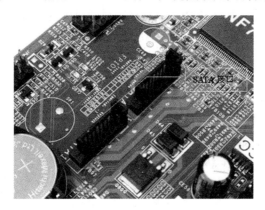

图 3-15　主板 SATA 接口

3.3　主板的选购

由于市场上的主板无论是品牌还是型号都多得惊人，并且鱼龙混杂的现象十分突出，加之其中还充斥着许多的 OEM（品牌商从生产工厂中购买产品，然后以自己的品牌出售）或者是 ODM（虚拟工厂），因此即使是 DIY 高手也不敢保证自己选购的产品就一定耐用可靠。

3.3.1　主板选购应考虑的主要性能

主板在微机系统中占有很重要的地位，性能指标主要有支持 CPU 的类型和频率范围；对内存、显卡、硬盘及光驱等的性能支持；扩展性能及外围接口；BIOS 技术等。在选购微机时，主板的选购至关重要。选购主板应考虑的主要性能是速度、稳定性、兼容性、扩充能力和升级能力。

1. 速度

现在的多媒体应用使得 CPU 要处理的数据及要和外设之间交换的数据量大为增加，而 CPU 与内存、CPU 与外设（显示卡、IDE 设备等）、外设与外设的数据通道都集成在主板上，所以主板的速度制约着整机系统的速度。

2. 稳定性

微机的各部件都可能出现性能不够稳定的情况，但都不如主板对系统的影响大。一块稳定性欠佳的主板会在使用一段时间后暴露出其弱点，而这种不稳定性往往以较隐蔽的方式表现出来，如找不到 IDE 硬盘、显示器无显示、莫名其妙地死机，等等，往往让人误以为是 CPU 或外设出了问题，而实际上是由于主板性能不稳定造成的。

3．兼容性

兼容性好的主板会使人们在选择部件和将来对微机升级时有更大的灵活性。兼容性差的主板不容易和外设匹配,因此造成一些优秀的板卡因为主板的限制而不能使用,致使系统性能降低或无法发挥。

4．扩充能力

计算机在购买一段时间后都会出现要添置新设备的需求。有着良好扩充能力的主板将使用户不必为插槽空间的紧缺伤脑筋。主板的扩充能力主要体现在有足够的 I/O 插槽、内存插槽、CPU 插槽、AGP 插槽以及与多种产品兼容的硬驱接口、USB 接口等。

5．升级能力

CPU 的更新换代速度较快而主板相对稳定,也就是说,主板比 CPU 有着更长的生命周期。一块好的主板应为现在的及未来的 CPU 技术提供支持,使 CPU 升级时不用更换主板。

3.3.2　选购主板时考虑的因素

面对性能各异、价格不一的主板,要考虑的因素很多,那么如何才能正确挑选购买一款好主板呢? 一般来说,要重点查看以下几个方面。

1．实际需求

用户应按自己的实际需求选购主板。例如,对一般的办公处理来说,如没有较高的娱乐性要求,则可选购一款性能适中的主板。

2．主板结构

首先用户要考虑需要使用什么样 CPU 的主板,选用的 CPU 大致决定了整台系统的性能档次。目前流行的主板按照 CPU 的接口分为:Socket 478、Socket 370 和 Slot A。一定要注意所购主板是否适合 CPU 的接口。

3．主板的技术性能

主板厂家研发的强弱也可以从主板的技术性能来体现。主板的特色技术主要体现在:超频稳定性能,安全稳定性能,方便快捷性能(免跳线技术、PC99 技术规格),升级扩充性能和其他技术性能(UDMA100 技术、STR 技术)。

4．主板产品的售后服务

性能再好的主板也难免会出现问题,所以主板厂家是否提供良好的售后服务也非常重要。最好选择可以在所在地调换产品的商家,这样就可以及时地解决所出现的问题。

5．品牌

目前生产主板的厂家很多，主板厂商主要有华硕、微星、升技、梅捷、精英、浩鑫、建基、钻石、磐英、技嘉。在选择各种主板产品的时候，一定要做到知己知彼、心里有底、临阵不乱、胆大心细，同时多多衡量考虑产品的利弊因素，只有这样，才能挑选到一款称心如意的产品。

3.4　常见主板故障处理

3.4.1　主板故障分析

随着主板电路集成度的不断提高及主板价格的降低，其可维修性越来越低，但掌握全面的维修技术对迅速判断主板故障及维修其他电路板仍是十分必要的。下面简要介绍主板故障的分类及起因。

（1）根据对计算机系统的影响可分为非致命性故障和致命性故障（GPF）。两种故障均发生在系统上电自检期间，但非致命性故障一般会给出错误信息，而致命性故障将导致系统死机。

（2）根据影响范围不同可分为局部性故障和全局性故障。局部性故障指系统某一个或几个功能运行不正常，如主板上的打印控制芯片损坏，仅造成联机打印不正常，并不影响其他功能；全局性故障往往影响整个系统的正常运行，使其丧失全部功能，例如，时钟发生器损坏将使整个系统瘫痪。

（3）根据故障现象是否固定可分为稳定性故障和不稳定性故障。稳定性故障是由于元器件功能失效、电路断路或短路引起，其故障现象稳定重复出现；而不稳定性故障往往是由于接触不良、元器件性能变差，使芯片逻辑功能处于时而正常、时而不正常的临界状态而引起的，如由于 I/O 插槽变形，造成显示卡与该插槽接触不良，使显示呈变化不定的错误状态。

（4）根据影响程度不同可分为独立性故障和相关性故障。独立性故障指完成单一功能的芯片损坏；相关性故障指一个故障与另外一些故障相关联，其故障现象为多方面功能不正常，而其故障实质是由控制诸功能的共同部分出现故障而引起的（例如，软、硬盘子系统工作均不正常，而软、硬盘控制卡上其功能控制较为分离，故障往往出在主板上的外设数据传输控制上，即 DMA 控制电路）。

（5）根据故障产生源可分为电源故障、总线故障、元件故障等。电源故障包括主板上＋12V、＋5V 及＋3.3V 电源和 PowerGood 信号故障；总线故障包括总线本身故障和总线控制产生的故障；元件故障则包括电阻、电容、集成电路芯片及其他元器件的故障。

3.4.2　主板故障及排除

主板是计算机部件中非常重要的部件之一，几乎所有的硬件都通过插槽和主板连接在一起，整台计算机的性能和质量在很大程度上取决于主板的设计和质量。

1. 主板故障的常用处理方法

由于主板是众多部件之中最大的一块电路板,要连接的部件也比较多,所以主板出现故障也会比较多。对主板故障进行维修的方法主要有以下几种。

1) 清洁法

清洁法是指用软毛刷去除主板上的污垢和灰尘,从而排除主板的故障。灰尘、污垢堆积过多的时候,会引起主板点不亮等故障,这时可使用清洁法。另外,一些主板上采用插脚形式的插卡和芯片,有时会因为金手指或引脚氧化而出现接触不良,此时可用橡皮擦去其表面的氧化层,然后再重新插入。

2) 观察法

观察法是指仔细观察主板,看其表面是否有烧焦的迹象,芯片表面是否开裂,插头是否歪斜,电阻、电容引脚是否相碰等。

3) 拔插法

拔插法是在关闭计算机之后将板卡逐块拔出,每拔出一块就重新开机观察计算机的运行状态,一旦拔出某块板卡后计算机运行正常,则故障原因就出现在该板卡、相应的 I/O 总线插槽或负载电路上。

4) 替换法

替换法实际上就是用同型号或总线方式一致、功能相同的板代替现有板卡,然后根据故障现象的变化情况来判断故障所在的位置。

5) 清除 BIOS 法

清除 BIOS 法就是指通过短接 CMOS 跳线清除 BIOS 中的信息,以达到排除故障的目的。这种方法主要用于设置 BIOS 密码之后,忘记了密码,或者是因为 BIOS 参数设置错误所引起的故障。

6) 软件诊断法

软件诊断法是指通过随机诊断程序或专用诊断卡对故障进行诊断的方法。这种方法常用于检查主板上的各种接口电路故障,以及具有地址参数的各种电路故障。

2. 主板芯片拆卸方法

(1) 剪脚法:不伤板,不能再生利用。

(2) 拖锡法:在 IC 脚两边上焊满锡,利用高温烙铁来回拖动,同时起出 IC(易伤板,但可保全测试 IC)。

(3) 烧烤法:在酒精灯、煤气灶、电炉上烧烤,待板上的锡溶化后起出 IC(不易掌握)。

(4) 锡锅法:在电炉上作专用锡锅,待锡溶化后,将板上要卸的 IC 浸入锡锅内,即可起出 IC 又不伤板,但设备不易制作。

(5) 电热风枪:用专用电热风枪卸片,吹要卸的 IC 引脚部分,即可将化锡后的 IC 起出(注意吹板时要晃动风枪,否则会将计算机电路板吹起泡)。

3. 常见主板故障排除

主板是计算机的结构母板,计算机的许多故障都首先从对主板的分析着手,只要掌握主板的结构原理,再按照正确的方法进行维修,则排除计算机故障就会更加轻松顺利。

1)主板做工差导致的故障

故障现象:计算机开机一段时间后,键盘被锁死,鼠标正常而且系统也不报错。关机冷却后再开机,键盘能正常使用的时间明显变短,再次反复冷启动,直至键盘完全失灵。

故障分析和处理:遇到该问题时,首先考虑到的是键盘故障,更换键盘后故障仍无法排除。既然键盘没有问题,可能是系统散热性能出现了问题,再对 CPU 和显卡换上更大的散热片,并在开机状态下用无水酒精对主板元器件进行局部冷却,如果故障仍然存在,不是键盘问题,也不是散热系统出现了问题,只有考虑主板的做工了。在对主板进行检查时,发现主板键盘接口旁的一块电容有脱焊现象。重新对其进行焊接,焊接后开机,故障即被排除。

2)计算机工作一段时间后死机

故障现象:一台计算机开机连续工作几个小时后,计算机突然黑屏,没有任何反应,重新开机,故障依旧。但是,自然冷却一段时间后再开机,又可以工作一段时间。

故障分析与处理:出现该问题后,首先应该考虑计算机是在正常工作的情况下出现的故障,也就是说电源应该没有什么问题,但是在过一段时间后会死机,也就是说系统不稳定或者是稳压供电系统出现了问题。

重新安装操作系统之后,故障依然存在,于是怀疑稳压供电系统有问题。拔除主板上的所有板卡、接插件,拧下固定螺丝后,取下主板仔细翻看,最后在检查主板上三路稳压电路的降压功率管时发现,三只引脚中两只的焊点已经褪色发暗,用万用表测试,已经短路,用相同型号的功率管替换后打开电源,一切恢复正常。

3)自检 Cache 时死机

故障现象:计算机在自检显存 Cache 时死机。

故障分析与处理:出现该问题,首先对故障进行定位,由于在显示缓存容量时出现死机,出现该故障的最大可能是高速缓存或硬盘出现故障。

所以,首先将硬盘装在其他计算机上检测,结果一切正常,说明硬盘无故障。将硬盘重新安装好后,开机进入 CMOS 设置,把高速缓存 L2 Cache 设为 Disabled。保存设置后,重新启动,计算机故障消失,因此判断可能是高速缓存芯片有问题。用手触摸主板上的高速缓存芯片,其中有一片没有发热,将其更换后故障排除。

4)BIOS 设置不能保存

故障现象:设置 BIOS 后却不能保存。

故障分析和处理:出现 BIOS 设置之后不能保存的问题,其原因主要有两种:第一种是因为主板电池电压不足造成的,更换主板电池即可;另一种情况则是由于将主板上 CMOS 跳线设为清除选项,使得 BIOS 数据无法保存,将跳线重新设置正确即可。

5)AGP 插槽结垢导致"黑屏"

故障现象:计算机开机后显示器"黑屏",指示灯呈橘红色,主机无报警声,无异味发出。

故障分析和处理:显示器呈"黑屏"状态,首先怀疑是显示系统出现了故障,由于无异味发出,故排除硬件烧坏。

打开机箱后发现主板上有很多灰尘,将灰尘除去后开机,仍然黑屏。把显卡取下后再开机,结果主板报警,声音为一长二短。在另一台正常的计算机上试一下显卡,使用正常,怀疑问题出在 AGP 插槽上。用细毛刷对 AGP 插槽进行了一次彻底的清洁,但仍然没有解决问题。再仔细检查 AGP 插槽,发现插槽内有两根针脚已经变成黑色,问题可能是针脚结垢后无法完全接触导致黑屏。于是用棉花签蘸酒精对针脚进行反复清洗后再次开机,能够顺利进入 Windows 界面。

6) 连续工作几个小时后显示器突然黑屏

故障现象:计算机最近连续工作几个小时后显示器突然黑屏,重启计算机后故障依旧。如果让计算机冷却一段时间再启动,便又可以工作一段时间,且冷却时间越长,可工作的时间越长,但后来根本就不能启动了。

故障分析和处理:拆开计算机机箱并按下电源开关仔细检查,机箱电源指示灯亮,电源风扇、CPU 散热风扇运转正常,说明电源没有问题。关闭计算机后仔细检查各个板卡和所有接插件,确认没有接触不良的情况。根据计算机冷却一段时间后又能正常工作的现象,怀疑是主板的稳压供电系统和散热片的问题。取下主板,仔细检查主板上稳压电路的降压功率管,发现其中两只针脚的根部靠近印刷电路板的一侧有些发黄,焊点已经褪色,用万用表的电阻挡测试,发现已经短路。用相同型号的降压功率管焊接上,重启计算机,故障排除。

3.5　实训

3.5.1　实训目的

通过故障分析了解由主板原因造成的机器出现故障所导致的死机或不能开机等原因。

3.5.2　实训内容

（1）开机时无显示。

（2）主板 COM 口或并行口、IDE 口损坏。

（3）CMOS 设置等故障问题。

（4）主板接触不良。

3.5.3　实训过程

主板出现故障有以下几种解决办法。

1. 清洁法

用毛刷轻轻刷去主板上的灰尘。另外,主板上一些插卡、芯片都采用了引脚形式,经常会因为引脚氧化而造成接触不良。对于这样的情况,可以用橡皮擦去表面氧化层,然后再重新插接即可。

2. 观察法

仔细查看出现问题的主板,看看每个插头、插座是否倾斜,电阻、电容的引脚是否相互虚连,芯片的表面是否烧焦或者开裂,主板上的锡箔是否有烧断的痕迹出现。另外还要查看的就是,有没有异物掉进主板的元器件之间。遇到有疑问的地方,可以借助万用表量一下。

3. 插拔交换法

主机系统产生故障的原因很多,例如,主板自身故障或 I/O 总线上的各种插卡的故障均可能导致系统运行不正常。采用插拔检查的方式是确定故障出在主板或 I/O 设备上的简捷方法。简单地说也就是在关机的情况下将插卡逐块拔出,每拔出一块插卡后就开机观察一下机器运行状态,如是在拔出某块插卡后计算机运行正常了,那故障原因就是该插卡有故障或相应的 I/O 总线插槽及负载电路有问题。若拔出所有插卡后计算机启动仍不正常,则故障很有可能就出在主板上。采用拔插交换法实质上就是将同型号插件板,总线方式一致、功能相同的插卡或同型号芯片相互交换,根据故障的变化情况判断故障所在。此法多用于易插拔的维修环境,例如,内存在自检的时候出错,就可以交换相同的内存芯片或内存条来确定故障原因。

4. 电阻、电压测量法

为防止出现意外,还应该测量一下主板上的电源＋5V 与地(GND)之间的电阻值,最简捷的方法就是测量芯片的电源脚与地之间的电阻。在没有插入电源插头时,该电阻一般为 300Ω,最低的也不应该低于 100Ω,然后再测一下反向电阻值,可能略有差异,但相差不可以过大。如果正反向阻值都很小或接近导通,就说明主板上有短路现象发生,应该检查短路的原因。

3.5.4　实训总结

通过本实验能够初步检查出主板上的错误原因。能更好地了解主板结构,从而更好地维护维修计算机。

小结

本章主要讲解了主板上使用 CPU 架构分类、逻辑控制芯片组、CPU 插座或插槽,内存插槽、总线扩展槽、CMOS 芯片、IDE 接口插座、外部设备接口以及主板的选购。通过本章的学习,可以了解主板上各个接口的特点和连接方法;主板上出现各种故障时的维修维护方法;并能够根据自己的需要选购主板。根据选购的主板再选购优化的 CPU、内存、显卡等外围设备。

习题

1. 试说出主流主板的类型以及它们各自的特点。
2. 简述主板的主要性能指标。
3. 请调查各个主板厂商和芯片组厂商常见产品的型号和特点。
4. 简述主板的重要组成部分。
5. 列举主板上主要的接口,并简述其主要功能。
6. 通过互联网查询实验主板的主要性能指标。

第 4 章 内存

教学提示：内存是计算机系统中非常重要的配件之一，其内存的大小、内存质量的好坏，将直接影响计算机系统的运行及运算速度。要想计算机正常运行，除了主板、CPU 之外，内存也非常重要。

教学目标：熟悉计算机内存的各种分类方法，了解并掌握内存的性能指标，通过内存的性能指标对以往和现有主流内存进行简单分析和比较，掌握购买内存的方法和注意事项，并能够了解由于计算机内存产生的计算机故障，进而进行简单故障的排除。

4.1 内存的分类

在微型计算机系统中，内存就是人们通常所说的主存储器，用于存放当前处于活动状态的程序和数据，包括 RAM(Random Access Memory，随机存取存储器)和 ROM(Read Only Memory，只读存储器)。其中，RAM 是最主要的存储器，整个计算机系统的内存容量主要由它的容量决定，所以一般谈论到内存，主要是指 RAM 而言的。

4.1.1 按内存在计算机系统中的作用分类

1. 主存储器

主存储器(Main Memory)简称主存，一般由 RAM 和 ROM 组成，用来存放可供 CPU 直接调用的指令或数据，并能由中央处理器(CPU)直接随机存取。

现代计算机为了提高性能，又能兼顾合理的造价，往往采用多级存储体系。既有存储容量小，存取速度高的高速缓冲存储器(Cache)，又有存储容量和存取速度适中的主存储器。

2. 高速缓冲存储器

高速缓冲存储器(Cache)是位于 CPU 和主存储器之间的一种规模较小但速度很快的存储器，CPU 可直接对其访问，通常由 SRAM 组成。

3. 显示存储器

显示存储器(VDRAM)通常是指用于保存准备显示数据的存储器，它用于保存将要显示在显示器上的图形信息，可以使显示速度大大加快。常见的显示存储器有 DRAM、SGRAM、WDRAM、MERAM、RDRAM、VRAM 和 EDORAM 等。

4.1.2 按内存的工作原理分类

内存按工作原理可分为只读存储器(Read Only Memory,ROM)和随机存取存储器(Random Access Memory,RAM)。

1. 只读存储器

在制造 ROM 的时候,信息(数据或程序)就被存入并永久保存。这些信息只能读出,一般不能写入,即使机器掉电,这些数据也不会丢失。ROM 一般用于存放计算机的基本程序和数据,如 BIOS ROM。其物理外形一般是双列直插式(DIP)的集成块。根据 ROM 中的信息存储方法,可把 ROM 分为掩膜式 ROM、一次可编程只读存储器 ROM(PROM)、可擦编程只读存储器 EPROM(Erasable Programmable ROM)。

2. 随机存取存储器

RAM 是一种存储单元结构,用于保存 CPU 处理的数据信息。RAM 可以分为静态 RAM(SRAM)和动态(DRAM)两大类。DRAM 由于具有较低的单位容量价格,所以被大量地采用作为系统的主记忆。

4.1.3 按内存的外观分类

1. 双列直插内存芯片

双列直插内存芯片(Dual In-line Package,DIP)是指采用双列直插形式封装的集成电路芯片,绝大多数中小规模集成电路(IC)均采用这种封装形式,其引脚数一般不超过 100 个。

2. 内存条

为了节省主板空间和增强配置的灵活性,现在的主板多采用内存条结构。条形存储器是把一些存储器芯片、电容、电阻等元件焊在一小条印制电路板上组装起来合称一个内存模组(RAM Module),也就是俗称的内存条。内存条的引脚数称为内存条线数,按引脚数不同可把内存条分为 30 线 SIMM 内存条、72 线 SIMM 内存条、168 线 SDRAM 内存条、184 线 DDR SDRAM 内存条、184 线 RDRAM 内存条和 240 线 DDR2 SDRAM 内存条。

4.2 内存的发展

4.2.1 30 线、72 线 SIMM 内存条

SIMM 是内存条的封装形式的一种,SIMM 模块包括一个或多个 RAM 芯片,这些芯片在一块小的集成电路板上,利用电路板上的引脚与计算机的主板相连接。用户需要对内存进行扩展,只需要加入一些新的 SIMM 就可以了。一般的容量为 1MB、4MB、16MB 的 SIMM 内存都是单面的,更大的容量的 SIMM 内存是双面的。

30 线 SIMM 内存条(图 4-1)出现较早,只支持 8 位的数据传输,如要支持 32 位就必须要有 4 条 30 线 SIMM 内存条。72 线 SIMM 内存条可支持 32 位的数据传输。需要注意的是,Pentium 处理器的数据传输是 64 位的,现在采用 Intel 的 Triton 或 Triton Ⅱ 芯片组的 586 主板需要成对地使用这种内存条;而采用 SIS 芯片组的 586 主板由于 SIS 芯片采用了一些特殊的技术,能够使用单条的 72 线内存条(图 4-2)。

图 4-1　30 线内存条

图 4-2　72 线内存条

4.2.2　168 线 SDRAM 内存条

SDRAM 是 Synchronous Dynamic Random Access Memory(同步动态随机存储器)的简称(图 4-3),采用 168 线的 DIMM 插槽,是前几年(Pentium Ⅱ/Ⅲ)普遍使用的内存形式。SDRAM 采用 3.3V 工作电压,支持 64 位的数据传输。SDRAM 将 CPU 与 RAM 通过一个相同的时钟锁在一起,使 RAM 和 CPU 能够共享一个时钟周期,以相同的速度同步工作。SDRAM 曾经是长时间使用的主流内存,从 430TX 芯片组到 845 芯片组都支持 SDRAM。但随着 DDR SDRAM 的普及,SDRAM 退出了主流市场。

图 4-3　168 线 SDRAM 内存条

SDRAM 按标准运行工作频率分为 PC66、PC100 和 PC133 三大标准,这里的 66、100 及 133 就是指系统总线频率,即 PC100 内存最适用于系统总线频率为 100MHz 的微机中。SDRAM 内存访问采用突发模式,它的原理是 SDRAM 在原标准动态存储器中加入同步控制逻辑元件,利用一个单一的系统时钟使所有的地址数据和控制信号同步。使用 SDRAM 不但能提高系统性能,还能简化设计,提供高速的数据传输。在功能上,它类似常规的 DRAM,也需不断进行刷新。可以说,SDRAM 是一种改善了结构的增强型 DRAM,采用并列数据传输方式。

4.2.3 184 线 DDR SDRAM 内存条

DDR SDRAM 是 Double Data Rate SDRAM（双倍数据速率的 SDRAM 内存）的缩写，是采用了 DDR 技术的 SDRAM，使用 DIMM 插槽。与普通的 SDRAM 相比，在同一时钟周期内，SDRAM 只能传输一次数据，它是在时钟的上升沿进行数据传输；而 DDR 内存则是一个时钟周期内传输两次数据，它能够在时钟的上升沿和下降沿各传输一次数据，因此称为双倍速率同步动态随机存储器。DDR 可以在与 SDRAM 相同的总线频率下实现更高的数据传输率。

与 SDRAM 相比，DDR 运用了更先进的同步电路，使指定地址、数据的输送主要步骤既独立执行，又保持与 CPU 完全同步；DDR 使用了 DLL（Delay Locked Loop，延时锁定回路）技术，当数据有效时，存储控制器可使用这个数据滤波信号来精确定位数据，每 16 次输出一次，并重新同步来自不同存储器模块的数据。

DDR 与 SDRAM 在外形体积上相比差别并不大，它们具有同样的尺寸和同样的针脚距离。但 DDR 为 184 针脚，比 SDRAM 多出了 16 个针脚，并包含新的控制、时钟、电源和接地等信号。DDR 采用的是支持 2.5V 电压的 SSTL2 标准，而不是 SDRAM 使用的 3.3V 电压的 LVTTL 标准。

DDR 的频率可以用工作频率和等效频率两种方式表示，工作频率是内存实际的工作频率，但是由于 DDR 可以在脉冲的上升沿和下降沿都传输数据，因此传输数据的等效频率是工作频率的两倍。以前 DDR 的规格有 DDR 200、DDR 266、DDR 333 以及双通道的 DDR 400 等。

除了用工作频率来标识 DDR 内存条之外，有时也用带宽来标识，例如，DDR 266 的内存带宽为 2100MB/s，所以又用 PC2100 来标识它，于是 DDR 333 就是 PC2700，DDR 400 就是 PC3200 了。内存带宽也叫"数据传输率"，是指单位时间内通过内存的数据量，通常以 GB/s 表示。可以用一个简短的公式来说明内存带宽的计算方法。

内存带宽 = 工作频率 × 位宽 /8 × N（时钟脉冲上下沿传输系数，DDR 的系数为 2）

如图 4-4 所示为一款 DDR SDRAM 内存条，依编号对内存条各部分进行解构。

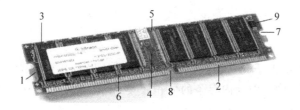

图 4-4   168 线 SDRAM 内存条

1. PCB

内存条的 PCB 多数都是绿色的。如今的电路板设计都很精密，所以都采用了多层设计，例如 4 层或 6 层等，所以 PCB 实际上是分层的，其内部也有金属的布线。理论上，6 层 PCB 比 4 层 PCB 的电气性能要好，性能也较稳定，所以名牌内存多采用 6 层 PCB 制造。因为 PCB 制造严密，所以从肉眼上较难分辨 PCB 是 4 层或 6 层，只能借助一些印在 PCB 上的符号或标识来断定。另外和 PCB 联系紧密的名词就是封装了。图 4-5 是 Infineon 原装 256MB DDR 266,采用单面 8 颗粒 TSOP 封装。

图 4-5　内存芯片

2．金手指

这些黄色的接触点是内存与主板内存槽接触的部分,数据就是靠它们来传输的,通常称为金手指。金手指是铜质导线,使用时间长就可能有氧化的现象,会影响内存的正常工作,易发生无法开机的故障,所以可以隔一年左右时间用橡皮擦清理一下金手指上的氧化物。

3．内存芯片

内存的芯片就是内存的灵魂所在,内存的性能、速度、容量都是由内存芯片决定的。如今市场上有许多种类的内存,但内存颗粒的型号并不多,常见的有 HY、KINGMAX、WINBOND、TOSHIBA、SEC、MT、Apacer 等。不同厂商的内存颗粒在速度、性能上也有很多不同。

4．ECC 校验

在内存条上可能常会看到空位,这是因为采用的封装模式预留了一片内存芯片为其他采用这种封装模式的内存条使用。这块内存条就是使用 9 片装 PCB,预留 ECC 校验模块位置。

5．电容

PCB 上必不可少的电子元件就是电容和电阻了(图 4-6),这是为了提高电气性能的需要。电容采用贴片式电容,因为内存条的体积较小,不可能使用直立式电容,但这种贴片式电容性能一点儿也不差,它为提高内存条的稳定性起了很大作用。

6．电阻

电阻也是采用贴片式设计,一般好的内存条电阻的分布规划也很整齐合理。

7．内存固定卡缺口

内存插到主板上后,主板上的内存插槽会有两个夹子牢固地扣住内存,这个缺口便是用于固定内存的。

图 4-6　电容及金手指

8. 内存脚缺口

内存脚上的缺口一是用来防止内存插反的(只有一侧有),二是用来区分不同的内存。以前的 SDRAM 内存条是有两个缺口的,而 DDR 则只有一个缺口,不能混插。

9. SPD 芯片

SPD 是一个八脚的小芯片,它实际上是一个 EEPROM 可擦写存储器,容量有 256B,可以写入一点儿信息,这些信息中就可以包括内存的标准工作状态、速度、响应时间等,以协调计算机系统更好地工作。从 PC100 时代开始,PC100 规准中就规定符合 PC100 标准的内存条必须安装 SPD,而且主板也可以从 SPD 中读取到内存的信息,并按 SPD 的规定来使内存获得最佳的工作环境。

10. 芯片标志

内存条上一般还有芯片标志,通常包括厂商名称、单片容量、芯片类型、工作速度、生产日期等内容,其中还可能有电压、容量系数和一些厂商的特殊标志在里面。芯片标志是观察内存条性能参数的重要依据,如图 4-7 所示。

从这条内存条的标志可以得到以下的信息:容量 256MB,DDR 内存;频率及时钟参数 133MHz。

图 4-7　芯片标志

4.2.4　184 线 RDRAM 内存条

Rambus 技术是 Rambus 公式开发的，运用这种 Rambus 技术的内存就称为 RAM DRAM，简称为 RDRAM 内存，使用 184 线 RIMM 插槽(图 4-8)。Rambus 内存是一种高性能、芯片对芯片接口技术的存储产品，它使得处理器可以发挥出最佳的功能。Rambus 公司宣称这种新的技术能够提供 10 倍于普通 DRAM 和三倍于 PC100 SDRAM 的性能，单个的 Rambus DRAM，在 16 位的数据传输通道上速度可高达 800MHz。但要注意的是，不是所有的主板都能用这种 Rambus 内存，因为这种技术真正推出的时间较晚，所以只有采用了 820 和 840 芯片组的主板才能使用 Rambus 内存。

图 4-8　184 线 RDRAM 内存条

RDRAM 原本是 Intel 强力推广的未来内存发展方向，其技术引入了 RISC(精简指令集)，依靠高时钟频率(有 300MHz、350MHz 和 400MHz 三种规格)来简化每个时钟周期的数据量。因此其数据通道接口只有 16 位(由两条 8 位的数据通道组成)，远低于 SDRAM 的 64 位。由于 RDRAM 也是采用类似于 DDR 的双速率传输结构，同时利用时钟脉冲的上升沿与下降沿进行数据传输，因此在 300MHz 下的数据传输量可以达到 300MHz×16b×2/8＝1.2GB/s，400MHz 时可达到 1.6GB/s，双通道 PC800MHz RDRAM 的数据传输量更达到了 3.2GB/s。相对于 133MHz 下的 SDRAM 的 1.05GB/s，确实很有吸引力。但是与 DDR 和 SDRAM 不同，它采用了串行的数据传输模式。在推出时，因为其彻底改变了内存的传输模式，无法保证与原有的制造工艺相兼容，而且内存厂商要生产 RDRAM 还必须要缴纳一定专利费用，再加上其本身制造成本，就导致了 RDRAM 从一问世就因高昂的价格让普通用户无法接受。而同时期的 DDR 则能以较低的价格和不错的性能，逐渐成为主流。虽然 RDRAM 曾受到英特尔公司的大力支持，但始终没有成为主流。

4.2.5　240 线 DDR2 SDRAM 内存条

DDR2(Double Data Rate 2)SDRAM(图 4-9)是由 JEDEC(电子设备工程联合委员会)进行开发的新生代内存技术标准，它与上一代 DDR 内存技术标准最大的不同就是，虽然同是采用了在时钟的上升沿/下降沿同时进行数据传输的基本方式，但 DDR2 内存却拥有两倍于上一代 DDR 内存的预读取能力(即 4b 数据读预取)。换句话说，DDR2 内存每个时钟能够以 4 倍外部总线的速度读写数据，并且能够以内部控制总线 4 倍的速度运行。

此外，由于 DDR2 标准规定所有 DDR2 内存均采用 FBGA 封装形式，而不同于目前广泛应用的 TSOP/TSOP-Ⅱ 封装形式，FBGA 封装可以提供更为良好的电气性能与散热性，为 DDR2 内存的稳定工作与未来频率的发展提供了坚实的基础。回想起 DDR 的发展历程,从第一代应用到个人计算机的 DDR 200 经过 DDR 266、DDR 333 到今天的双通道 DDR 400 技术,第一代 DDR 的发展也走到了技术的极限,已经很难通过常规办法提高内存的工作速度。随着 Intel 最新处理器技术的发展,前端总线对内存带宽的要求越来越高,拥有更高更稳定运行频率的 DDR2 内存将是大势所趋。

图 4-9　240 线 DDR2 SDRAM 内存条

4.2.6　DDR3 SDRAM 内存条

DDR3(图 4-10)相比起 DDR2 有更低的工作电压,从 DDR2 的 1.8V 降落到 1.5V,性能更好,更为省电;DDR2 的 4b 预读升级为 8b 预读。DDR3 目前最高能够达到 1600MHz 的速度,由于目前最为快速的 DDR2 内存速度已经提升到 800MHz/1066MHz 的速度,因而首批 DDR 3 内存模组将会从 1066MHz 起跳。

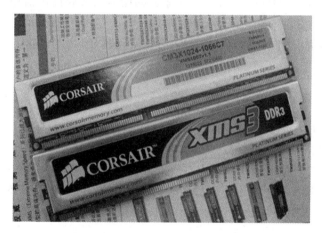

图 4-10　DDR3 SDRAM 内存条

面向 64 位构架的 DDR3 在频率和速度上拥有更多的优势。此外,由于 DDR3 所采用的根据温度自动自刷新、局部自刷新等其他一些功能,在功耗方面 DDR3 也要出色得多,因此,它可能首先受到移动设备的欢迎,就像最先迎接 DDR2 内存的不是台式计算机而是服务器一样。在 CPU 外频提升最迅速的 PC 领域,DDR3 未来也是一片光明。

4.3　内存的性能指标

1. 容量

内存容量表示内存可以存放数据的空间大小,其单位有 KB,MB 和 GB 等,在 286、386

和 486 时代的内存都以 KB 为单位,通常只有几 KB 或者几十 KB。目前内存大多以 GB 为单位,市面上常见的内存容量规格为单条 512MB,1GB 或 2GB。

2. 工作电压

内存工作时,必须不间断地进行供电,否则将不能保存数据。内存能稳定工作时的电压叫作内存工作电压。SDRAM 内存的工作电压为 3.3V,DDR SDRAM 内存的工作电压为 2.5V,DDR2 SDRAM 内存的工作电压为 1.8V,而最新的 DDR3 SDRAM 内存的工作电压为 1.5V。

3. 内存的"线"数

内存的"线"数是指内存条与主板插接时的接触点数,这些接触点就是"金手指"。SDRAM 内存条采用 168 线,DDR SDRAM 内存和 RDRAM 内存都是采用 184 线,DDR2 和 DDR3 内存采用 240 线。

4. 存取周期

内存的速度用存取周期来表示。存储器的两个基本操作为读出与写入,是指将信息在存储单元与存储寄存器(MDR)之间进行读写。存储器从接收读出命令到被读出信息稳定在 MDR 的输出端为止的时间间隔,称为取数时间(TA)。两次独立的存取操作之间所需的最短时间称为存取周期(TMC),单位为 ns。存取周期越短,速度就越快,也就标志着内存的性能越高。

5. 内存频率

内存的频率即内存的工作频率,内存主频和 CPU 主频一样,习惯上被用来表示内存的速度,它代表着该内存所能达到的最高工作频率。内存主频是以 MHz(兆赫)为单位来计量的。内存主频越高在一定程度上代表着内存所能达到的速度越快。内存主频决定着该内存最高能在什么样的频率下正常工作。目前较为主流的内存频率是 667MHz 和 800MHz 的 DDR2 内存,以及不久的将来会流行的 1066MHz 和 1333MHz 的 DDR 3 内存。

6. tAC(存取时间)

tAC 是 Access Time from CLK 的缩写,是指最大 CAS 延迟时的最大数输入时钟,是以 ns 为单位的。它与内存时钟周期是完全不同的概念,虽然都是以 ns 为单位。存取时间(tAC)代表着读取、写入的时间,而时钟频率则代表内存的速度。PC100 规范要求在 CL=3 时 tAC 不大于 6ns。某些内存编号的位数表示的是这个值。

7. 延迟

延迟 CL 全称为 CAS Latency,其中,CAS 为 Column Address Strobe(列地址控制器),指纵向地址脉冲的反应时间,是在同一频率下衡量内存好坏的标志。有的厂家将延迟等信息全部写入一个 EEPROM 中。计算机在启动后,BIOS 程序将首先检查该芯片的内容。

目前 DDR 266/333 内存的 CL 值有 2.5 和 2.0 两种,而 DDR 400 内存的 CL 值则有

2.5 和 3 两种。以 DDR 333 内存为例，当 CL 的值为 2.5 时，tCK 的数值要小于 6ns，tAC 要小于 4ns。对于同一个内存条，当其 CL 值设置为不同数值时，其 tCK 值就可能不同，其稳定性与性能都不同。总延迟时间的计算公式为：总延迟时间＝系统时钟周期×CL＋存取时间(tAC)。如果将 DDR 333 的 CL 值设为 2 时，则总延迟时间＝6ns×2＋4ns＝16ns。

8. ECC 校验

ECC 校验是一种内存校验技术，目前已被广泛应用于各种服务器和工作站上。ECC 校验采用与传统奇偶校验(Parity)类似的检测错误的方法，与传统的奇偶校验又有区别：传统的奇偶校验只能检测出错误的所在，却不能纠正，而 ECC 校验不但可以检测出错误，还可以纠正错误。ECC 校验的纠错功能为服务器和工作站的稳定运行提供了有利条件，这样系统在不中断和不破坏数据传输的情况下可继续运行，可以让系统"感觉"不到错误。

4.4 内存的选购

内存是计算机中最重要的部件之一，一旦发生问题就会导致计算机无法正常工作，因此选购品质优良的内存对组装计算机来说是十分重要的。选购内存可以从以下几方面入手。

1. 认清用户类型

例如，普通家庭娱乐用户，应该选择稳定性强的内存，容量 512MB～1GB。如果是游戏玩家，那么选内存的时候一定要选那种超频能力很强的内存，这样可以获得很好的游戏效果，容量相应提高到 1～2GB，尤其采用主板集成显卡的计算机，更应提高内存容量。

2. 认清内存质量的好坏

内存质量的好坏直接影响系统的性能和稳定性。判断内存质量的主要方法如下：首先，看内存的外观。一般大品牌厂商生产的内存做工精细，选料考究，可以从以下几个方面分辨。金手指颜色鲜艳，排列整齐；PCB(印刷电路板)采用 6 层设计，增强数据的抗干扰能力。除了这些以外，正品内存的型号标识都贴在比较显眼的位置，方便消费者识别。而一些冒牌内存的型号标识和防伪标签字迹模糊不清，企图蒙骗消费者。

3. 认清内存颗粒

正品内存的颗粒大都采用正规原厂的品牌颗粒，并且内存颗粒的型号清晰可见。然而一些假冒内存则使用质量不过关的劣质内存颗粒，有些人甚至将旧的内存颗粒重新打磨后，再卖给消费者，这样的内存性能就大打折扣了。颗粒对内存的性能发挥非常重要，选内存一定要注意内存颗粒的编号是否清晰可见，是否有打磨过或者篡改的痕迹。如果发现内存颗粒编号模糊或者有篡改打磨痕迹，千万不要购买。

4. 认清内存做工

正品内存做工精细，用料考究。整个内存布局规则，PCB 板的线路清晰明了，焊点整齐，电阻排列错落有位。正品内存一般情况下在右边都会有个黑色的小方块，这个小方块叫

SPD,是用来稳定内存性能的,而有些假冒的内存为了节省成本则省略了这个部件。这样一来,内存就会变得不稳定,导致系统频繁死机。

5. 认清封装模式

目前比较流行的封装模式是 BGA 封装模式,这种采用 BGA 技术封装的内存,可以使内存在体积不变的情况下容量提高两到三倍。BGA 与 TSOP 相比,具有更小的体积,更好的散热性能和电性能。另外,与传统 TSOP 封装方式相比,BGA 封装方式有更加快速和有效的散热途径。

6. 售后服务

内存产品的售后服务也是非常重要的,选择售后服务好的内存品牌会为以后的使用提供不少方便。

4.5 常见内存故障处理

1. 计算机长时间检测内存

故障现象:每次开机时系统都会检测内存大小,而且如果内存比较大就会检测很长时间。

故障分析与处理:在每次启动计算机时,系统都会检测内存容量的大小,但如果计算机配置较低,而内存容量又很大的时候,这个检测过程就需要较长的时间。如果不想让计算机检测内存容量,按 Esc 键即可跳过,也可以在 BIOS 中进行设置。在启动计算机时按 Delete 键进入 BIOS 设置画面,找到 Quick Power on Self Test(各 BIOS 厂商的选项名称都类似)选项,将它的参数改为 Enable,然后保存退出,并重新启动计算机,这样以后再开机时就不用再等待漫长的内存检测时间了,也可以大大提高计算机启动速度。

2. 内存接触不良导致无法开机

故障现象:计算机机箱内灰尘太多,于是拆开机箱进行打扫。可当打扫完装好机箱后再启动计算机时,计算机发出"嘀嘀嘀……"的连续鸣叫声,并且不能启动。

故障分析与处理:计算机启动时发出"嘀嘀嘀……"的连续鸣叫声并且不能启动,是内存条与插槽接触不良,或内存条损坏出现的问题。由于是在打扫机箱后出现,所以肯定是在打扫的时候由于插拔内存导致内存条与主板插槽接触不良造成的。这种故障解决起来比较简单,只要打开机箱,将内存条拔下,重新插好、插紧,再启动时故障就应该能解决了。

3. "金手指"氧化导致无法开机

故障现象:计算机突然不能启动了,开机的时候发出"嘀嘀嘀……"的连续鸣叫声,以为是内存条松了,可拔下来重新插好,再开机仍是发出连续鸣叫声并且不能启动。

故障分析与处理:计算机启动时发出"嘀嘀嘀……"的连续鸣叫声且不能启动,应该是内存条与插槽接触不良,或内存条损坏,如果重新将内存条与插槽插好仍不能启动,可以注意一下内存条的金手指是否被氧化，或金手指是否有断裂，并使用一块干净的高级橡皮将金手指上的灰尘及氧化物擦干净，如果有金手指断裂的地方，可用 2B 铅笔在断裂处划几下，使断裂处能够连接，然后再将内存重新插在内存插槽上，启动计算机即可。若故障还不能解决，则可能是内存条芯片或内存插槽出现了故障，需要找专业人员修理。

4．内存不兼容导致系统识别内存错误

故障现象：计算机使用 256MB DDR2 内存，后来又买了一条 1GB DDR2 的内存插上，但开机后却显示为 256MB，偶尔也显示为 1.5GB。

故障分析与处理：出现这种现象是由内存的兼容性造成的，由于新旧内存与主板不兼容，导致主板有时能检测出新内存，有时检测不出。如果两条内存的品牌、型号等不同，就难免会出现不兼容的现象，从而可能导致一些莫名其妙的问题，因此平时尽量不要混用不同型号的内存。在这种情况下，最好换一条与原来型号相同的内存条插上，即可解决问题。

5．开机后显示"ON BOARD PARLTY ERROR"

故障现象：开机后显示如下信息"ON BOARD PARLTY ERROR"。

故障分析与处理：出现这类现象可能的原因有三种：第一，CMOS 中奇偶校验被设为有效，而内存条上无奇偶校验位；第二，主板上的奇偶校验电路有故障；第三，内存条有损坏，或接触不良。处理方法：首先检查 CMOS 中的有关项，然后重新插一下内存条试一试，如故障仍不能消失，则是主板上的奇偶校验电路有故障，换主板。

6．内存检测失败导致不能启动

故障现象：计算机使用两条现代 512MB DDR2 的内存，使用了一年多一直正常，但现在出现了故障，开机时提示"Memory test fail"，计算机不能启动。

故障分析与处理：这种故障是因为计算机在启动时检测内存失败，导致计算机不能启动。导致计算机检测内存失败的原因有很多，比如内存与插槽接触不良、内存"金手指"氧化断裂、内存芯片损坏、内存插槽损坏等。要解决这种故障，首先打开机箱拔下内存，再重新插紧、插好，开机检查计算机能否启动；若故障仍存在，就要检查"金手指"是否被氧化、内存条是否断裂损坏，并仔细查看内存插槽内的针是否有损坏等，并用一块干净的橡皮将"金手指"上的氧化物、污物擦干净，重新插到内存插槽上，再开机看能否启动；若仍不能解决，可分别只使用一根内存启动，并尝试分别插在不同的 DIMM 插槽上看看是否能启动，分批检测来找出有故障的内存或内存插槽。

7．内存损坏导致系统无法安装

故障现象：在安装系统时突然提示"解压缩文件时出错，无法正确解开某一文件"，造成意外地退出而不能继续安装。

故障分析与处理：这种故障是因为内存损坏造成的，一般是因为内存的质量不良或稳定性差，常见于安装操作系统的过程中。此时可检测内存是否出现故障，或内存插槽是否损坏，并更换内存进行检测。如果能继续安装，则说明是原来的内存出现了故障，这就需要更换内存或送修。如果故障仍然存在，则可能是因为光盘质量差或光驱读盘能力下降造成的，

可更换其他的安装光盘,并检查光驱是否有问题。

8. 内存不可读

故障现象:计算机在运行时经常会突然提示"内存不可读"。然后出现一串英文错误提示并且死机。而且这种现象出现时没有规律,在天气热的时候最容易出现。

故障分析与处理:由于系统提示"内存不可读",所以最有可能是内存出了问题,可以先从内存上面着手。首先可以用替换法,换用其他内存条来检测该内存是否存在质量问题。如果内存条本身没问题,而且在天气炎热的时候最容易出现,则可能是由于内存过热而导致系统工作不稳定,而使得系统出现死机的情况。要解决这种问题.首先要使机箱良好地通风散热,可以自己动手在机箱内加装一个风扇,以加强机箱内部空气流通,也可以给内存加装一个铝制散热片,以便很好地为内存散热降温。

9. 随机性死机

故障现象:系统经常出现随机性死机。

故障分析与处理:此类故障一般是由于采用了几种不同芯片的内存条,各内存条速度不同,会产生一个时间差从而导致死机,对此可以在CMOS中设置降低内存速度予以解决。否则,只能使用相同型号的内存。另外,内存条与主板不兼容(此类现象一般少见)或内存条与主板接触不良也可能引起计算机随机性死机。首先检查内存条与主板接触是否良好,重插一遍内存条后,故障依然存在。接着检查是否有不同型号的内存,排除由型号不同的原因引起的故障。最后怀疑是内存与主板不兼容,当用其他型号的内存替换后,故障消失。

10. 内存颗粒断脚处理

故障现象:计算机关闭后进行清理工作,清理好并组装完毕,重启计算机却报警说明内存出错。

故障分析与处理:立即断电,消除静电之后拔出内存条。仔细观察颗粒焊脚,发现一颗粒的1号脚有横裂痕,余脚翘在半空中,把25W内热式电烙铁烙铁头尽量磨得细长,将尖端1.5cm处弯曲30°左右,然后将尖头0.3mm处凿平,呈鸭舌状。用松香酒精液将芯片焊脚处小面积刷一次,以免电路板工作发热引起粘连。然后加热烙铁并镀上焊锡,再细心地用鸭舌端焊接。由于横裂比较严重,因此,将焊锡焊聚在断脚上呈芝麻状,然后用一尖细的工具将焊脚按在PCB的走线上,待焊锡凝固后完成焊脚的修复,故障排除。

4.6　实训

4.6.1　实训目的

熟悉内存外观,识别不同类型内存。

4.6.2　实训内容

通过外观识别不同类型内存,并将识别结果记录下来。

4.6.3 实训过程

注意观察内存芯片上面的缺口以及金手指的数量,仔细查看内存颗粒上的型号编号。

(1) 认识 SIMM 内存条。

(2) 认识 SDRAM 内存条。

(3) 认识 DDR SDRAM 内存条。

(4) 认识 RDRAM 内存条。

(5) 认识 DDR2 SDRAM 内存条。

4.6.4 实训总结

将识别结果记录到表 4-1 中,并进行简单比较分析,体会内存发展过程。

表 4-1 识别内存结果记录

编号	型号	容量	速度	芯片组	生产厂家
1					
2					
3					
4					
5					

小结

长久以来,CPU 对计算机的性能起着决定性的作用,但同时内存也是不可或缺的,它肩负着为处理器的高速运算提供数据资料中转、暂存的重任,再快的 CPU 没有适合的高速内存配合,实力也要大打折扣,所以说内存是系统性能和稳定性的关键部件。

随着技术的进步,内存的规格也在不断地发生着变化,从以前的 SDRAM、RDRAM、DDR SDRAM 到当前的 DDR3 SDRAM。通过本章的学习,读者应了解内存的分类和发展状况,重点掌握内存的性能指标,进而学会如何去选购一款性能好的内存。

习题

1. 填空题

(1) 按工作原理可将内存分为_____和 RAM。

(2) 存储器是计算机的重要组成部分,按其用途可分为_____和_____,其中,_____又称内存储器,_____又称外存储器。

(3) 内存条上标有 -6、-7、-8 等字样,表示的是存取速度,用 ns 表示,该数值越小,说明内存速度_____。

（4）一般的 PC 内存可以分为_____线、_____线、_____线、_____线和_____线。

2．选择题

（1）多次改写可擦除可编程只读存储器可分为_____。

    A．EPROM   B．PROM   C．EEPROM   D．Flash Memory

（2）根据 ROM 中的信息存储方法，可把 ROM 分为_____。

    A．掩膜 ROM   B．一次可编程只读存储器 PROM

    C．MOS 型半导体只读存储器   D．多次改写可擦除可编程只读存储器

（3）内存厂商代号 HY 表示的是_____。

    A．日立   B．东芝   C．三星   D．现代

3．判断题

（1）RAM 是一种随机存储器，它可以分为静态随机存储器 SRAM 和动态随机存储器 DRAM 两种。

（2）ROM 是计算机中最主要的存储器，整个计算机系统的内存容量主要由它的容量决定。

（3）"内存"、CPU 的"缓存"为内部存储器，而硬盘、软盘、光盘为外部存储器。

（4）内存参数 CAS 表示纵向地址脉冲的延迟时间，例如 CAS 反应时间(CL)2 表示它们读取数据所延迟的时间是两个时钟周期。

4．简答题

（1）简述内存的主要性能参数。

（2）用 Everest 或其他软件检测用户计算机内存参数。

（3）通过互联网查询实验内存条的主要性能指标。

第 5 章

外存储器

教学提示：硬盘、光驱是计算机的重要组成部分，属于外部存储设备，通过学习本章读者可以了解硬盘、光驱及移动存储器的基本知识，掌握其基本概念、性能指标、构造和工作原理及使用维护与选购等知识。

教学目标：了解硬盘、光盘、光驱的结构和分类；熟悉硬盘、光驱的主要性能指标；掌握硬盘、光驱的正确安装和拆卸方法；掌握移动存储器的正确使用及选购方法。

5.1 硬盘

硬盘在外部存储器中是最重要的，它存储着大量的系统信息与用户数据。由于计算机在运行时要频繁地与硬盘进行数据交换，所以它的性能好坏，是影响计算机总体效能发挥的主要瓶颈之一。

5.1.1 硬盘的构造

硬盘和软盘很相似，它们的工作原理大致相同，不同的是软盘与软盘驱动器是分开的，而硬盘与硬盘驱动器却是装在一起的，是一个不可随意拆卸的整体，并密封起来，如图 5-1 所示。另外，在使用时，二者的容量与速度差异很大。

图 5-1　硬盘

当前的硬盘架构多采用温彻斯特（Winchester）技术，由头盘组件（Head Disk Assembly，HAD）与印刷电路板组件（Print Circuit Board Assembly，PCBA）组成。温氏硬盘是一种可移动头固定盘片的磁头存储器，磁头定位的驱动方式主要有步进电机驱动和音圈电机驱动两种。其盘片及磁头均密封在金属盒中,构成一体,不可拆卸。金属盒内是高纯度气体,在硬盘工作期间,磁头悬浮(用气体的托力)在盘片上面高速旋转,就像飞机在大气中一样,而磁头(GMR)与盘片的距离一般在 $0.15\mu m$ 左右,对气体中的悬浮颗粒要求直径不超过 $0.08\mu m$,否则对磁头的读写及其运动、寿命都会造成很大的影响;结束工作时,硬盘的磁头会通过专门的机构让它停落在它的着陆区(安全区),早期,这个动作需要一个 DOS 命令来完成,如今这个动作在工作结束后可以自动完成。

用固态电子存储芯片阵列制成的硬盘称为固态硬盘(Solid State Drives),简称固盘,是由控制单元和存储单元(Flash 芯片、DRAM 芯片)组成。固态硬盘在接口的规范和定义、功能及使用方法上与普通硬盘基本相同,在产品外形和尺寸上也基本与普通硬盘一致。

5.1.2　硬盘的外部结构

1. 外观

1) 硬盘的正面

硬盘正面的面板称为固定面板,如图 5-2 所示,它与底板结合成一个密封的整体,保证硬盘头盘组件的稳定运行。固定盖板和盘体侧面还设有安装孔,以方便安装。硬盘的正面印刷有面板标签,标识了硬盘厂、型号、规格(Head、Cylinder、Sector)等信息。每块硬盘的具体跳线说明也都标识在硬盘的正面,主要是设置硬盘作为主盘还是从盘的说明,硬盘出厂时默认设置是主盘。

图 5-2　硬盘正面图

2) 硬盘的背面

硬盘的背面有一块 PCB 控制电路板,如图 5-3 所示,它上面有很多芯片及元件,包括主轴调速电路、磁头驱动与伺服定位电路、读写电路、控制与接口电路等。另外还有一块 ROM 芯片(也称硬盘 BIOS),其固化的软件可以进行硬盘初始化,执行加电启动主轴电机、寻道、定位以及故障检测等工作。电路板上还安装有容量不等的高速缓存芯片。

2. 接口

硬盘的外部接口包括电源线的接口、数据线接口和一个跳线器,如图 5-4 所示。其中,电源线接口与主机电源相连接,为硬盘正常工作提供电力保证。数据线接口则是硬盘与主

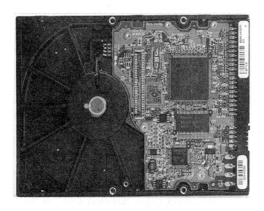

图 5-3 硬盘背面图

板之间进行数据传输交换的通道。常见的数据线接口有 ATA 接口、SCSI 接口、SATA 接口三类。ATA 和 SATA 接口的硬盘主要应用在 PC 上,SCSI 接口的硬盘则较多地用在服务器上。

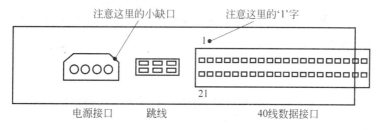

图 5-4 硬盘的外部接口

1) IDE 接口

IDE(Integrated Drive Electronics)是早期的硬盘接口。它使用一条 40 芯或 80 芯的扁平电缆连接硬盘与主板 IDE 接口,每条线最多连接两个 IDE 设备(硬盘或光驱)。主板一般提供两个 IDE 硬盘接口。所有的 IDE 硬盘接口都使用相同的 40 针连接器,如图 5-4 和图 5-5 所示,目前广泛采用的有 ATA/100 或 ATA/133 等传输标准。

图 5-5 IDE 接口

2) SCSI 接口

SCSI(Small Computer System Interface)并不是专为硬盘设计的,实际上它是一种总线型接口。由于它的制造成本较高、安装不便,还需要设置及安装驱动程序等,因此这种接口的硬盘大多用于服务器等高端应用场合。

　　3）SATA 接口

　　Serial ATA 中文直译就是串行 ATA,它与目广泛采用的 ATA/100 或 ATA/133 等接口最根本的不同在于,以前硬盘所有 ATA 接口类型都是采用并行方式进行数据通信,因而统称并行的 ATA(Parallel ATA),而 Serial ATA 是采用串行方式进行数据传输的。

5.1.3　硬盘的性能指标

1. 容量

　　硬盘的容量由盘面数、柱面数和扇区数决定,其计算公式为:
$$容量＝盘面数×柱面数×扇区数×512B$$
硬盘容量以 MB、GB、TB 等为单位。

　　在购买硬盘之后,细心的人会发现,在操作系统当中硬盘的容量与官方标称的容量不符,都要少于标称容量,容量越大则这个差异越大。标称 40GB 的硬盘,在操作系统中显示只有 38GB;80GB 的硬盘只有 75GB;而 120GB 的硬盘则只有 114GB。这并不是厂商或经销商以次充好欺骗消费者,而是硬盘厂商对容量的计算方法和操作系统的计算方法有所不同,由不同的单位转换关系造成的。

2. 磁头技术

　　磁盘的磁头技术主要有磁阻磁头、巨型磁阻磁头和光学辅助温式等几种。

3. 接口类型

　　硬盘接口是硬盘与主机系统间的连接部件,作用是在硬盘缓存和主机内存之间传输数据。不同的硬盘接口决定着硬盘与计算机之间的连接速度,在整个系统中,硬盘接口的优劣直接影响着程序运行快慢和系统性能好坏。

4. 内部数据传输率

　　内部数据传输率(Internal Transfer Rate)是指硬盘磁头与缓存之间的数据传输率,简单地说就是硬盘将数据从盘片上读取出来,然后存储在缓存内的速度。内部传输率可以明确表现出硬盘的读写速度,它的高低才是评价一个硬盘整体性能的决定性因素,它是衡量硬盘性能的真正标准。有效地提高硬盘的内部传输率才能对磁盘子系统的性能有最直接、最明显的提升。

5. 最大外部数据传输率

　　数据从计算机的内存传送至硬盘的高速缓冲区,或者是从硬盘的高速缓冲区传送至计算机内存的传输率称为外部传输率,以 MB/s 为单位。

6. 转速

　　转速(Rotational Speed)是硬盘内电机主轴的旋转速度,也就是硬盘盘片在一分钟内所能完成的最大转数。转速的快慢是标识硬盘档次的重要参数之一,也是决定硬盘内部传输率的关键因素之一,在很大程度上直接影响到硬盘的速度。硬盘的转速越快,硬盘寻找文件的速度也就越快,相对地,硬盘的传输速度也就得到了提高。硬盘转速以每分钟多少转来表示,单位为 rpm。普通硬盘的转速一般为 5400r/m、7200r/m。

7. 缓存

缓存(Cache Memory)是硬盘控制器上的一块内存芯片,具有极快的存取速度,它是硬盘内部存储和外界接口之间的缓冲器。缓存的大小与速度是直接关系到硬盘的传输速度的重要因素,能够大幅度地提高硬盘整体性能。

早期的硬盘缓存基本都很小,只有几百 KB,已无法满足用户的需求。2MB 和 8MB 缓存是现今主流硬盘所采用的,而在服务器或特殊应用领域中还有缓存容量更大的产品,甚至达到了 64MB、128MB 等。

8. 平均寻道时间

平均寻道时间是指硬盘在接收到系统指令后,磁头从开始移动到移动至数据所在的磁道所花费时间的平均值,它在一定程度上体现了硬盘读取数据的能力,是影响硬盘内部数据传输率的重要参数,单位为毫秒(ms)。

在硬盘上数据是分磁道、分簇存储的,经常进行读写操作后,数据往往并不是连续排列在同一磁道上,所以磁头在读取数据时往往需要在磁道之间反复移动,因此平均寻道时间在数据传输中起着十分重要的作用。在读写大量的小文件时,平均寻道时间也起着至关重要的作用。在读写大文件或连续存储的大量数据时,平均寻道时间的优势则得不到体现,此时单碟容量的大小、转速、缓存就是较为重要的因素。

5.1.4　硬盘驱动器的选购

硬盘是计算机最大的存储器,它存储计算机中的重要文件,因此选购硬盘也是很重要的。选购硬盘时首先应考虑以下指标。

1. 硬盘容量

由于软件的"体积"越来越大,所以,对硬盘容量的需求也越来越大,以便能满足大型软件安装空间的要求。根据市场调查,现在主流硬盘容量为 600GB 和 1000GB,使用 600GB 以上容量硬盘,除了容量够用外,还可用多余的空间进行重要数据的备份,以避免因人为疏忽而造成数据丢失。

2. 转速和缓存

目前市场上 7200r/m 的硬盘产品已成为台式硬盘市场主流,况且目前 7200r/m 转速的硬盘在稳定性、发热量以及噪声等方面都已经非常成熟。如果要追求更高性能的话,就只能选择 10 000r/m 或更高性能的 SCSI 硬盘。不过此类硬盘价格较高,而且大多数的台式计算机主板都不支持 SCSI,因此并不建议家庭用户这样选择。对于追求性能的大多数玩家来说,不如将购买 SCSI 硬盘设备的钱购买两块以上同类型的 PATA/STAT 硬盘来组建

RAID 0 磁盘阵列系统。

3．硬盘的单碟容量

在硬盘转速相同的情况下,单碟容量大的比单碟容量小的硬盘在相同的时间内可以读取更多的文件,硬盘的传输速率也快。目前市场主流硬盘的单碟容量为 600GB 和 1000GB,希捷还推出了单碟容量为 2000GB 的硬盘。

4．噪声与防振技术

虽然噪声不是衡量硬盘性能的标准,但常听到一阵阵硬盘乱响毕竟不是一件令人舒心的事。而“液态轴承马达”可有效地降低因金属摩擦而产生的噪声、马达转速过快以致发热过高问题。同时,液油轴承可有效地减小振动,使硬盘的抗振能力由一般的 120g 提高到了 1000g 以上,提高了硬盘的寿命与可靠性。

5．抽取盒和温度

给硬盘加一个“抽取盒”非常方便。但如果经常拆装硬盘,尽量不要加装抽取盒。因为硬盘的温度过高,往往是因制作硬盘抽取盒的材料不合格或是设计不合理,使得“抽取盒”内的热量无法及时扩散。高温往往是造成硬盘伤害的重要原因,所以,在加装“抽取盒”时要特别注意散热问题。

6．品牌

现在市场上比较常见的硬盘有希捷、迈拓、西部数据、日立、三星等品牌,到底哪一家的硬盘更好呢?其实上述几家硬盘制造厂商在市场上都有相当高的知名度,制造硬盘的历史也不短,在技术上和质量上大同小异,只是售价上有所不同。

其次还要注意以下问题。

1．发热问题

若硬盘散发的热量不能及时地传导出去,硬盘就会急剧升温,一方面会使硬盘的电路工作处在不稳定的状态,另一方面,硬盘的盘片与磁头长时间在高温下工作也很容易使盘片出现读写错误和坏道,而且对硬盘使用寿命也会有一定影响。

2．超频问题

超频当然是硬件发烧友的必修课,能有较强的超频能力自然也成了一些人选择硬件的必要标准。

3．保修问题

目前市场上的硬盘质保各生产厂家各不相同,2004 年 7 月 27 日,希捷宣布对其 2004 年 6 月 1 日以后生产的全部硬盘产品,实施统一的 5 年质保;三星硬盘 3 年质保;其他硬盘厂商除 8MB 缓存板外,全部提供一年质保。

4．假货问题

只要认清硬盘上的标识，学会识别，一般不会受骗。此外，在零售市场上购买硬盘时，一定要让商家把硬盘的商标和型号写清楚，以便更换时有充足的依据。

5．格式化

在购买硬盘后一般要进行分区和格式化。在家用环境中，一般采用 Windows 系列操作系统，分区可以用 Fdisk 命令进行，一般硬盘至少应该分两个以上的区，一个区主要装系统和应用软件，另一个区进行数据的保存和备份。低级格式化是对一块硬盘进行划分磁道和扇区、标注地址信息、设置交叉因子等操作，这个过程进行得相对很慢。由于低格很伤硬盘，所以，如果不是硬盘已经出现了物理损伤，不要轻易对硬盘进行这种操作，新硬盘出厂时就已经进行过低级格式化。

5.2 光驱

随着多媒体技术的不断发展，光驱已经成为计算机配置中必不可少的设备。光驱示意图如图 5-6 所示。

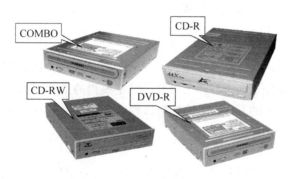

图 5-6　各类光驱

5.2.1 光驱的结构

各品牌的光驱结构虽各有特点，但它们一般都由激光头、解码电路、接口、机械结构、操控系统、音频解码和外壳等 7 部分组成。

1．激光头

激光头是光驱的核心，它的好坏直接影响读盘的性能。激光头所发出的激光的波长和强度都是有严格的规定的。

2．解码电路

激光头所读取的 0 和 1 信号，需要经过解码部分整理，才能翻译成 IDE 接口可以识别的数据流，供系统使用。

3. 接口

光驱的尾部整整一排都是各种各样的接口,白色的+5/+12V电源接口用来满足整个光驱的供电;40针的IDE接口用于数据传送;4针的接口用来把CD音频连接到声卡的音频线接口,一般情况下每个光驱都把Master/Slave跳线做在这里;较高档的光驱还有Digital Audio数字音频接口。此外,许多光驱在前面板上还设有耳机插孔,可以直接接上一个耳机或音箱来听CD音乐。

4. 机械结构

机械结构可分为主轴和托盘控制两部分,一般情况下用同一个电机带动。另外,带动激光头移动也是机械部分的任务,这一部分的要求更为严格,要保证激光头准确地对准光盘上的轨道。

5. 操控系统

操控系统主要是控制光盘托架的进出,许多光驱都在前面板上加上了CD播放按钮和音量调节旋钮,一些更具人性化设计的光驱还加有"暂停""选曲""快进"等便于听CD时控制播放的按钮。用软件操作也可以对控制电路起作用,控制托盘的进出及CD播放。因此,按钮的作用在一定程度上相当于快捷键。

6. 音频解码

人们都以为用计算机听CD是声卡的功劳,其实不然,光驱的音频解码系统就完成了CD音乐的复原工作,复原后的CD音乐信号已经是模拟的了,通过音频线传送到声卡上,声卡只是把从光驱上传送来的CD音乐原样输出到连接在声卡上的音箱而已。

7. 外壳

外壳的作用不仅是容纳机械结构,还起到了对激光头的保护、防止电磁干扰与机箱连通接地等一系列必不可少的作用。

5.2.2 光驱的类型和特点

光驱有4种,下面分别介绍它们的特点。

1. CD-ROM 光驱

CD-ROM就是普通只读光驱,曾是计算机的标准配件,可用于读取CD-ROM、CD和VCD等格式的数据光盘。它的特点是技术成熟,成本低廉,读盘性能好,盘片资源丰富,兼容性强,但它的发展至今再无突破,降价空间已经不大,其功能会被DVD-ROM、CD-RW产品完全取代,必将退出市场。

2. DVD-ROM 光驱

DVD(Digital Versatile Disc)是数字通用光盘,由于DVD-ROM采用了$0.741\mu m$道宽

和 $0.41\mu m/b$ 高密度记录线等新技术,因此 DVD 盘片虽然看起来与普通的 CD 并没有什么区别,但是却有着惊人的存储量。单面单层 DVD 容量为 4.7GB,单面双层 DVD 为 9.4GB。它的特点是存储容量大,完全具备 CD-ROM 的功能,还可读取 DVD 格式的光盘,欣赏 DVD 影碟,画质和音质比 VCD 更胜一筹,由于价格逐步降低,现已有取代 CD-ROM 位居主流的趋势。

3. CD-RW 光盘刻录机

CD-RW 刻录机提供了反复擦写光盘的功能,同时也向下兼容 CD-R 刻录机和 CD-ROM 驱动器,但这种擦写工作只能在专用的 CD-RW 光盘上使用。

4. DVD 光盘刻录机

DVD 刻录机比较常用的是 DVD-RW/＋RW 两种标准。

DVD-ROM 光驱是用来读取 DVD 光盘上数据的设备,从外形上看,它和 CD-ROM 驱动器一样。DVD 驱动器完全兼容现在流行的 VCD、CD-ROM、CD-R、CD-AUDIO 等格式。

5.2.3 光驱的主要性能指标

光驱的主要性能指标如下。

1. 倍速

该指标指的是光驱传输数据的速度大小,根据国际电子工业联合会的规定,把 150KB/s 的数据传输率定为单倍速光驱,300KB/s 的数据传输率也就是双倍速,按照这样的计算方式,依次有 4 倍速、8 倍速、24 倍速等。倍速越高的光驱,其传输数据的速度也就越快,当然它的价格也就越昂贵。

2. 平均寻道时间

平均寻道时间被定义为光驱查找一条位于光盘可读取区域中间位置的数据道所花费的平均时间。第一代单倍速光驱的平均寻道时间为 400ms,而最新的 40～50 倍速光驱的寻道时间为 80～90ms,速度上有了很大的提高。

3. 容错性

该指标通常与光驱的速度有关系,通常速度较慢的光驱,容错性要优于高速产品,对于 40 倍速以上的光驱,应该选择具有人工智能纠错功能的光驱。尽管该技术指标只是起到辅助性的作用,但实践证明,容错技术的确可以提高光驱的读盘能力。

4. CLV 技术

CLV 是 Constant Linear Velocity 的缩写,即恒定线速度读取方式,是在低于 12 倍速的光驱中使用的技术。它是为了保持数据传输率不变,而随时改变旋转光盘的速度。读取内沿数据的旋转速度比外部要快许多。

5. CAV 技术

CAV 是 Constant Angular Velocity 的缩写,即恒定角速度读取方式。它是用同样的速度来读取光盘上的数据。但光盘上的内沿数据比外沿数据传输速度要低,越往外越能体现光驱的速度,而倍速指的是最高数据传输率。

6. PCAV 技术

PCAV 的英文全称是 Partial-CAV,代表区域恒定角速度读取方式。该技术指标是融合了 CLV 和 CAV 的一种新技术,在读取外沿数据时采用 CLV 技术,在读取内沿数据时采用 CAV 技术,以提高整体数据传输的速度。

7. 高速缓存

高速缓存指标对光驱的整个性能也起着非常重要的作用,缓存配置得高不仅可以提高光驱的传输性能和传输效率,而且对于光驱的纠错能力也有非常大的帮助,根据驱动器速度和制造商的不同而稍有差异。缓存主要用于临时存放从光盘中读取的数据,然后再发送给计算机系统进行处理,这样就可以确保计算机系统能够一直接收到稳定的数据流量。使用缓存缓冲数据可以允许驱动器提前进行读取操作,满足计算机的处理需要,缓解控制器的压力。如果没有缓存,驱动器将会被迫试图在光盘和系统之间实现数据同步。如果遇到 CD 上有刮痕,驱动器无法在第一时间内完成数据读取的话,结果会非常明显,将出现信息的中断,直到系统接收到新的信息为止。

8. 数据接口

除了上面的技术指标,数据接口也是一个重要的指标。常见的光驱有 UDMA/33 模式、SCIC 模式、IDE 模式。

9. CPU 占用时间

CPU 占用时间(CPU Loading)指 CD-ROM 光驱在维持一定的转速和数据传输速率时所占用 CPU 的时间。

10. 平均读取时间

平均读取时间也叫平均寻道时间,该指标是指激光头移动定位到指定的预读取数据后开始读取数据,之后到将数据传输至电路上所需的时间。

11. 光头系统

光头系统可以分为单光头和双光头。单光头是指采用一个激光头来读取光驱中的数据,它又可以分为切换双镜头和变焦单镜头。其中,切换双镜头技术采用两个焦距不同的透镜来获得不同的激光波长,但激光的发射以及接收部分还是公用的;变焦单镜头利用液晶快门技术选择对应的激光头焦距,从而正确地读取光盘中的数据。至于双光头,它将两个不同波长的激光发射管和物镜焦距不同的激光头连为一体,相当于整个系统整合了两套读取系统。

5.2.4　光驱的维护

光驱是计算机中使用最频繁的设备之一,为了减少光驱的故障,延长其使用寿命,平常使用时应该注意对光驱的维护保养,一般应注意下面几点。

1. 保持光驱、光盘清洁

光驱采用了非常精密的光学部件,而光学部件最怕的是灰尘污染。灰尘来自于光盘装入、退出的整个过程,光盘是否清洁与光驱的寿命也直接相关。所以,光盘在装入光驱前应做必要的清洁,对不使用的光盘要妥善保管,以防灰尘污染。

2. 定期清洁保养激光头

光驱在使用一段时间之后,激光头必然要染上灰尘,从而使光驱的读盘能力下降。具体表现为读盘速度减慢,显示屏画面和声音出现马赛克或停顿,严重时可听到光驱频繁读取光盘的声音。这些现象对激光头和驱动电机及其他部件都有损害。所以,使用者要定期对光驱进行清洁保养或请专业人员维护。

3. 保持光驱水平放置

在机器使用过程中,光驱要保持水平放置。其原因是光盘在旋转时重心因不平衡而发生变化,轻微时可使读盘能力下降,严重时可能损坏激光头。有些人使用计算机光驱在不同的机器上安装软件,常把光驱拆下拿来拿去,甚至随身携带,这对光驱损害很大。其危害是光驱内的光学部件、激光头因受振动和倾斜放置发生变化,导致光驱性能下降。

4. 养成关机前及时取盘的习惯

光驱内一旦有光盘,不仅计算机启动时要有很长的读盘时间,而且光盘也将一直处于高速旋转状态。这样既增加了激光头的工作时间,也使光驱内的电机及传动部件处于磨损状态,无形中缩短了光驱的寿命。建议使用者要养成关机前及时从光驱中取出光盘的习惯。

5. 减少光驱的工作时间

为了减少光驱的使用时间,以延长其寿命,使用计算机的用户在硬盘空间允许的情况下,可以把经常使用的光盘做成虚拟光盘存放在硬盘上。

6. 不用盗版光盘,多用正版光盘

不少用户因盗版光盘价格与正版光盘价格有差距,加上光盘内容丰富而购买使用,其实这样对光驱危害很大。因为光驱长期读取盗版光盘,而其盘片质量差,激光头需要多次重复读取数据。这样电机与激光头增加了工作时间,从而缩短了光驱的使用寿命。正版光盘虽价格高,但光驱读盘有保障。

7．正确开关盘盒

无论哪种光驱，前面板上都有出盒与关盒按键，利用此按键是常规的正确开关光驱盘盒的方法。按键时手指不能用力过猛，以防按键失控。有些用户习惯用手直接推回盘盒，这对光驱的传动齿轮是一种损害，建议用户克服这一不良习惯。

8．利用程序进行开关盘盒

在很多软件或多媒体播放工具中都有利用程序开关盘盒的功能。例如，在 Windows 中右击光盘盘符，其弹出的菜单中也有一项"弹出"命令，可以弹出光盘盒。建议计算机用户尽量使用软件控制开关盘盒，这样可减少光驱故障发生率。

9．谨慎小心维修

由于光驱内所有部件都非常精密，用户在拆开及安装光驱的过程中一定要注意方式和方法，注意记录原来的固定位置。如果没有把握，可请专业维修人员拆装和维修。特别是激光头老化，需要调整驱动电源来提高激光管功率时，一定要请专业维修人员调试，以防自己调整得过大，使激光头烧坏。

10．尽量少放影碟

无论用户使用哪一种机型播放影碟，都要尽量控制播放时间，以免光驱长时间工作。特别是多媒体计算机，因长时间光驱连续读盘，对光驱寿命影响很大。用户可将需要经常播放的节目复制到硬盘，以确保光驱长寿。

5.3　光盘

5.3.1　光盘的结构与类型

1．光盘的结构

标准的 CD-ROM 盘片直径为 120mm(4.72in)，中心装卡孔为 15mm，厚度为 1.2mm，重量约为 14～18g。

CD-ROM 盘片的径向截面共有三层：聚碳酸酯做的透明衬底，铝反射层，漆保护层。CD-ROM 盘是单面盘，不做成双面盘，不是技术上做不到，而是做一片双面盘的成本比做两片单面盘的成本之和还要高。因此，CD-ROM 盘有一面专门用来印制商标，而另一面用来存储数据。激光束必须穿过透明衬底才能到达凹坑，读出数据，因此，盘片中存放数据的那一面，表面上的任何污损都会影响数据的读出性能。

CD-ROM 盘区划分为三个区，即导入区(Lead-in Area)、用户数据区(User Data Area)和导出区(Lead-out Area)。这三个区都含有物理光道。所谓物理光道是指 360°一圈的连续螺旋形光道。这三个区中的所有物理光道组成的区称为信息区(Information Area)。在信息区，有些光道含有信息，有些光道不含信息。含有信息的光道称为信息光道

（Information Track）。每条信息光道可以是物理光道的一部分，或是一条完整的物理光道，也可以是由许多物理光道组成。

信息光道可以存放数字数据、音响信息和图像信息等。含有用户数字数据的信息光道称为数字光道，记为 DDT（Digital Date Track）；含有音响信息的光道称为音响光道，记为 ADT（Audio Track）。一片 CD-ROM 盘，可以只有数字数据光道，也可以既有数字数据光道，又有音响光道。

在导入区、用户数据区和导出区这三个区中，都有信息光道。不过导入区只有一条信息光道，称为导入光道（Lead-in Track）；导出区也只有一条信息光道，称为导出光道（Lead-out Track）。

用户数据记录在用户数据区中的信息光道上。所有含有数字数据的信息光道都要用扇区来构造，而一些物理光道则可以把信息区中的信息光道连接起来。

2．光盘的类型

只读型光盘 CD-ROM：这种光盘盘片由生产厂家预先写入信息，用户使用时只能读出信息，而不能写入信息。

只写一次型光盘 WORM：这种光盘可以由用户写入信息，写入后可以多次读出，但是只能写一次，信息写入后不能修改。

可擦写光盘：这种光盘类似磁盘，可以重复读写。这种光盘使用的盘片材料与前两种不同。

5.3.2　光盘的使用和维护

（1）尽量保持光盘清洁，不要接触光盘的正面（即不带标签的一面）。

（2）不要跌落、划伤或扭曲光盘。

（3）不要用任何书写工具在光盘的表识面上做记号，也不要在上面贴纸或其他附着物。

（4）取放光盘时要小心轻放。

（5）不用时，应将光盘存放在光盘盒内。光盘切勿放在阳光直射处、潮湿多尘处或高温处。

（6）如光盘表面较脏，用洁净的软布按径向自中心向边缘擦拭。

（7）如果以上方法仍不见效，可用软布蘸少许水轻轻擦拭。

（8）请勿使用挥发性汽油、稀释剂、市售的清洁液或塑胶碟片用防静电喷雾剂等溶剂擦拭光盘表面。

5.4　移动存储器

移动存储器是指可方便携带的一种数据存储设备。常见的移动存储设备有闪存、USB 移动硬盘、活动硬盘等。

5.4.1　移动存储器的分类

新型的移动存储产品种类很多,如 ZIP、Super Disk(LS120)、MO、CD-RW、DVD＋RW 等。随着 USB 接口的普及,基于闪速存储器(Flash Memory)以及 USB 接口技术的 USB 移动存储器(U 盘)也逐渐流行起来,不过这类移动存储产品容量较小。相比之下,应用 USB 或 IEEE 1394 接口转换技术以及最新的笔记本硬盘技术的移动硬盘,在容量和性价比方面具有更大的优势。

消费类电子产品中,使用闪存技术的闪存卡类存储产品,如 Compact Flash(CF)、Smart Media(SM)、Multi Media Card(MMC)、Memory Stick(MS)和 Scan Disk(SD)等被广泛地应用于数码相机(DC)、数码摄像机(DV)、MP3 播放器、手机等产品中。

移动存储器有下列分类方法。

1. 按是否需要驱动器分类。

按是否需要驱动器分为:有驱动器型和无驱动器型。

例如,软盘、可擦写光盘和闪存卡等存储器都需要驱动器设备来读取存储介质中的数据,这类移动存储产品称为有驱型。USB 闪存盘、活动硬盘则是存储器和驱动器一体的存储设备,不再需要其他驱动器,插到微机的通用接口(如 USB、IEEE 1394)上即可使用,这类移动存储产品称为无驱型。

2. 按存储介质分类

按存储介质分为:磁介质,光介质和半导体介质。

软盘(1.44MB,ZIP,LS 120)、移动硬盘等存储介质为磁性材料,CD-R/W 的存储介质为光性材料介质,闪存盘、CF 卡等存储介质为半导体材料介质。

3. 按接口分类

按接口分为:专用接口型和通用接口型。

软盘驱动器、光盘驱动器等有驱型存储设备一般要通过专用接口与主机相连,如软驱接口、IDE 接口等。无驱型存储器一般通过通用接口与主机相连,如 USB 接口、IEEE 1394 接口、并口、串口等。

5.4.2　软盘驱动器

世界上第一台 5.25 英寸软盘驱动器(简称软驱)是 1976 年由 Shugart Associates 公司为 IBM 的大型计算机研发的。1980 年,索尼公司推出了 3.5 英寸的软驱。到了 20 世纪 90 年代初,3.5 英寸 1.44MB 的软驱才正式成为用于微机的标准配置,微机中的部件几乎每年都要升级、换代,唯一例外的只有 1.44MB 的软驱。

由于软盘的诸多局限性,如只有 1.44MB 的容量,125KB/s 的传输速度,盘片转速 300rpm,容易损坏等不足,使其在现今追求高速度、大容量和高稳定性的数字时代里,不能满足要求。但由于它具有可引导操作系统的特殊功能,因而一直作为微机的基本配置,保留到今天。

随着新型移动存储器的普及，软驱已经很少使用。Intel 公司宣布新的芯片组将取消对软驱的支持。现在几乎所有笔记本和国外台式机都已经取消了软驱，而增加了闪存盘配置。

越来越多的微机将告别软盘，转而广泛使用闪存盘。从功能和技术上来讲，光驱和闪存盘已完全可以替代软驱。

通常使用的是 3.5 英寸软盘驱动器，这种软驱使用的软盘容量为 1.44MB，特点是体积小，容量比其他软驱都大，软盘基片封装在硬塑料盒中，抗挤压，防尘性能也较好，盘上数据不易丢失。3.5 英寸软驱是 386、486 及 Pentium 微机系统的标准配置之一，软驱接口是内置 FDD 接口，是传统的软驱接口，直接与主板上的软驱接口相连，价格低廉。

软盘驱动器的工作原理是马达带动软盘的盘片转动，转速为每分钟 300 转，磁头定位器是一个很小的步进马达，它负责把磁头移动到正确的磁道，由磁头完成读写操作。

5.4.3　USB 闪存盘

随着数据交换容量的大大增加，1.44MB 软盘已无法满足需要。1999 年，Netac（朗科）公司最先推出了闪存盘（Flash-disk），又简称 U 盘。与软盘相比较，闪存盘具有容量大、速度快、体积小、抗振强、功耗低、寿命长等优点，目前已逐渐取代软盘，成为移动存储器的首选产品。闪存盘也被称为"软盘终结者"。

闪存盘就是采用闪存（Flash Memory）作为存储器的移动存储设备。由于闪存具有掉电后保持存储的数据不丢失的特点，因此成为移动存储设备的理想选择。

目前的 U 盘多数都采用 USB 1.0/USB 2.0 串行总线接口，由 USB 接口直接供电，不用驱动器，不需外接电源，可热插拔，即插即用，使用非常方便，而且存储容量大，读写速度快（比软盘快 20%），保存时间长（达 10 年之久），可重复擦写 100 万次以上，耐高低温，不怕潮，体积只有大拇指大小，重量约 20g，便于携带，特别适用于微机间较大容量文件的转移存储，是一种理想的移动存储器。目前，市场上的 U 盘品牌很多，典型产品有朗科优盘（Only Disk）、爱国者迷你王（Mini King）等。对于支持 USB 1.0 标准的 U 盘，其写入速度通常为 600KB/s，而读取速度稍微快一点儿，可以达到 800KB/s。目前，市场上主流的闪存盘容量为 512MB～4GB 不等。常见 USB 闪存盘的外观如图 5-7 所示。

图 5-7　常见 USB 闪存盘的外观和连线

1. USB 闪存盘的结构

闪存盘主要由 I/O 控制芯片、闪存、电路板和其他电子元器件组成。

1) I/O 控制芯片

通常使用的 I/O 控制芯片按接口标准的不同分成两种：USB 1.0 和 USB 2.0。生产 USB 接口标准控制芯片的厂家主要有：SSS、Prolific、CYPRESS、OTi、Ali、Point Chip 等。生产 USB 2.0 接口标准控制芯片的厂家主要有：Ali、Phison、u-Pen、Animeta、OTi、Prolific、VIA 等。

USB 控制芯片又分为主机端和设备端两部分。主机端部分通常集成在主板南桥芯片中，与主机端相连的设备使用的就是设备端，如闪存盘上的 I/O 控制芯片。

2) 闪存

闪存是一种半导体电刷新只读存储器，因此掉电后仍可以长时间保留数据，而且其读写速度比 EEPROM 更快而成本却更低，这使其得以高速地发展。现在，USB 闪存盘所标称的可擦写 100 万次以上、数据保存 10 年以上等性能的表现主要就取决于其所采用的闪存型号，因此一个闪存盘的优劣在很大程度上也取决于闪存芯片。目前，生产闪存芯片的厂家主要有三星(Samsung)、东芝(Toshiba)、SanDisk、Fugitsu、Infineon、Hynix 等少数几家公司，其中，三星和东芝产品的价格适中、性能较好，在闪存盘中多使用它们的闪存芯片。如三星 K9F 1G08UOM，工作电压 $2.7\sim3.6\mathrm{V}$，采用 $0.15\mu\mathrm{m}$ 制造工艺，单片容量 128MB。

除了控制芯片和闪存片外，PCB 板和电子元器件的质量也起着不小的作用。这些元器件对减少杂讯的干扰，延长闪存的寿命也是非常重要的。

2. USB 闪存盘的主要参数

USB 闪存盘的主要参数如下。

1) USB 接口标准

闪存盘使用的是 USB(Universal Serial Bus，通用串行总线)接口，现在主流的 USB 接口标准有两种：USB 1.0 和 USB 2.0。USB 1.0 最大传输率是 12Mb/s，而且可以连接多个设备。USB 2.0 最大传输速率是 480Mb/s。USB 1.0 与 USB 2.0 相互兼容。

2) 数据传输率

闪存盘的数据传输率分为：数据读取速度和数据写入速度，与微机的配置有关。好的产品其数据读取最大速度可达 900KB/s，数据写入最大速度可达 700KB/s。

3) 即插即用(无驱动程序型)

对于 Windows 系统来说，只有在 Windows 98 的第二版之后才完全支持 USB 设备，因此 USB 闪存盘也只有在更高版本的 Windows 上才能使用。Windows XP 及 Windows 2000 能够直接识别大多数 USB 闪存盘；在 Windows 98 下，USB 闪存盘都要安装其相应的驱动程序。而且即使在不用手工安装驱动程序的 Windows XP 及 Windows 2000 系统中，有时也需要人工设定盘符。另外，在需要拔下闪存盘时，一般不允许直接从主机上拔下，要先停用或等到闪存盘上的指示灯不再闪烁时才能拔下。

4) 启动型

具有启动 USB 设备的主板中，闪存盘可以引导操作系统，有的启动型闪存盘可以仿真软驱。对于早先的主板，没有 USB 启动选项，则无法实现启动功能。

5) 加密型

可通过闪存盘中的程序控制访问闪存盘的权限和对数据加密。有些闪存盘还有 MP3

播放、收音机、摄像等功能。

6）认证

符合认证标准的产品，其质量才有保证，认证包括国际 USB 组织对 USB 2.0 标准的高速传输认证，以及 FCC 和 CE 认证。

5.4.4 移动硬盘

虽然 USB 闪存盘具有诸多优点，但由于其使用成本较高的闪存芯片作为存储介质，所以价格较贵，而且容量较小，对于专业用户来说是不够使用的。在这种情况下，很多公司都推出了同样采用 USB 1.0/2.0 接口标准或者 IEEE 1394 接口的外置硬盘产品。移动硬盘采用了成熟的硬盘技术，移动硬盘盒内部安装 2.5 英寸或更小尺寸的笔记本硬盘，使用通用的、支持热插拔的 USB 或 IEEE 1394 接口进行数据传输，这使得其单位存储容量的价格非常低廉。

USB 硬盘通过一个专门的控制芯片实现 USB 接口与 IDE 接口之间的转换，在这个芯片的基础上就可以安装不同容量的硬盘，因此可以通过 USB-IDE 技术轻松地实现高容量移动存储。

例如，某品牌 USB 移动硬盘内置 2.5 英寸硬盘，硬盘转速为 4200rpm，硬盘缓存为512KB，平均寻道时间为 12ms，符合 DMA 66 传输规范，容量为 20GB、40GB 等，而体积仅有普通随身听大小，外部接口采用 USB 1.0/2.0 标准规格。

目前，国内比较知名的 USB 硬盘有：爱国者移动存储王、怡华大仓库、旅之星、科软金存王、清华同方等。USB 移动硬盘的外观如图 5-8 所示。

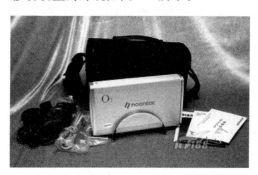

图 5-8　USB 移动硬盘的外观

5.4.5 移动存储器选购指南

随着计算机的普及，使用计算机进行办公的人不计其数，因为工作需要，经常会复制资料，移动存储器对当今的人们来说是不可少的配件之一，在选购移动存储器时，可从以下几个方面考虑。

1．实用性

与移动硬盘相比，闪存容量小，但体积也小，便于随身携带；而移动硬盘容量大，可存储大容量的文件。

在购买时,应根据需要进行购买,如果经常外出,而且每次复制的文件都不是很大,则可以考虑买一个MP3带U盘功能的,该产品不仅能复制文件,而且能够听音乐;如果是公司、单位经常复制常用软件,或一些教程之类的文件,则最好是买一个移动硬盘。

2．接口支持

目前闪存和移动硬盘可支持USB 2.0规范的接口,但早期的闪存和移动硬盘只支持USB 1.0规范的接口,这样的闪存和移动硬盘在复制大容量的文件时会耗费相当多的等待时间。所以,在购买时最好选择版本比较高的接口技术。

3．配套驱动

在Windows 2000和Windows XP操作系统上,闪存和移动硬盘都不需要安装驱动程序,但是,目前还使用Windows 98操作系统的用户,闪存和移动硬盘都必须安装驱动程序。所以,配套的驱动程序最好不要去掉。

4．附加功能

有的闪存提供了启动功能或加密功能等,这就使其与同类型的闪存相比价格偏高。

5.5　外存储器故障及排除

在外存储器中,除了硬盘之外,出现故障都还能够启动计算机,能够进入操作系统,但是,只要有一样东西出现了问题,都会给工作和生活造成一定的影响。

5.5.1　硬盘常见故障与处理

1．故障现象

硬盘故障大致可分为硬故障和软故障两大类。硬故障即PCB损坏、盘片划伤、磁头音圈、电机损坏等。由于硬故障维修要求的基本知识及维修条件较高,所以一般需要由专业技术人员才能解决。硬盘软故障即硬盘数据结构由于某种原因,例如病毒,导致硬盘数据结构混乱甚至不可被识别而形成的故障。一般来说,如果主板BIOS硬盘自动检测功能能够检测到硬盘参数,均为软故障。一般情况下,硬盘在发生故障时系统会在屏幕上显示一些提示信息,所以可以按照屏幕显示的提示信息找到故障原因,有针对性地实施解决方案。

1)硬盘物理故障

硬盘物理故障即硬件故障,是由于硬盘自身的机械零件或电子元器件损坏而引起的。剧烈的振动、频繁开关机、电路短路、供电电压不稳定等比较容易引发硬盘物理性故障。这种情况一般无法自行维修,在质保期内而且没有外伤的应该立刻找经销商更换,有明显外伤或者过了质保期的只能自己承担损失了。

2)硬盘软故障

硬盘软故障相对于物理故障来说,更容易修复些,而它对数据的损坏程度也比硬盘物理故障轻些。总的来说,硬盘软故障包括如下几种情况。

（1）Non-System disk Or disk error,replace disk and press a key to reboot（非系统盘或盘出错）。

出现这种信息，一是由于 CMOS 参数丢失或硬盘类型设置错误造成的，只要进入 CMOS 重新设置硬盘的正确参数即可；二是系统引导程序未装或被破坏造成的，重新传递引导文件并安装系统程序即可。

（2）Invalid Partition Table（无效分区表）。

造成该故障的原因一般是硬盘主引导记录中的分区表有错误，当指定了多个自举分区（只能有一个自举分区）或病毒占用了分区表时，将有上述提示。

主引导记录（MBR）中包括引导程序、分区表和结束标识"55 AA"三部分，共占一个扇区。主引导程序中含有检查硬盘分区表的程序代码和出错信息、出错处理等内容。当硬盘启动时，主引导程序将检查分区表中的自举标志。若某个分区为可自举分区，则有分区标志"80"，否则为"00"，系统规定只能有一个分区为自举分区，若分区表中含有多个自举标志时，主引导程序会给出"Invalid Partition Table"的错误提示。最简单的解决方法是用硬盘维护工具来修复，例如，用 NU 8.0 NDD 修复，它将检查分区表中的错误，若发现错误，将会询问是否愿意修改，只要不断地回答"YES"即可修正错误，或者用备份过的分区表覆盖它也行。如果是由于病毒感染了分区表，即使是高级格式化也解决不了问题，可先用杀毒软件杀毒，再用硬盘维护工具进行修复。

如果用上述方法也不能解决，还可利用 Fdisk 重新分区，但分区表大小必须和原来的分区一样，这一点尤为重要，分区后不要进行高级格式化，要用 NDD 进行修复。这样既保证了硬盘修复之后能启动，而且硬盘上的数据也不会丢失。其实用 Fdisk 分区，相当于用正确的分区表覆盖掉原来的分区表。尤其当用软盘启动后不认硬盘时，这一方法较实用。

（3）Error Loading Operating System（装入 DOS 引导记录错误），Missing Operating System（DOS 引导记录损坏）。

造成该故障的原因一般是 DOS 引导记录出现错误。DOS 引导记录位于逻辑 0 扇区，是由高级格式化命令 Format 生成的。主引导程序在检查分区表正确之后，根据分区表中指出的 DOS 分区的起始地址，读 DOS 引导记录，若连续 5 次都失败，则给出"Error Loading Operating System"的错误提示；若能正确读出 DOS 引导记录，主引导程序则会将 DOS 引导记录送入内存 0：7c00h 处，然后检查 DOS 引导记录的最后两个字节是否为"55 AA"，若不是这两个字节，则给出"Missing Operating System"的提示。一般情况下，可以用硬盘修复工具（如 NDD）修复，若不成功只好用 Format C：/S 命令重写 DOS 引导记录。

（4）No ROM Basic,System Halted（不能进入 ROM Basic,系统停止响应）。

造成该故障的原因一般是硬盘主引导区损坏或被病毒感染，或分区表中无自举标志，或结束标识"55 AA"被改写。执行 Fdisk/MBR 可以生成正确的引导程序和结束标识覆盖硬盘上的主引导程序。但 Fdisk/MBR 不能对付所有由引导区病毒感染而引起的硬盘分区表损坏的故障，应该谨慎使用。对于分区表中无自举标志的故障，可用 NDD 迅速恢复。

2. 故障分析与处理

当碰到硬盘故障时，应该静下心来好好分析故障，如果碰到的是物理故障，并且硬盘内没有什么重要数据，就去找经销商包修或包换，如果过了质保期那么硬盘只好报废。如果硬盘内有用户的重要数据且必须修复的话,用户最好不要擅自处理,而应该去找专业人员寻求解决方案,因为硬盘物理故障牵扯到比较底层的硬件(如磁盘盘片、控制电路板等),如果擅自拆开或者更换的话,可能导致硬盘发生更大故障。

如果是硬盘软故障的话,可以自己动手,也可以根据下面介绍的方法来进行。这里需要特别指出,下面介绍的这些方法都是以"不恢复数据、只修复硬盘"为前提。硬盘软故障排除的一般步骤如下。

(1) 检查主板 BIOS 中的硬盘工作模式,看是否正确设置硬盘。

(2) 用相应操作系统的启动盘启动计算机。

(3) 检查硬盘分区结束标志(最后两个字节)是否为"55 AA";活动分区引导标志是否为"80"。可以利用一些工具来查看,例如,KV3000,可用其 F6 键功能查看,用 F10 键功能自动修复,或用 Fdisk/MBR 重建分区表。

(4) 用杀毒软件查、杀病毒。

(5) 如果硬盘无法启动,可用系统盘传送系统文件(SYS C:回车)。

(6) 运行 Scandisk 命令或 NU 8.0 NDD 以检查并修复 FAT 表或 DIR 区的错误。

(7) 如果软件运行出错,可重新安装操作系统及应用程序。

(8) 如果软件运行依旧出错,可对硬盘重新分区、高级格式化以后重装系统。必要时可对硬盘进行低级格式化。

就硬盘软故障的范畴而言,常见的"系统不认硬盘"故障包括"CMOS 硬盘参数丢失""BIOS 不识硬盘""自检硬盘失败"三类,以下分别讨论处理方法。

1) CMOS 硬盘参数丢失

CMOS 硬盘参数丢失故障指 BIOS 能够识别安装的硬盘,但开机启动时 BIOS 中设置硬盘参数被自动更新的故障现象。这种故障主要是由主板 CMOS 电路故障、病毒或软件改写 CMOS 参数导致的,CMOS 参数丢失故障可按以下步骤检查处理。

(1) 如果关机一段时间以后,CMOS 参数自动丢失,使用时重新设置,又能够正常启动计算机,这往往是 CMOS 电池接触不良或 CMOS 电池失效引起的,建议检查 CMOS 电池,确保接触良好,并用万用表检查 CMOS 电池电压,正常情况下应为 3V 左右(早期主板 CMOS 电池电压可能为 3.6V)。如果 CMOS 电池电压远低于正常值,说明 CMOS 电池已经失效,一定要及时更换电池,以避免电池漏液,污染主板,导致主板的损坏。

(2) 如果是运行程序中死机后 CMOS 参数自动丢失,很可能是病毒或软件改写 CMOS 参数导致的,请先对系统进行清除病毒工作,以排除某些攻击 CMOS 的病毒所造成的故障。如果系统安装有防病毒软件,如 PC-Cillin、RiSing、KV3000 等,这些软件发现病毒后会改写 CMOS,自动将硬盘设置为无。

2) BIOS 不识别硬盘

"BIOS 不识别硬盘"故障指开机后系统无法从硬盘启动,进入 BIOS 设置程序后,选择 IDE HDD AUTO DETECTION 选项自动检测硬盘时,BIOS 程序无法检查识别硬盘的故障现象。"BIOS 不识别硬盘"故障主要由硬盘安装不当、硬盘物理故障、主板及硬盘接口电路故障、电源故障(电源负载能力差)等原因导致。

"BIOS 不识别硬盘"故障可按下述步骤检查处理。

(1) 如果故障是在新装机或新加装硬盘、光驱以及其他 IDE 设备以后出现的,请先检查硬盘主从跳线设置是否设置错误,主从跳线设置不当会导致系统不能正确识别安装在同一IDE 接口上的两台 IDE 设备。

(2) 如果 BIOS 不能识别硬盘,先试试系统是否能从软驱启动,如软驱也不能启动系统,很可能是主板和电源故障。如果软驱能启动系统,系统还是不能识别硬盘,一般是硬件故障造成的。请打开机箱,开机听听硬盘是否转动,转动声是否正常,如硬盘未转动请检查硬盘电源线(大四针插头,4 根连线颜色为黄、黑、黑、红)是否插好,可换一只大四针插头,拔出硬盘数据排线试试,如硬盘还是不转或转动声不正常,可确定是硬盘故障。如果硬盘转动且转动声正常,检查硬盘数据排线是否断线或有接触不良现象,最好换一根好的数据线试试。如果数据排线无故障,检查硬盘数据线接口和主板硬盘接口是否有断针现象或接触不良现象,如有断针现象,请接通断针。

(3) 如果系统还是无法识别硬盘,请在另一台机器上检查硬盘,可确认是否是硬盘故障,如是硬盘故障,更换或维修硬盘。若在另一台机器上检查硬盘确认硬盘完好,应进一步检查主板。可去掉光驱和第二硬盘,将硬盘插在主板 IDE2 接口试试:如果去掉光驱和第二硬盘系统能够启动,故障原因是电源功率容量不足;如果将硬盘插在主板 IDE2 接口 BIOS 能识别硬盘,则是主板 IDE1 接口损坏。如果主板两只 IDE 接口均损坏,可外接多功能卡连接硬盘,使用多功能卡连接硬盘必须修改 CMOS 参数,禁止使用主板上的 IDE接口。

(4) 经上述检查还是无法排除故障,请更换或维修主板。

3) 自检硬盘失败

"自检硬盘失败"故障指系统启动自检时无法识别 BIOS 中所设置硬盘的故障现象。自检硬盘失败常能从软盘引导系统,但从软盘引导系统后,无法对硬盘做任何操作。此故障主要是由 BIOS 硬盘参数设置不当、硬盘物理故障、主板及硬盘接口电路故障、电源故障(电源负载能力差)等原因导致的。

"自检硬盘失败"故障可按以下步骤检查处理。

(1) 首先检查 BIOS 中的硬盘参数设置。BIOS 中硬盘参数设置错误、病毒或软件改写CMOS 系统都会给出上述提示。

(2) 一些低速硬盘无法适应系统高速运行的频率,可降低系统外频试试,这种情况在超外频运行于 83MHz 和 75MHz 时尤为常见;对外加 ISA 多功能卡接硬盘的用户,可在BIOS 中将 ISA Bus 的时钟频率降低试试,如在 AMI BIOS 的 Advanced CMOS Setup 菜单中有一 Bus Clock Selection 初始化参数设置项,将选项值由 11.5MHz 改为 11.0MHz。

(3) 若经上述检查还是无法排除故障,则故障属于硬盘子系统硬件故障,请按前文所述"BIOS 不识别硬盘"打开机箱检修。

5.5.2　外存储器故障及排除

1. 常见硬盘故障排除

硬盘是计算机设备常见的外部存储器之一,其中存储了许多重要的数据,一旦出现了问题,会导致系统无法运行,甚至造成数据的丢失。

1) 硬盘跳线错误引起的故障

故障现象：一台计算机原装硬盘只有20GB,想再加一个40GB的硬盘,于是将40GB的硬盘接在双硬盘线的第二个接口上,接好硬盘电源。重新设置CMOS后通电,屏幕显示"No operating system or disk error"。

故障分析与处理：由于原来的20GB硬盘可以启动,用CMOS里的自动检测硬盘参数功能没有找到硬盘,当去掉40GB的硬盘后又恢复正常,于是确认是第二个硬盘的问题。

拆下第二个硬盘后发现其跳线处于Master状态,而原装硬盘也是处于Master状态,由于计算机不能同时默认两个主硬盘,重新将第二个硬盘的跳线设为Slave状态,通电后再用CMOS检测,一切正常。

2) 硬盘0磁道损坏的故障

故障现象：主机上电启动,自检完毕后硬盘指示灯闪亮,然后直接进入ROM BASIC状态或死机。用软盘启动成功,访问硬盘时出现"Invalid Drive specification"的错误信息,用BIOS中断强行读写0磁道,发现Boot区不能正常读写。

故障分析与处理：出现该现象的最大可能性为硬盘的0磁道物理性损坏,因为操作系统的主引导程序段存放在硬盘的0磁道上,0磁道损坏,硬盘便处于不工作状态。

出现该故障后,首先尽量把硬盘中有用的文件、数据备份出来,然后对硬盘全部做格式化,删去损坏的磁道后,用Fdisk对硬盘重新分区。用Format对硬盘进行逻辑格式化,装上操作系统后,恢复正常。

3) 对硬盘的0磁道损坏的修复

故障现象：在对硬盘进行格式化时,提示硬盘的0磁道损坏。

故障分析与处理：硬盘的0磁道损坏分为物理损坏和逻辑损坏两种情况,不同的情况有不同的处理方法。物理损坏要比逻辑损坏严重,可试着对硬盘采取低级格式化。对于逻辑损坏的硬盘就是操作系统逻辑引导扇区遭到破坏,如果是这种情况,可用从软盘传入系统的方法来恢复硬盘的使用。

4) 硬盘无法自举

故障现象：整个系统在自检完成后就进入死机状态,屏幕上除了最上面的光标在闪烁外,没有任何启动的迹象,同时硬盘灯长亮。

故障分析与处理：首先将硬盘设置为从硬盘并接在另一台计算机的Second IDE接口上,在CMOS中正确设置它的参数后由另一硬盘启动系统。直接进入DOS状态,在DOS下进入该盘的各分区。用Dir命令查看目录和文件,没有发现问题。至于无法启动的问题几乎可以肯定是硬盘的Boot扇区主引导记录或分区表遭到破坏所致。

运行Debug,调用该硬盘的分区表,仍然没有发现问题,将硬盘Boot扇区主引导记录恢复后重新启动即可。

5) 未激活主硬盘引导分区故障

故障现象：在对硬盘分区、格式化后,由硬盘引导启动计算机时提示"Invalid Drive Specification",而硬盘无任何故障。

故障分析与处理：用维修工具光盘启动计算机,启动后,执行Fdisk命令,输入"Y"后按Enter键,在分区主界面上提示主分区未被激活。输入"2"选择"激活分区",再输入"1"激活主分区,按Esc键回到分区主界面,再按Esc键返回DOS提示符,重新输入"Format C:/S"

对硬盘进行格式化,格式化后重新由硬盘引导即可。

6)硬盘突然不能引导系统

故障现象:计算机启动时提示"Disk boot failure,Insert system disk and press enter",无法引导系统。

故障分析与处理:出现此现象,可能是计算机未检测到硬盘。

可能有如下一些原因:如果是病毒的原因,对计算机进行杀毒处理;如果是人为改变了 CMOS 中的硬盘参数,只需进入 CMOS 设置,重新检测硬盘即可;如果是主板电池无电,CMOS 中的数据遭到破坏,使 CMOS 中的硬盘参数丢失,可更换主板电池。

7)无法对硬盘格式化

故障现象:在对硬盘进行格式化操作时,提示"Cannot format this new work disk"。

故障分析与处理:在 CMOS 设置中,有一项"病毒警告"功能,此项的作用是防止病毒破坏硬盘引导扇区和分区表,因为格式化硬盘时可能要修改分区表中的某些参数。如果此项被设置为 Enabled,格式化操作将会被禁止执行,只要把此项改设为 Disabled,然后再对硬盘进行格式化,就不会出现此提示。

8)硬盘容量发生变化

故障现象:硬盘空间在使用过程中出现急剧减少的情况。

故障分析与处理:出现该故障的原因有三种情况。首先是硬盘上有坏块、坏道,使可用空间减少。其次是硬盘中有大量的文件丢失,但是没有释放占用的磁盘空间,使可用的磁盘空间降低。可使用 Windows 操作系统自带的磁盘扫描程序对硬盘进行检测并找回丢失的磁盘空间。最后是系统感染病毒。

2. 常见光驱故障排除

光驱并不像硬盘,出现故障不会直接导致系统不能启动和运行。

1)光驱不能读盘

故障现象:光驱不能读取盘片信息,并在每一次读盘前能听到"嚓嚓"的摩擦声,然后指示灯熄灭。

故障分析与处理:出现光驱不能读取信息的原因有可能是光头有问题,当读取时有机械声音,说明有可能是由机械故障引起的。

首先清洗光头,在清洗光头后光驱仍然不能读盘,于是检验是否因光头老化造成的,把光头的功率调大一点儿,装好光驱后试机,故障依旧。然后查看是否是压力不够导致盘片在高速运行时产生了打滑现象,从而影响光头正常读取信息,所以取下光驱的弹力钢片,将弯度加大,增加压在磁力片上的弹力,一切恢复正常。

2)光驱自动退盘

故障现象:光驱不能读盘,无论放进新盘或旧盘"吱吱"旋转一会儿后,就自动将盘退出。

故障分析与处理:初步怀疑可能是光驱内部组件损坏所致,拆开光驱外盖,再拆下盖着机芯的铁皮,露出光头组件,看见该光头组件很新而且并没有明显的损坏印迹。接上电源空载观察,光头正常,说明光头和光驱电路没问题。

为了确认,放入一张光盘重新开机实验,同样旋转几下后便停住退盘,似有异物卡住,仔细观察发现光驱内部组件压盘部位有一小团丝状物卡入其中,造成光盘在旋转时受阻停转,将其取出后故障消除。

3)光驱无法找到

故障现象:在"我的电脑"中找不到光驱,在"设备管理器"中发现"硬盘控制器"中的Primary IDE controller 和 Secondary IDE controller 两项前都带有问号。

故障分析与处理:关机后打开机箱,替换上其他光驱,如果系统自动识别了该光驱,则可将原来的光驱换上,光驱图标恢复。

若没有其他光驱,可以尝试去掉光驱的物理连接,进入 Windows 98 后再关、开机一次,然后再连接上。由于 Windows 98 的自动检测光驱能力得到加强,因此光驱丢失现象相对减少,恢复也相对容易,如果还不行就只有重新安装操作系统了。

4)读光驱时提示"设备尚未准备好"

故障现象:光驱使用了一年后,发现以前能读的光盘现在绝大部分都读不出了,并提示"设备尚未准备好",如果反复再试,有时可读出一些信息。

故障分析与处理:由于该光驱能读出一些信息,说明光驱的电子、机械部分工作正常,问题可能出现在激光头组件上。

拆开光驱,推动托盘,在光驱启动架上能看到一个圆形的凸透镜,即激光头,用软布把激光头清理干净。开机测试,光驱读盘能力有所增强,但效果并不理想,所以需要调整激光发射功率,找到调节激光强度微调电位器,往左或往右微调一下,每调一下就试几张光盘,直到满意为止。

5)安装软件导致光驱故障

故障现象:安装几个软件后光驱图标丢失,检查到"硬盘控制器"中的两个记录前有黄色的感叹号。

故障分析与处理:出现这种情况可能是计算机感染了病毒,可用杀毒软件进行杀毒。某种 CMOS Destroyer-B 引导区病毒就会出现这种现象。它影响计算机速度,破坏或重新写引导区,破坏或覆盖文件。若仍然不能排除故障,可逐个卸载最近安装的软件,直到找到破坏光驱驱动的应用软件为止。

5.6　实训

5.6.1　实训目的

熟练掌握硬盘的安装和主从硬盘的设置。

5.6.2　实训内容

硬盘的安装、硬盘跳线的设置。

5.6.3　实训过程

通常计算机的主板上安装有两个 IDE 接口,而每条 IDE 数据线最多只能连接两个 IDE

设备。这样计算机最多便可连接 4 个 IDE 设备。但是在 PC 中，只能用其中的一块硬盘来启动系统，因此连接了多块硬盘则必须将它们区分开来，为此硬盘上提供了一组跳线来设置硬盘的模式。

硬盘的这组跳线通常位于硬盘的电源接口和数据线接口之间，跳线设置有三种模式，即单机(Spare)、主硬盘(Master)和从硬盘(Slave)。单机就是指在连接 IDE 硬盘之前，必须先通过跳线设置硬盘的模式。如果数据线只连接了一块硬盘，则需设置为 Spare 模式；如果数据线上连接了两块硬盘，则必须分别将它们设置为 Master 和 Slave 模式，通常第一块硬盘也就是用来启动系统的那块硬盘设置为 Master 模式，而另一块硬盘设置为 Slave 模式。

注意：在使用一条数据线连接双硬盘时，只能有一个硬盘为 Master，也只能有一个硬盘为 Slave，如果两块硬盘都设置为 Master 或 Slave，那么可能导致系统不能正确识别安装的硬盘。

不同品牌和不同型号的硬盘，它的跳线指示信息可能也有所不同，一般在硬盘的表面或侧面标有跳线指示信息。

5.6.4 实训总结

通过本次实验读者将熟练地掌握硬盘的安装，以及主从硬驱的设置。

小结

本章讲解了硬盘、光驱和移动存储器，通过本章的学习，读者可以对硬盘有个初步的了解，了解硬盘、光驱的性能指标，硬盘、光驱、移动存储器的结构，硬盘的接口类型；以及硬盘的选购，光驱、硬盘、软驱的安装；硬盘主从的设置。

习题

1. 硬盘如何分类？
2. 硬盘有哪些性能指标？
3. 硬盘作为计算机的存储设备，具有哪些优越性？
4. 硬盘的外部结构由哪几部分组成？硬盘的内部结构由哪几部分组成？
5. 光驱有哪些性能指标？
6. 通过互联网查询实验用硬盘、光驱、移动存储等外存储器的主要性能指标。

第 **6** 章

显示系统

教学提示：在计算机的外部设备中，输出设备是必不可少的硬件之一，而显示器和显卡相辅相成，两者缺一不可。本章将围绕显示系统中的显示器和显卡进行讲解，使读者在使用计算机时，不会为了显示器不显示而发愁。

教学目标：理解显卡的结构和工作原理，掌握显卡的类型和特点，了解显卡的主要性能指标，掌握显卡的选购与正常维护。

6.1 显卡简介

计算机必须将由 CPU 处理完的数字信号转化为模拟信号才能被人们识别。对于影像，完成这一转换功能的部件就是显卡。显卡是计算机中很重要的一个部件之一，显卡的示意图如图 6-1 所示。

图 6-1 显卡

显卡又称视频适配器，也叫图形加速卡，如图 6-1 所示。目前主要的计算机游戏或是 3D 制作都需要一块强劲的显卡，由于和 3D 息息相关，所以现在的显卡也被称为 3D 图形加速卡。大部分显卡都是以附加卡的形式安装在 PC 主板的扩展槽中或集成在主板上。目前，市面流行的显卡大多是使用 3D 图形芯片的 AGP 显卡和最新的 PCI Express 接口的显卡。

6.1.1 显卡的基本工作原理

简单地说，显卡的作用就是将 CPU 送来的图像信号经过处理后送到显示器，这个过程通常包括以下 4 个步骤。

（1）将 CPU 送来的数据通过总线送到显示芯片进行处理。

（2）将显示芯片处理完的数据送到显存中。

（3）从显存中将数据传送到 RAMDAC（数字模拟转换器）进行数/模转换。

（4）RAMDAC 将模拟信号通过视频输出口输送到显示器。

6.1.2 显卡的分类

按不同的标准，显卡有不同的分类。

（1）按结构可分为"独立卡式显卡"和"集成式显卡"。

（2）按总线类型可分为 ISA、PCI、AGP、PCE Express 等。

（3）按总线位宽可分为 16 位、32 位、64 位、128、256 位。

（4）按功能可分为专业显卡与家用显卡。

（5）按采用的图形芯片可分为普通 VGA 显卡、2D 图形加速卡、3D 图形加速卡。

6.2 显卡的基本结构

每一块显卡基本上都是由显示芯片、显示内存、视频 BIOS、RAMDAC、显卡接口以及 PCB 及板上的电容、电阻等元器件组成的。多功能显卡还配备了视频输出输入接口，以供特殊需要。下面以华硕 PCI Express 版 X800XT PCI Express（如图 6-2 所示）为例详细地介绍一下显卡的基本结构。

图 6-2 显卡的结构

这款 X800XT 采用了 PCI Express 16X 接口，直接提供双 DVI 接口，使用转接口实现 VGA 输出。

该显卡使用了硕大的散热系统来为显卡散热，散热器将显卡核心和显存的表面严严实实地包裹起来。请注意观看 PCI Express 接口，它是特殊设计的，与 AGP、PCI 等接口均不相同。

1. 显示芯片

显示芯片也称加速引擎和图形处理器（Graphics Processing Unit，GPU），是显卡的核心，它的主要任务就是处理系统输入的视频信息并对其进行构建、渲染等工作。显示芯片的性能直接决定该显卡性能的高低，不同的显示芯片，不论是其内部结构还是其性能方面都存在着差异，其价格差别也很大。

显示芯片通常是显卡上最大的芯片,中高档芯片一般都有散热片或散热风扇。如图 6-3 所示为 X800XT PCI Express 的显示芯片。

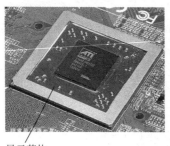

显示芯片

图 6-3 显卡的显存

早期的显卡只是对 CPU 运算后的结果进行转换和传递,因而显示芯片的作用并不明显。随着图形用户界面的兴起,以及三维图像处理的广泛应用,显示芯片便担负起"硬件加速"的工作,在显示芯片中增加了对 3D 绘图、动画及游戏的支持(即提供了一组 3D 相关指令),该显示芯片称为 3D 加速芯片。GPU 芯片的型号往往通过数据带宽划分,目前多为 128 位或 256 位。

2. 显存

显存即显示缓存,其主要作用就是将显示芯片处理的数据临时储存起来,这些数据包括已经处理和将要处理的数据,所以显示芯片和显存之间的通道就十分重要,畅通与否直接关系到显卡的性能。如图 6-4 所示为该显卡的显示内存。

显存从封装上来说通常有三种:TQFP(Thin Quad Flat Package,小型方块平面封装)、TSOP(Thin Small Out-Line Package,薄型小尺寸封装)和 MBGA(Micro Ball Grid Array,微型球栅阵列封装),其外观分别如图 6-4 所示。

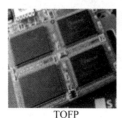

TQFP   TSOP   mBGA

图 6-4 显存封装形式

显存从类型上来说目前主要有以下几种:SDRAM、DDR SDRAM 和 DDR2/DDR3 SDRAM。

3. RAMDAC

RAMDAC(Random Access Memory Digital-to-Analog Converter,随机访问存储数字模拟转换器)是显卡中比较重要的芯片。在视频处理中,它的作用就是把二进制的数字转换成为和显示器相适应的模拟信号。

RAMDAC 有内置和外置两种,内置的 RAMDAC 集成在显示芯片中,有助于降低成本。目前大多数显卡都将 RAMDAC 集成到显卡芯片中。

4. 显卡 BIOS 芯片

显卡 BIOS 芯片主要用于保存 VGABIOS 程序。VGABIOS 是视频图形卡基本输入输出系统(Video Graphics Adapter Basic Input and Output System),它的功能与主板 BIOS 功能相似,主要用于显卡上各器件之间正常运行时的控制和管理,所以 BIOS 程序的技术质量(合理性和功能)必将影响显卡最终的产品技术特性。显卡 BIOS 芯片在大多数显卡上比较容易区分,因为这类芯片上通常都贴有标签,但在个别显卡(如 Matrox 公司的 MGAG200)上就看不见,原因是它与图形处理芯片集成在一起了。另外,在显卡 BIOS 芯片中还保存了所在显卡的主要技术信息,如图形处理芯片的型号规格、VGABIOS 版本和编制日期等。由于目前显卡上的图形处理芯片表面都已被安装的散热片所遮盖,用户根本无法看到芯片的具体型号,但能通过 VGABIOS 显示的相关信息来了解有关图形处理芯片的技术规格或型号。

5. 显卡接口

如图 6-2 所示显卡提供的是两个 DVI 接口,另外有些显卡的接口比较丰富,如图 6-5 所示。可以看到显卡有不少的外部接口,从左往右分别是 S-Video、DVI 和 VGA 接口。

图 6-5 显卡接口

S-Video 是用来连接电视机的。DVI 接口是用来连接一些高端的液晶显示器的,数字接口和传统的模拟信号相比,在清晰度上会有更惊人的表现,所以目前这个接口很流行。VGA 就是传统的显示器接口,现在很多 CRT 显示器还使用这个接口。

在 GPU 的下方有一排金色的接触点就是显卡与主板连接的桥梁,目前比较流行的是 AGP 接口规范,从早期的 AGP 1X、2X 到现在 AGP 4X、8X,它们的区别就是 AGP 的带宽。新的接口规范 PCI-E,能够达到 16X 的位宽,所以能够满足越来越多的数据交换的要求。为了保证显卡具备良好的电气连接特性,故所有规范都将此接口进行了镀金处理,俗称金手指。金手指除了要提供显卡芯片和主板之间的数据交换外,还要提供整个显卡的电能,但由于很多高端的芯片用电量大,单单靠金手指无法达到要求,于是就有了外接主机电源上的标准 4 芯或非标准 6 芯电源接口,如图 6-6 所示。

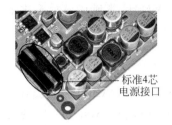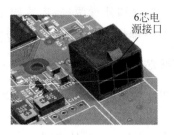

图 6-6　额外供电接口

6. PCB

PCB 是显卡的基础,显卡上的所有电器元件都是安置在它上面的。目前的显卡 PCB 分为 4 层板和 6 层板。6 层板有着更好的电器性能以及抗电磁干扰的能力,同时更方便显卡的布线,所以时常在一些高品质的显卡上运用。

7. 主板集成显卡

为了降低成本将 GPU 等芯片都集成在主板上,此类显卡的 GPU 只是中低端产品,无显存共享内存,不适合大型图像处理。

6.3 显卡的性能指标

在关注显卡性能的时候,人们总是对主芯片的性能十分关心。虽然显示主芯片对于显卡的性能起着决定性的作用。但是显卡的技术指标很多,显卡的其他性能指标对显卡的性能影响也很大。采用同样芯片的显卡,由于板上所用的元件质量不同,板卡的走线不同,使用起来会有明显的差异。下面介绍显卡的一些主要性能指标。

1. 核心频率

显卡的核心频率是指显示核心的工作频率,其工作频率在一定程度上可以反映出显示核心的性能。但显卡的性能是由核心频率、显存、像素管线、像素填充率等多方面情况所决定的,因此在显示核心不同的情况下,核心频率高并不代表此显卡性能强劲。比如 9600Pro 的核心频率达到了 400MHz,要比 9800Pro 的 380MHz 高,但在性能上 9800Pro 绝对要强于 9600Pro。在同样级别的芯片中,核心频率高的性能要强一些,提高核心频率就是显卡超频的方法之一。显示芯片主流的只有 ATi 和 nVIDIA 两家都提供显示核心给第三方的厂商,在同样的显示核心下,部分厂商会适当提高其产品的显示核心频率,使其工作在高于显示核心固定的频率上以达到更高的性能。

2. 显示芯片位宽

显示芯片位宽是指显示芯片内部数据的总线的位宽,也就是显示芯片内部所采用的数据传输位数,目前主显示芯片基本都采用了 256b、512b 的位宽,采用更大的位宽意味着在数据传输速度不变的情况,瞬间所能传输的数据量更大。显示芯片的位宽越宽,可以提供的计算能力和数据吞吐能力也越大,是决定显示芯片性能的重要数据之一。

3. 显存容量

显存容量是显卡上的显存的容量数,这是选择显卡的关键参数之一。显存容量决定着显存临时存储数据的多少。16MB 和 32MB 显存的显卡现在已较为少见,主流的是 256MB 和 512MB 的产品。

4. 显存的频率

显存频率是指在默认情况下,该显存在显卡上工作时的频率,以 MHz 为单位,显存频率在一定程度上反映了该显存的速度。显存频率随着显存的类型、性能的不同而不同,SDRAM 显存一般都工作在较低的频率上,一般就是 133MHz 和 166MHz,此种频率早已无法满足现在显卡的需求。DDR SDRAM 显存则能提供较高的显存频率,因此是目前采用最为广泛的显存类型。目前无论中、低端显卡,还是高端显卡,大部分都采用 DDR SDRAM,其所能提供的显存频率差异也很大,主要有 400MHz、500MHz、600MHz 及 650MHz 等,高端产品中还有 800MHz 或 900MHz,甚至更高。

如 GeForce 6800GT PCIE 显卡核心频率为 350MHz,256MB 的显存芯片,显存工作频率为 1000MHz,显存位宽是 256b;GeForce 8800GT PCIE 显卡核心频率为 600MHz,512MB 的显存芯片,显存工作频率为 1800MHz,显存位宽是 512b,接口类型 PCI-E。

5. 显存带宽

显存带宽指的是一次可以读入的数据量,即表示显存与显示芯片之间交换数据的速度。带宽越大,显存与显示芯片之间的“通道”就越宽,数据“跑”得就更为顺畅,不会造成堵塞。

显存带宽可以由公式:

$$显存频率 \times 显存位宽 / 8 (除以 8 是因为 8b = 1B)$$

计算。这里说的显存位宽是指显存颗粒与外部进行数据交换的接口位宽,指的是在一个时钟周期之内能传送的比特数。从上面的计算式可以知道,显存位宽是决定显存带宽的重要因素,与显卡性能息息相关。经常说的某个显卡是 256MB、512b 的规格,其中,512b 就是说该显卡的显存位宽。

6. AGP 带宽

AGP(Accelerate Graphical Port,加速图形接口)总线直接与主板的北桥芯片相连,且通过该接口让显示芯片与系统内存直接相连,避免了窄带宽的 PCI 总线形成的系统瓶颈,增加了 3D 图形数据传输速度,同时在显存不足的情况下还可以调用系统内存。所以它拥有很高的传输速率,这是 PCI 等总线与之无法相比拟的。

AGP 标准在使用 32 位总线时,有 66MHz 和 133MHz 两种工作频率,最高数据传输速率为 266MHz 和 533MHz,而 PCI 总线理论上的最大传输率仅为 133MHz。目前在最高规格的 AGP 8X 模式下,数据传输速率达到了 2.1GB/s。

AGP 接口的发展经历了 AGP 1.0(AGP 1X、AGP 2X)、AGP 2.0(AGP Pro、AGP 4X)、AGP 3.0(AGP 8X)等阶段,其数据传输速率也从最早的 AGP 1X 的 266MB/s 的带宽

发展到了 AGP 8X 的 2.1GB/s。

7．接口技术

接口类型是指显卡与主板连接所采用的接口种类。显卡的接口决定着显卡与系统之间数据传输的最大带宽,也就是瞬间所能传输的最大数据量。不同的接口能为显卡带来不同的性能,而且也决定着主板是否能使用此显卡。只有主板有相应接口的情况下,显卡才能使用。显卡发展至今共出现 ISA、PCI、AGP 等几种接口,所能提供的数据带宽依次增加。而采用 PCI Express 接口的显卡也是在 2004 年正式被推出,届时显卡的数据带宽将得到进一步的增大,以解决显卡与系统数据传输的瓶颈问题。

6.4　显卡选购指南

在各种计算机部件中,显卡无疑是最受关注的,而如何选购一块合适的显卡也成了很多用户关注的问题。以下是 8 条选购建议。

1．显存并不是一切

大容量显存对高分辨率、高画质设定游戏来说是非常必要的,但绝非任何时候都是显存容量越大越好。

2．GPU 才是关键

显存很重要,但显卡的核心是 GPU/VPU,就如同人体的大脑和心脏。看到一款显卡的时候,第一个要知道的也就是其 GPU 类型。不过要关注的不仅是 nVIDIA、GeForce 或者 ATi Radeon,还有型号后边的 GT、GS、GTX、XT、XTX 等后缀,因为它们代表了不同的频率或者管线规格。

3．管线、着色单元和核心频率

GPU 核心频率、管线数量、着色单元数量基本可以代表一款 GPU 的性能。在统一架构来临之前,人们面临着像素管线和顶点管线,其中前者尤为重要。低端显卡通常有 4 条像素管线,中端 8～12 条,高端 16 条或更多。核心频率自然是越高越好,但两相比较,像素管线数量更为关键。400MHz 加 8 条管线要比 500MHz 加 4 条管线强很多。GeForce 7900GTX 拥有 24 条像素渲染管线。

4．不必追求高价

高端产品的确能给人们带来最好的性能,但也会花去太多的钞票,而且二者的比例并不足中端产品,除非是发烧友。

5．注意电源

显卡性能不断提升的代价就是需要越来越强劲的电源供应,显卡配备单独的电源供应模块已经很普遍,显卡专用电源也已经推出。中高端显卡一般需要 400W 或 450W 电源,而

SLI 和 CrossFire 等双卡并行则推荐使用至少 550W 电源。

6．AGP 还是 PCI-E

自 PCI-E 推出以来,已经逐渐取代 AGP 成为显卡接口的主流,可提供 2~4 倍的带宽。虽然显卡厂商仍不断推出 AGP 接口的产品,如 GeForce 7800GS 等,但除非旧平台升级,仍推荐使用 PCI-E。

7．SLI 和 Cross Fire

nVIDIA 在 2004 年率先推出了 SLI,ATi 也在 2005 年以 Cross Fire 跟进。二者都需要合适的主板、高质的内存、强劲的电源、相应的软件才能带来超高的性能,当然同时也需要不少钱。而在 SLI 逐渐推广之后,nVIDIA 又推出了 Quad SLI,不过尚处于初期阶段,还远不成熟。两块双 GPU 的 GeForce 7950GX2 可以搭建 Quad SLI。

8．分清独立显卡和整合显卡

如果平常只是上网或者进行文字处理,整合显卡就足够了,但要玩游戏的话,尤其是新游戏,还是独立显卡为宜。

6.5　显示器

人类无尽的追求造就了众多的新事物,PC 中的显示器同样也在不断地发展。从十几年前的 12 英寸黑白显示器到现在的 19 英寸、21 英寸的大屏幕显示器,显示器不仅在尺寸上有所变化,技术上也在不断更新。从球面到平面,从 CRT(Cathode Ray Tube,阴极射线管显像管)显示器到 LCD(Liquid Crystal Display,液晶显示屏),一次次的变革总是给人们在视觉上带来巨大的冲击。1998 年,当风行一时的 14 英寸显示器逐步淡出市场后,15 英寸显示器迅速占据了市场,而到了 2000 年,17 英寸的显示器虽然无可争议地占据了市场的主流,但是仅在尺寸上的变化已经难以抓住消费者的心了,更重要的是技术的革新。CRT 显示器逐步由球面、直角平面、柱面向纯平过渡,LCD 也以其新颖的态势出现在了众人的眼前。随着技术的不断进步,生产成本的逐步降低,LCD 显示器也走进了平民百姓的家中。

显示器按其工作原理可分为许多类型,比较常见的有阴极射线管(CRT)显示器、液晶显示器(LCD)、等离子体(PDP)显示器和真空荧光显示器(VFD)等,但后两种显示器应用不太广泛,CRT 显示器和液晶显示器是 PC 显示器的主流。

6.5.1　显示器的结构和工作原理

1．CRT 显示器的结构和工作原理

CRT 显示器不同于普通电视机,它没有电视机中的高中频信号处理部分,因此和电视机比较起来它的电路组成相对简单得多。CRT 显示器主要由垂直(场)扫描电路、水平(行)扫描电路、视频放大电路、CRT、CRT 电路和电源电路组成,下面简单说明一下各部分的作用。

场扫描电路主要是产生垂直方向的偏转电流使显示屏上的电子束从上向下移动,需向

显示器的场偏转线圈中提供一个与场同步信号频率相同的锯齿波扫描电流。

行扫描电路主要产生水平方向的偏转电流使电子束从左向右运动,它的频率与显卡提供的行同步信号频率相同。

视频放大电路的作用是将显卡送来的色度信号进行放大,以便驱动显像管。

电源电路的作用是为显示器内部各个单元电流提供所需的电源:常用的电源有+5V、+12V、+24V;行扫描用的电源是 50～120V,色度输出用的电源是 60～90V。

CRT 简单的工作过程是:灯丝加电后,阴极由于被加热而发射电子,大量的电子在加速极和阳极的吸引下,加速离开阴极,由加速极、聚焦极、阳极组成的电子透镜聚焦后,形成一束很细的电子束,并高速轰击屏幕,荧光屏上的荧光粉由于受到电子束的轰击而发出亮光,其亮度与轰击荧光屏电子的多少成正比。那么,如何使电子束上下左右周而复始地在屏幕上来回奔跑呢? 这主要是由于偏转线圈中具有锯齿形的电流在周而复始地流动,锯齿波电流产生的交变磁场对电子束产生大小不同的偏转力。行偏转产生使电子束左右偏转的力,场偏转产生使电子束上下偏转的力。因为两种偏转力周期性地变化,从而屏幕上会扫描出光栅来。

目前广泛应用的彩色 CRT 基于原基色原理。原基色指的是互相独立的三种颜色:红,绿,蓝。这三种单色按不同的比例可以配出各种不同颜色,在彩色 CRT 的荧光屏上涂有红、绿、蓝三色荧光粉,有三支平行且按品字形排列的电子枪,如图 6-7 所示。

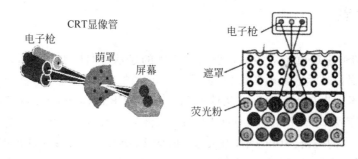

图 6-7　三基色原理图

它们分别发射用以产生红、绿、蓝三种单色的电子束。每支电子枪都有灯丝、阴极、控制极、加速极、聚焦极及第二阳极。在荧光屏上有成千上万个能发红、绿、蓝光的荧光粉小点,它们按红(R)绿(G)蓝(B)顺序重复地在一行上排列,下一行与上一行小点位置互相错开,与品字形电子枪相对应。为了使三束电子束能准确地击中对应的荧光小点,在距离荧光屏10mm 处设有一块薄钢板制成的网极,像罩子似地把荧光屏罩起来,故称荫罩板。板上有成千上万个小孔,小孔对准一组三色荧光点,品字形中的一支电子枪发射的电子束,通过小孔轰击对应的荧光粉而发出红、绿、蓝光。三种光的不同组合发出不同的色彩。

2. LCD(液晶显示器)的基本结构和工作原理

目前的 LCD 可分为被动矩阵型 LCD 及主动矩阵型 LCD 两大类别。被动矩阵型 LCD 的缺点是亮度和可视角度较低,反应速度慢。因此,主动矩阵型 LCD 成为主流,其代表就是薄膜式晶体管(Thin Film Transistor,TFT)型 LCD。TFT 型 LCD 上的每一个液晶像素点都由集成在其后面的薄膜晶体管来驱动,其亮度和对比度高,而且可视角度大,显示品质好,因此目前大多数的 LCD 采用的都是 TFT 型显示技术。

从结构上看，TFT 型 LCD 的结构较为复杂，主要构成包括荧光管、导光板、偏光板、滤光板、玻璃基板、配向膜、液晶材料和薄膜式晶体管等。在显示方式上也采用了所谓的"背透式"，即光线不是在液晶表面反射成像，而是通过光线透射成像。因此，TFT 型 LCD 必须要求有一个背光源，也就是荧光灯管，它投射出的光线先通过一个偏光板，然后再经过液晶，借助液晶分子排列状态的改变来达到改变光线角度的目的，然后这些光线接下来还必须经过前方的彩色滤光膜与另一块偏光板，最后得到人们所看到的影像。很明显只需要改变液晶分子的排列状态就可以控制最后出现的光线强度和色彩，并进而能在液晶面板上变化出有不同深浅的颜色组合了。控制主要是通过滤光板上的偏极片来完成的，在默认状态下，两片偏极片间会维持一个标准的电压差，液晶分子排列方向发生变化，透入光线没有被扭转，因此不能通过前面板，此时 LCD 呈黑色。在不导电的情况下，液晶分子会保持其初始状态，将射入光线扭转 90°，此时 LCD 呈亮色。而且随着偏极片间电压的不同，液晶分子的扭转角度也随之发生变化，从而产生不同明暗对比变化。

6.5.2 显示器的类型和特点

1. 按显示的内容分类

按显示的内容，显示器可分为字符显示器和图形显示器。

2. 按显示元件分类

按显示元件分类，显示器可分为阴极射线管（CRT）显示器和非阴极射线管显示器两大类。阴极射线管显示器又可分为随机扫描显示器（刷新式和存储管式）和光栅扫描显示器。在阴极射线管显示器中，随机扫描型显示器扫描速度快、分辨率高，但灰度和颜色比较单调，色调难以连续变化。光栅扫描型显示器则可克服这些缺点，以生成有高度真实感的逼真的图形，因此是常用的设备。非阴极射线管显示器包括液晶显示器（LCD）、等离子平板显示器、发光二极管显示器和激光显示器等。

3. 按显示器的尺寸来分

按显示器的尺寸来分，可分为 14 英寸、15 英寸、17 英寸和 21 英寸等。

4. 按显示器的功能来分

按显示器的功能来分，可分为普通显示器和显示终端两大类。

5. 根据扫描方式分类

按扫描方式可以分为隔行扫描显示器和逐行扫描显示器两种。

6. 根据显示器显示颜色数分类

MDA 单色显示器：只显示单色，分辨率为 720 像素×350 像素，行频 18.432kHz，场频 50Hz。

CGA 彩色显示器：可显示 4 种颜色,分辨率为 320 像素×200 像素和 640 像素×200 像素,行频 15.7kHz,场频 60Hz。

EGA 彩色显示器：该显示器可显示 16 种颜色,与 CGA 彩色显示器兼容,是双频显示器,行频可以是 15.7kHz 和 21.8kHz,场频 60Hz,分辨率为 640 像素×350 像素。

VGA(包括 SVGA)彩色显示器：是最常用的显示器类型,可以显示 256 种颜色,接收 R、G、B 模拟信号。VGA 彩色显示器还可以运行单色应用软件。其分辨率为 640 像素×480 像素,行频为 31.5kHz,场频为 60Hz 或 70Hz。SVGA 彩色显示器分辨率为 800 像素×600 像素和 1024 像素×768 像素,行频为 31.5kHz 和 35.5kHz,场频为 50～86Hz。

6.5.3　显示器的主要性能指标

1. CRT 显示器的主要性能指标

1）显示器屏幕尺寸

显示器屏幕尺寸是显示器最基本的指标,它指的是显示器对角线长度,单位为英寸。

2）可视图像大小

可视图像大小指的是显示器可以显示图像的最大范围,人们平常说的 15 英寸、17 英寸、19 英寸实际上是指显像管的尺寸,而实际可视区域到不了这个尺寸。14 英寸的显示器可视范围往往只有 12 英寸,15 英寸显示器的可视范围在 13.8 英寸左右,17 英寸显示器的可视区域大多在 16 英寸左右。

3）点距

点距(Dot Pitch)是指屏幕上两个相邻荧光点的距离,点距越小,显示器显示图形越清晰。用显示区域的宽和高分别除以点距,即得到显示器在垂直和水平方向最多可以显示的点数。以 14 英寸,0.28mm 点距显示器为例,它在水平方向最多可以显示 1024 个点,在竖直方向最多可显示 768 个点,因此极限分辨率为 1024 像素×768 像素。若超过这个模式,屏幕上的相邻像素会互相干扰,反而使图像变动模糊不清。早期的 14 英寸显示器分为 0.28mm、0.31mm、0.39mm 几种规格,前者一直沿用至今,后两者已经被淘汰;目前高清晰大屏幕显示器通常采用 0.28mm、0.27mm、0.26mm、0.25mm 的点距,有的产品甚至达到 0.21mm。

4）刷新频率

刷新频率分为垂直刷新率和水平刷新率。垂直刷新率表示屏幕上的图像每秒重绘多少次,也就是指每秒钟屏幕刷新的次数,以 Hz(赫兹)为单位。VESA 组织于 1997 年规定 85Hz 逐行扫描为无闪烁的标准场频水平刷新率,水平刷新率又称行频,表示显示器从左到右绘制一条水平线所用的时间,以 kHz 为单位。水平和垂直刷新率及分辨率三者是相关的,所以只要知道了显示器及显卡能够提供的最高垂直刷新率,就可以算出水平刷新率的数值。所以一般提到的刷新率通常指垂直刷新率。刷新率的高低对保护眼睛很重要,当刷新率低于 60Hz 的时候,屏幕会有明显的抖动,而一般要到 72Hz 以上才能较好地保护眼睛。值得一提的是,一般厂商在广告中宣称的最高刷新频率指的其实是最低分辨率下的情况。

5）分辨率

分辨率是以乘法形式表现的,比如 800 像素×600 像素,其中,"800"表示屏幕上水平方向显示的点数,"600"表示垂直方向显示的点数。因此所谓的分辨率就是指画面的解析度,由多少像素构成,其数值越大,图像也就越清晰。分辨率不仅与显示尺寸有关,还要受显像管点距、视频带宽等因素的影响。

6）视频带宽

视频带宽指每秒电子枪扫描过的总像素数,等于"水平分辨率×垂直分辨率×场频(画面刷新次数)"。与行频相比,带宽更具有综合性,也更直接地反映显示器性能。但通过上述公式计算出的视频带宽只是理论值,在实际应用中,为了避免图像边缘的信号衰减,保持图像四周清晰,电子枪的扫描能力需要大于分辨率尺寸,水平方向通常要大25%,垂直方向要大8%。带宽对于选择一台显示器来说是很重要的一个指标。太小的带宽无法使显示器在高分辨率下有良好的表现。

7）TCO 标准

TCO 标准用于规范显示器的电子和静电辐射对环境的污染。现在常用的有 TCO92、TCO95 和 TCO99。TCO 规范的各种测试标准比 MPR-Ⅱ 和 EPA 的测试标准更加严格。其中,TCO92 与 MPR-Ⅱ 相似,但标准稍高一些。

2. LCD 的主要性能指标

1）亮度和对比度

LCD 亮度以 cd/m^2 或者 nits(流明)为单位,LCD 的亮度普遍为 150～500nits。亮度值高固然表明其产品性能较高。但需要注意的一点就是,市面上某些低档 LCD 存在较严重的亮度不均匀的现象,其中心的亮度和边框部分区域的亮度差别比较大。

对比度是直接体现该 LCD 能否体现丰富的色阶的参数,对比度越高,还原的画面层次感就越好,即使在观看亮度很高的照片时,黑暗部位的细节也可以清晰体现。目前市面上的 LCD 的对比度普遍为 150∶1～350∶1,高端的液晶显示器的对比度更高。

2）可视角度

由于 LCD 是采用光线透射来显像,因此存在视角问题,所以普通 LCD 的可视角度小。在 LCD 中,直射和斜射的光线都会穿透同一显示区的像素,所以从大于视角以外的角度观看屏幕时会发现图像有重影和变色等现象。因此,可视角度是指可清晰看见 LCD 屏幕图像的最大角度,可视角度越大越好。通常,LCD 的可视角度都是左右对称的,但上下不一定对称。目前市面上的 15 英寸 LCD 的水平可视角度一般在 120°或以上,而垂直可视角度则比水平可视角度要小得多,普遍水平可视角度是上下不对称呈 95°或以上。

3）坏像素

LCD 屏幕上有成千上万的晶体管,很难保证在那么多的晶体管中没有一个是损坏的,一般来说有 3～5 个坏像素属于正常范围。

4）响应时间

响应时间是指像素由亮转暗再由暗转亮所需的时间。响应时间反映了 LCD 各像素点对输入信号反应的速度,此值越小越好。以前大多数 LCD 的反应时间介于 20～100ms,不过现在的新型机种可以做到 20ms 以内。响应时间越小,运动画面才不会使用户产生拖尾的感觉。

5）尺寸

显示器的尺寸是显像管对角线的长度,其单位是英寸(1 英寸＝2.539cm),而 LCD 的尺寸和 CRT 显示器的不同,其尺寸一般为真实显示尺寸。目前市面上 LCD 的主要尺寸有 13.3 英寸、14 英寸、15 英寸、17 英寸、18 英寸等,LCD 价格主要决定于液晶屏的尺寸。

6) 分辨率

LCD 与 CRT 显示器不同,其具有固定的分辨率,只有在指定使用的分辨率下其画质才最佳,在其他的分辨率下可以以扩展或压缩的方式显示画面。

在显示小于最佳分辨率的画面时,LCD 采用两种方式来显示,一种是居中显示,比如在 800 像素×600 像素分辨率时,显示器就只是以其中间的 800 像素×600 像素来显示画面,周围则为阴影,这种方式所显示的画面清晰,缺陷是画面太小。另外一种则是扩大方式,就是将该 800 像素×600 像素的画面通过计算方式扩大为 1024 像素×768 像素的分辨率来显示,这种方式虽然画面大,但也造成了影像的扭曲现象,清晰度和准确度会受到影响。目前市面上的 14 英寸和 15 英寸 LCD 的最佳分辨率都是 1024 像素×768 像素,17 英寸的最佳分辨率则是 1280 像素×1024 像素。

6.6　显示器的选购与维护

6.6.1　显示器的选购

1. CRT 显示器的选购方法

1) 显像管的种类

CRT 显示器产品所使用的显像管包括荫罩式和荫栅式两种。荫罩式显像管具有较好的图像显示效果。目前市场上常见的荫罩式显像管主要有三星丹娜管、LG 未来窗与日立超黑晶。由于它们的成本较为低廉,因此被大多数中低端显示器所采用。而荫栅式显像管能使显示屏幕获得更好的亮度和色彩饱和度。但是为了加固荫栅和减小受热后产生的膨胀变形,必须将显像管用金属细线加以固定。所以如果仔细看的话,可以在 17 英寸以上的荫栅式显像管屏幕上找到两条略显发暗的细线,也叫"阻尼线"。目前该类显像管的代表有 SONY 特丽珑和三菱钻石珑,一般在中高端显示器产品中采用。

2) 调节功能

调节功能的增多是显示器发展的一个趋势,也是衡量产品档次的一个重要因素。许多专业调节功能如 RGB 三原色独立调整、收敛调整、屏幕波纹调整、屏幕位置调整、平行四边形调整、单边失真调整、手动消磁功能等都逐渐被应用,因此在选购显示器时,注意这些调节功能应该越多越好。

3) 显示聚焦

在 Windows 界面下,注意观看"我的电脑""我的文档"字样的清晰程度。切记要将桌面字体大小设置为小字体 96dpi,否则无法判断聚焦的好坏。然后再打开一篇文档,放大观察 4 个边角文字是否清晰。最后再打开一幅色彩鲜艳的图片,如 BMP 或 TIF 格式的图片,看是否有模糊的感觉。

4) 几何失真

先将显示器设置为初始状态,再将桌面背景颜色设置为纯白色,务必保持 Windows 桌面与显示器的 4 个边缘有 1cm 左右的距离，然后再使用如枕形失真、梯形失真等选项进行调节。调节成矩形以后，直接使用"水平大小"及"垂直大小"选项将 Windows 桌面调到与显示器的四边重合，重合程度均匀，任何一边都不能有倾斜。几何失真调节功能对于进行CAD 制图的用户而言尤为重要，在挑选时应该特别注意。

5）色彩饱和度

色彩饱和度是指显示器所显示出的颜色的饱和程度，在主观测试时最好将桌面背景色依次切换成灰色、黑色、红色、蓝色和绿色，然后仔细观看有无颜色剥离或颜色不纯、不均匀、不鲜艳的现象。一般使用特丽珑和钻石珑显像管的显示器色彩都比较艳丽，其中，特丽珑管显示器的颜色有些偏暖色，而钻石珑管显示器的颜色则有些偏冷色，它们较适合专业的图形工作者。

6）色纯

先将显示器调节到合适的分辨率，如分辨率为 1024 像素×768 像素刷新频率、85Hz，然后将桌面背景色设置为白色，并将任务栏自动隐藏，仔细观看是否有偏色现象。要注意的是，在白色背景下，显示器很容易偏红色和绿色，尤其在 4 个边角处。接着再将背景色设为纯黑色，同样注意边角处是否有偏色现象。从事美术、网页设计工作的用户，一定要重点检查色纯，否则做出的图像和网页肯定会面目全非。

7）亮度与对比度

一般的显示器只要调节到亮度为 50%、对比度为 100% 就可以了。此时要注意的是在昏暗场景下的颜色表现力，一般使用一些灰暗的图片素材就可以看出效果。切记不要将显示器的亮度调节得过高（如超过 85%），那样会影响到显像管的寿命。

8）摩尔纹效应

显示器上两条重叠的线条会产生一种波纹团，这种波纹团称为摩尔纹。摩尔纹在显示器屏幕上是以类似水波的形态出现的，这在高分辨率（如 1024 像素×768 像素）的情况下很常见。一般中高档的显示器都提供了"水平/垂直水纹"的调节功能。所以，购买大屏幕彩显时一定要在高分辨率下进行测试，看能否完全消除掉摩尔纹。

9）检测电磁辐射程度

检测电磁辐射程度的方法是用一段小长条的纸巾靠近显示器屏幕，如果在 1cm 处还没有把纸巾吸住，那么这台显示器的辐射就比较低了；或者用收音机开到当地的调频台，靠近显示器，如果发出的干扰噪声不会覆盖播音员的声音，那就是合格的。至于表面有防静电涂层的显示器，可用手背靠近显像管，如果没有感觉到有静电放出，那表示这台显示器是合格的。

2．LCD 显示器的选购方法

在选购 LCD 时，主要从液晶面板、亮度、对比度、响应时间、最佳分辨率、水平可视角度、垂直可视角度、功率和认证等方面来考虑。

1）液晶面板

液晶面板是计算可视尺寸的。一般来说有 15 英寸、17 英寸、19 英寸、21 英寸。15 英寸LCD 的实际显示面积和 17 英寸的 CRT 显示器的显示面积相差无几。目前，液晶面板尺寸上参数都不会有问题。不过，选购时还应该注意到的就是厚度、边框尺寸及支架设计，这些不仅影响到美观,还会影响到使用中的方便性。

2)亮度

理论上,显示器的亮度是越高越好,不过太高的亮度对眼睛的刺激也比较强,因此没有特殊需求的用户不需要过于追求高亮度。目前,液晶显示器中主流的亮度为 $250cd/m^2$。此外,要提醒读者注意的是:根据灯管的排列方式不同,有的 LCD 会有亮度不均匀的现象,购买时一定要仔细观察。

3)对比度

一般人眼可以接受的对比度在 250∶1 左右,低于该对比度就会有模糊的感觉。对比度越高,图像的锐利程度就越高,图像也就越清晰。通常的液晶显示器对比度为 300∶1,400∶1 就能达到很好的效果。

4)响应时间

响应时间决定了显示器每秒所能显示的画面帧数,通常当画面显示速度超过每秒 25 帧时,人眼会将快速变换的画面视为连续画面,不会有停顿的感觉,所以响应时间会直接影响人的视觉感受。当响应时间为 30ms 时,显示器每秒钟能显示 1/0.030=33 帧画面;而响应时间为 25ms 时,每秒钟就能显示 1/0.025=40 帧画面,响应时间越短,显示器每秒显示的画面就越多。现在市场的主流 LCD 响应时间都在 30ms 以下,所以都可达到基本的画面流畅度。

5)分辨率

LCD 的物理分辨率是固定不变的,而在日常应用中不可能永远都是用一个相同的分辨率。因此,LCD 必须通过运算来模拟出显示效果,而实际上的分辨率并不会因此而改变。由于所有的像素并不是同时放大(从 640 像素×480 像素的分辨率到 1024 像素×768 像素的分辨率放大倍数为 1.5),这就存在了缩放误差。LCD 使用非标称分辨率时,文本显示的效果比较差,因此这里推荐所有使用 15 英寸 LCD 的消费者都采用 1024 像素×768 像素的分辨率。

6)刷新率

由于受到响应时间的影响,LCD 的刷新率并不是越高越好,一般设为 60Hz 最好,也就是每秒钟换 60 次画面,调高了反而会影响画面的质量,所以选择时不必过分追求高的刷新率。

7)可视角度

当人们从非垂直的方向观看 LCD 的时候,往往看到显示屏会呈现一片漆黑或者是颜色失真,这就是 LCD 的视角问题。日常使用中可能会几个人同时观看屏幕,所以可视角度应该是越大越好。不过对于目前的技术来说,水平视角为 90°~100°,垂直视角为 50°~60° 就能满足平常的使用了。选择时注意在这个参数以上即可。

8)功率

购买时一般很少有人注意功率,而通常 LCD 的功率应该在 50W 以下。

9)认证

显示器是否通过相关认证也是选择标准之一。显示器标认证的标准有 TCO99 和 CCC 认证,CCC 认证即目前颇受关注的“3C”认证,除了对显示器的辐射提出了严格的要求之外,还对显示器的制造材料和制造过程提出了众多的要求。

6.6.2　显示器的维护

1. 显示器的一般维护常识

在搬运显示器时,应将信号电缆和电源线拔下,长途搬运时应将其放回原包装箱。

不要将盛有水的容器放在机壳上,以防水流入机内,引起损伤。勿使任何异物掉入机壳内。

拔插电源线各信号电缆线时,应先关掉显示器,以免烧坏接口元件。

不要将显示器靠近散热器放置,显示器工作时,不要阻塞其散热孔。

不要使显示器接近水源,例如,不靠近浴缸和脸盆等,不要放在潮湿表面等。

不要放置在不平稳的桌面上或小孩能够挪动的地方。

不要在非正常状态下使用显示器,如在有烟雾、异味和异常声响时。

避开电磁场的干扰(如不防磁的音箱、扬声器等)。

信号电缆长度不可随意加长或缩短,以免影响其分辨率。

显示器如果是靠墙放,那就要保证显示器与墙的距离不小于 10cm。

在对显示器除尘时,必须拔下电源线和信号电缆线。平时用湿的软布(要拧干)经常除去屏幕和机壳上的灰尘,用力不能过大。另外还要注意不可用酒精等化学溶液擦拭(因为彩显屏幕表面涂了一层极薄的防眩光、防静电化学物质层),也不要用粗糙的布、纸类的物品擦拭显示器。

机壳内部除尘,可以隔一定的时间进行,切不可频繁。如果看到显示屏上字迹模糊不清,这就说明需要为显示器内部除尘了。另外请注意切断电源后至少要 30 分钟才可打开机盖,以便让显示器的大容量电容器件充分放电,不至于放电伤人。除尘重点部位是显像管、高压包和显像管尾部电路板。

为保护视力和显像管,显示器的亮度不要调得过大。

当显示器电源和主机电源单独接在电源的插座上时,启动计算机时要求先开显示器电源开关,然后再打开主机电源开关,以防瞬间的电流脉冲影响主机。关机时则恰好相反。

2. CRT 显示器的维护

1) 避免 CRT 显示器在灰尘过多的地方工作

由于 CRT 显示器内的高压(10～30kV)极易吸引空气中的尘埃粒子,而它的沉积将会影响电子元器件的热量散发,使得电路板等元器件的温度上升,产生漏电而烧坏元件,灰尘也可能吸收水分,腐蚀显示器内部的电子线路等,因此,平时使用时应把显示器放置在干净清洁的环境中,如有可能还应该给显示器购买或做一个专用的防尘罩,每次用完后应及时用防尘罩罩上。

2) 注意避免电磁场对 CRT 显示器的干扰

CRT 显示器长期暴露在磁场中可能会磁化或损坏。散热风扇、日光灯、电冰箱、电风扇等耗电量较大的家用电器的周围和非屏蔽的扬声器或电话都会产生磁场,显示器在这些器件产生的电磁里工作,时间久了,就可能出现偏色和显示混乱等现象。因此,平时使用时应把显示器放在离其他电磁场较远的地方,定期(如一个月等)使用显示器上的消磁按钮进行消磁,但注意千万不要一次反复地使用它,这样会损坏显示器。

3) 避免 CRT 显示器在温度较高的状态中工作

CRT 的显像管作为显示器的一大热源,在过高的环境温度下其工作性能和使用寿命将会大打折扣。另外,CRT 显示器其他元器件在高温的工作环境下也会加速老化,因此,要尽量避免 CRT 显示器在温度较高的状态中工作,CRT 显示器摆放的周围要留下足够的空间,以便散热。在炎热的夏季,最好不要长时间使用显示器,条件允许时,最好把显示器放置在有空调的房间中,或用电风扇吹一吹。

4) 避免强光照射 CRT 显示器

CRT 显示器是依靠电子束打在荧光粉上显示图像的,因此,CRT 显示器受阳光或强光照射,时间长了,容易加速显像管荧光粉的老化,降低发光效率。因此,最好不要将 CRT 显示器放在日光照射较强的地方,也可以在光线必经的地方挂块深色的布减轻光照强度。

3. LCD 的维护和保养常识

1) 避免进水

千万不要让任何带有水分的东西进入 LCD。如果在开机前发现只是屏幕表面有雾气,用软布轻轻擦掉就可以了,如果水分已经进入 LCD,则应把 LCD 放在较温暖的地方,如台灯下,将里面的水分逐渐蒸发掉,如果发生屏幕"泛潮"的情况较严重时,普通用户还是打电话请服务商帮助为好,因为较严重的潮气会损害 LCD 的元器件,导致液晶电极腐蚀,造成永久性的损害。另外,平时也要尽量避免在潮湿的环境中使用 LCD。

2) 避免长时间工作

LCD 的像素是由许许多多的液晶体构成的,过长时间的连续使用,会使晶体老化或烧坏,损害一旦发生,就是永久性的、不可修复的。一般来说,不要使 LCD 长时间处于开机状态(连续 72 小时以上)。在不用时应关掉显示器,或运行屏幕保护程序,或者就让它显示全白的屏幕内容。

3) 避免"硬碰伤"

LCD 比较脆弱,平时使用时应当注意不要被其他器件"碰伤"。在使用清洁剂时也要注意,不要把清洁剂直接喷到屏幕上,否则有可能流到屏幕里造成短路,正确的做法是用软布粘上清洁剂轻轻地擦拭屏幕。记住,LCD 抗"撞击"的能力是很小的,许多晶体和灵敏的电器元件在遭受撞击时会被损坏。

4) 不要私自拆卸 LCD

LCD 同其他电子产品一样,在其内部会产生高电压。私自拆卸 LCD 不仅有一定的危险性,还容易增加 LCD 的故障。

6.7　显示系统故障及排除

当显示器工作不正常时,发生故障的可能是显卡,也可能是显示器本身,但是在处理故障时,应先检查显卡,再排除显卡故障后,再检测显示器,但是有一点必须注意,就是不要轻易打开显示器的外壳,否则容易造成更大的损失。

6.7.1 显卡、显示器故障及排除

1. 显卡故障的类型

根据显卡故障产生的原因,可将其故障分为很多种类型,下面对几种常见故障类型进行讲解。

1) 显卡本身设计制造的缺陷

由于显卡频率不断提升,对于显卡的元件质量、散热要求就更高,而一些厂商因技术实力不够,设计不出很好的显卡电路板,更有厂商偷工减料,使用劣质材料,这些都有可能造成显卡在工作中出现问题,容易导致花屏、死机等故障。

2) 超频导致显卡故障

计算机的标准工作频率多为 200/266/400/533MHz 等,在标准工作频率下,计算机一般都可以正常运行,而在标准工作频率外,这些部件出现故障的概率会大得多。因此,就算是超频也要尽量使用标准外频来提升频率。

3) 显卡 BIOS 导致的问题

有时显卡的 BIOS 不完善或有 Bug,都会导致显卡在使用中出现兼容性或其他问题。解决这一问题只有等到厂商推出新的 BIOS 后,将 BIOS 进行升级。

4) 主板 BIOS 设置不当或驱动程序未正确安装

主板 BIOS 中有很多关于显卡的设置,如果设置不当,或是显卡的驱动程序未正确安装,都可能会导致各种奇怪的显卡故障。遇到这些问题可以通过读取主板 BIOS 的默认设置,安装 WHQL 版本的驱动程序来进行解决,因为 WHQL 驱动程序是通过 Microsoft 硬件质量实验室测评的驱动程序,在稳定性和兼容性主面都有保证。

2. 显卡、显示器故障排除

显卡和显示器是显示系统中不可少的部件之一,只要一个部件出现问题,显示系统将无法正常工作。

1) 自检后黑屏

故障现象:开机自检后,显示器黑屏,计算机呈死机状态。

故障分析和处理:断电后打开机箱检查时,发现显卡与主板插槽之间接触不良,将显卡拔下后重新安装,重新启动后故障排除。

2) 显卡工作不稳定

故障现象:显卡升级为最新型号,结果使用时工作不稳定,经常出现死机现象。

故障分析和处理:显卡工作不稳定可尝试升级主板芯片组和显卡的驱动程序,尽量解决兼容性问题,如果主板上有可以独立提供 AGP 总线电源的电路,尽量将显卡的供电线连接到上面。有些主板在 BIOS 里有调节 AGP 电压的选项,可以尝试适当提升一点儿 AGP 电压来增强 AGP 显卡的稳定性。

3) 升级显卡后不能开机

故障现象:有一台计算机的配置是集成显卡,安装一块 GeFORCE 4 MX/MX440 显卡后,第一天工作正常,可是第二天就不能开机了。故障现象是开机后显示器黑屏,过一会儿

主机就自动关机。

故障分析和处理：由于第一天能正常工作，说明硬件方面应该没有大的问题，估计是显卡和 AGP 插槽接触不良造成的。经过清洁显卡的金手指和 AGP 插槽后再重新插上，故障仍未排除，但是拔下独立显卡再将显示器连接在集成显卡上使用就正常了。关机重启动时，在 BIOS 中将集成显卡屏蔽掉再插上独立显卡后，顺利地进入操作系统，故障排除。

4）散热不良引起花屏

故障现象：计算机在使用一段时间后出现花屏现象。

故障分析和处理：首先用另一显卡替换现有的显卡进行测试，结果显示正常，重新换回原来的显卡，使用不久后又会出现花屏现象。查看显卡时，发现显卡散热片温度较高，插上显卡重新启动，发现显卡的散热风扇不转，看来故障是因为散热不良造成显卡不能正常工作，更换散热风扇后故障排除。

5）显卡超频引起的显示不正常

故障现象：使用显卡时一直超频，后来在使用时屏幕上经常出现一些色块。

故障分析和处理：在屏幕上出现色块，出现这种故障的最大可能是显示器被磁化或者是显卡工作不正常。

如果是显示器被磁化，则可以使用显示器自带的自动消磁电路进行消磁，其做法是在控制菜单中选择消磁功能，如果没有消磁电路，可以用专用的消磁棒来对显示器进行消磁。

如果是显卡方面的原因，估计是显卡长期超频工作，使显卡现在工作不稳定，可将显卡恢复到默认频率，如果显示器还是显示不正常，则有可能是显示芯片有损坏，这就需要更换显卡。

6）字符显示不清楚

故障现象：安装 Windows XP 操作系统后，液晶显示器显示效果变差，字符显示也不清楚。

故障分析和处理：安装 Windows XP 操作系统后，系统默认的分辨率与液晶显示器的最佳分辨率不一致，就会出现上述故障。观察得知，这是一台 15 英寸的显示器，其最佳分辨率应为 1024 像素×768 像素，而系统默认的分辨率为 800 像素×600 像素。在更改为正确的分辨率后，故障排除。

7）显卡只能显示 16 色

故障现象：将系统升级为 Windows 2000 后，显示器只能显示 16 色。

故障分析和处理：这种故障通常由显卡驱动程序安装错误引起，首先下载显卡的最新驱动程序，安装后故障依旧。

进入 BIOS 中查看相关参数时，发现 PnP/PCI Config upation 选项中的 Assign IRQ for VGA 项被设置为 Disabled，将其设置更改为 Enabled 后，保存设置并重新启动，故障排除。

8）信号线断针引起黑屏

故障现象：计算机在启动时指示灯亮，但显示器黑屏无反应。

故障分析和处理：根据故障现象可认定计算机电源供电正常，用替换法检查显卡、内存和 CPU，没有发现任何问题，最后将显示器连接在其他计算机上，故障依旧，由此证明故障出在显示器上。拔下显示器信号线插头检查，发现显示器的信号线插头中有一根针被折断，更换信号线插头后，故障排除。

6.7.2　常见显示器故障与处理

对于所有显示器来说,不论出现常见故障还是特殊故障,其检修程序基本上是相同的。了解故障的具体情况:可以观察到的故障现象包括是否有光栅和图像,图像是否稳定,色彩是否正常,光栅有无抖动,显像管内有无打火,显示器内有无响声和异味。特别要注意故障前后的环境影响:如果环境存在异常,同样会对显示器产生干扰,影响其正常工作,由这种原因造成的故障是很难解决的。例如,供电是否稳定,是否有气候的影响(雷雨、高温、潮湿等),显示器周围有无强电场或磁场,显示器是否遭到碰撞。当一台显示器发生故障后可先进行初步检查。

首先进行外观检查:在没有通电的情况下,观察显示器的外壳有无伤痕,并检查显示器的电源插头、开关及各个旋钮的接触是否良好,有无损坏。

其次进行通电检查:通电后仔细观察显像管内有无打火,显示器内有无响声、异味等异常现象出现。若有异常情况发生,必须立即断电。

最后进行图像检查:通电检查没有异样后,再观察图像是否稳定,色彩是否正常,光栅有无抖动,图像层次是否分明,有无缺色、偏色等现象。同时,反复调节亮度、色度、对比度等旋钮,观察故障变化情况,特别注意每个细节,然后加以分析和判断。

1. 电压不稳导致显示器出现不规则横线

故障现象:计算机在使用过程中显示器出现不规则横线,严重时出现整个画面抖动的情况。

故障分析和处理:替换显卡后故障依旧,将显示器连接到其他计算机上工作也正常,检查其他部件也没有发现问题。用万用表测量电源电压后发现电压偏低且不稳定,加装 UPS 后故障现象消失。

2. 显示器图像扭曲

故障现象:计算机启动时显示正常,过一段时间后显示画面扭曲变形。

故障分析和处理:由于启动时正常,可判断显示器电路方面没有问题,过一会儿出现显示问题,怀疑有工作不稳定的部件,而这种不稳定因素是因为显示器工作一段时间后温度上升造成的。拆开显示器机壳后,用无水酒精对部件的表面进行散热降温处理,当擦拭到一个电阻时,故障现象消失。应该是该电阻损坏了,更换一个电阻后,故障消失。

3. 刷新率低导致显示不正常

故障现象:将显示器分辨率设置为 1024 像素×768 像素后,显示器屏幕的右侧出现失真,但是显示器的调节键上没有直线失真的调节功能,调节其他功能选项时,会引起其他部分出现失真。

故障分析和处理:初步怀疑问题是由设置引起的。将显示器分辨率调整到 800 像素×600 像素时,出现的失真现象消失,此时查看显示器刷新率为优化。再将显示分辨率调整到

1024 像素×768 像素,将刷新率调整为 85Hz,出现的失真现象也消失。

4. 液晶显示屏黑屏而指示灯显示正常

故障现象:某笔记本启动后液晶显示屏一直黑屏,而笔记本上的指示灯显示正常。

故障分析和处理:出现该故障的原因可能有如下三种情况。

(1) 液晶显示屏内部的高压灯管或高压板损坏,造成显示器完全黑屏,但计算机可以正常启动。

(2) 连接液晶显示屏的信号线断裂或接触不良,计算机也可以正常启动。

(3) 当笔记本显卡损坏时,计算机一般不能正常启动。

5. 液晶显示器的白屏故障

故障现象:某计算机显示器为 19 英寸液晶显示器,使用一段时间后,每次启动计算机就全屏显示白色。

故障分析和处理:基本可以确定是液晶屏体的供电电路出了问题,也就是说差电压。在实际维修过程中,发现有两种屏的供电方式,一种是由主板提供屏的各种工作电压,另外一种是主板只提供一个 3.3V 的电压,液晶屏所需的其他各种电压是屏后的电路板提供的。如果是第一种供电方式,检修主板的难度相对较小,相关的资料比较多。如果是第二种供电方式,一般情况下,液晶屏是要报废的,检修的难度相当大。除了工厂,维修资料基本上没有。一般情况下,液晶屏所需的各种工作电压有 3.3V、10V、−6V 和−18V 等,通常检修时主要是核对 10V、−18(−6)V 两组电压。

6. 分辨率过高导致液晶显示器黑屏

故障现象:计算机原来使用的是 CRT 显示器,安装的是 Windows XP 操作系统,更换为 LCD 显示器后,在出现 Windows XP 启动界面时黑屏。

故障分析和处理:一般来讲,要使 CRT 显示器不具备闪烁感,需要将其刷新频率调整为 75Hz 以上。而 LCD 显示器并不具有闪烁感,即使在刷新频率很低的情况下也不会出现。所以 LCD 显示器厂商在生产显示器的时候,一般把 LCD 显示器的刷新率定得比较低。如果原来设定的分辨率比较高,则有可能接上 LCD 显示器后因为达不到刷新率而导致黑屏故障。在安全模式下将显示器的分辨率调整到正常模式,再启动到正常模式下重新调整显示器的分辨率即可解决问题。

7. 兼容性问题导致显示器花屏

故障现象:计算机在使用一段时间后出现严重的花屏现象。

故障分析和处理:此问题应该和显卡或显示器有关。将显卡拆到另外一台计算机上使用正常,再将显示器连接到另一台计算机上也使用正常。于是另外重新更换一块显卡接在故障计算机上,显示还是没有问题。应该是显卡和显示器之间不兼容,在更换显示器后,花屏现象消失了。

8. 显示器被磁化

故障现象：启动计算机,正常运行,但显示器显示的颜色不正常。

故障分析和处理：怀疑故障是显示器被磁化造成的,有可能是音箱或其他强磁场造成的。可使用显示器自带的消磁功能或使用消磁棒来对显示器进行消磁,最好将音箱或其他有磁场辐射的东西远离显示器。

6.8 实训

6.8.1 实训目的

通过实验掌握显卡、显示器故障时的现象。

6.8.2 实训内容

(1) 显卡故障的现象。

(2) 显示器几种故障的现象。

6.8.3 实训过程

(1) 取来一台机器,其中各个部件都是好的,然后找来一个坏的显卡插在主板上,看看有什么现象。

(2) 取来一台机器,其中各个部件都是好的,机器能够正常启动,把显示器的数据线和显卡的 D 型接口断开看看有什么现象。

6.8.4 实训总结

通过本实验能知道如果某台机器的显卡坏了机器的 Speak 扬声器会发出"嘟嘟嘟嘟"三长一短的声音,如果某台机器的显示器的数据线和显卡的 D 型接口没连接好会发出"嘟……"一直不间断的声音。

小结

本章主要讲解了显卡和显示器方面的知识。通过本章的学习读者了解了显卡的基本工作原理、显卡的基本结构、显卡的性能指标、显卡的安装与拆卸、显示器的结构和工作原理、显示器的主要性能指标。通过学习熟练掌握相关知识,如能够选购适合自己需要的显卡,适合自己需要的显示器,并且能够通过现象找到与显卡和显示器相关的错误。

习题

1. 简述显卡的基本结构。
2. 显卡的主要技术指标有哪些？
3. RAMDAC 是什么？
4. 显示器分辨率指的是什么？
5. 液晶显示器和 CRT 显示器各有哪些优缺点？
6. 通过互联网查询实验用显卡、显示器的主要性能指标。

第7章

声音系统

教学提示：对于计算机爱好者来说，首先应该了解计算机各部件的具体功能，以及在整台计算机中各部件的具体功能、重要性。本章将详细介绍计算机系统中的声音系统，使读者对计算机的声音系统有一个全面的了解。

教学目标：掌握声卡及音箱的功能结构以及相应的性能参数，维护与维修的方法。

7.1 声卡

7.1.1 声卡简介

声卡是一块能够实现音频和数字信号相互转换的电路板，是多媒体技术中最基本的组成部分，是实现声波/数字信号相互转换的一种硬件。声卡的基本功能是把来自话筒、磁带、光盘的原始声音信号加以转换，输出到耳机、扬声器、扩音机、录音机等声响设备，或通过音乐设备数字接口（MIDI）使乐器发出美妙的声音。对于目前的 MPC 而言，声卡已成为其不可缺少的部件之一，如图 7-1 所示。

图 7-1　声卡

7.1.2 声卡的功能和结构

在多媒体计算机当中声卡是核心部件之一，它的功能简单地说就是处理声音信号并将处理后的信息传输给音箱、耳机或 CPU。声卡支持各种游戏软件和应用程序的自然模拟声、语音和音乐,支持 MPEG 声音压缩、MIDI 电声、WAV 录音、MP3 等的声音压缩。

通常情况下声卡都是由声音控制/处理芯片、功率放大芯片、总线、声音输入输出端口、MIDI/游戏摇杆接口等几部分组成,如图 7-2 所示。

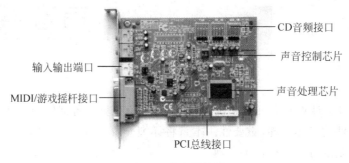

CD音频接口
声音控制芯片
声音处理芯片
输入输出端口
MIDI/游戏摇杆接口
PCI总线接口

图 7-2　声卡结构图

1. 声音处理芯片

声音处理芯片是声卡上用来对声音信号进行处理的芯片,上面标有商标、型号、生产日期、编号、生产厂商等信息。声音处理芯片直接关系到声卡的性能,承担着声音处理所需要的大部分运算,包括对声音信号的回放、采样和录制等。

声音控制/处理芯片是声卡的重要部分,是衡量声卡的性能和档次的重要标志。市场上常见的声音处理芯片有 YMF、SB、OPTI 等,如图 7-3 所示。

图 7-3　声音处理芯片

2. 功率放大芯片

通常情况下,人的耳朵是无法识别声音处理芯片输出信号的,人们所听到的从计算机传出来的声音都是经过声卡上的功率放大芯片处理过的。功率放大芯片的主要作用是将声音处理芯片处理后的信号放大,然后再进行输出。功率放大芯片在对声音进行放大的同时一般会产生噪声。所以,好的声卡都会加装滤波器,以减少高频噪声。

3. CD音频接口端

在声卡的上面有专供连接光驱上CD音频输出线的接口,通常情况下位于声卡的中上部,是3针或4针的小插座,不同CD-ROM上的音频连接器也不一样,所以大多数声卡都有两个以上的这种连接器。这样播放CD音轨的光盘音乐就可直接由声卡的输出端(Speaker Out)输出了,如图7-4所示。

4. 输入输出端口

在声卡上一般有3~5个插孔,如图7-5所示。

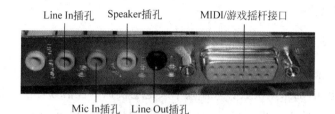

图 7-4　CD音频接口端　　　　　　图 7-5　输入输出端口

(1) Line In插孔:用于从外部声源中将声音信号输入到声卡中。

(2) Mic In插孔:用于将麦克风的声音信号输入到声卡中。

(3) Speaker插孔:用于将声音信号输出到音箱中。

(4) Line Out插孔:用于连接公放设备,也可直接连接有源音箱。

(5) MIDI/游戏摇杆接口:声卡上的MIDI乐器接口可以连接电子合成乐器实现在计算机上进行MIDI音乐信号的传输和编辑,游戏摇杆和MIDI共用一个接口。

5. PCI总线接口

PCI总线接口是声卡与主板连接的"通道",也就是声卡的总线结构,通过它提供电和数据传输功能。

7.1.3　声卡的技术指标

音频处理芯片的性能直接影响着声卡的性能,它的技术指标就是声卡的技术指标。声卡的主要技术指标有以下几项。

1. 支持的声道数

声道技术是声卡性能好坏的一个重要标志,它表示声卡能模拟声音源的具体个数。目前常见的有2.0声道、5.1声道(5声道＋低音声道)和7.1声道(7声道＋低音声道)等。

(1) 2.0声道:它通过将声音分配到两个独立的声道而达到一种很好的声音定位效果。它的出现改变了单声道声卡不能定位的缺陷,是声卡发展技术上的里程碑。

(2) 4.1声道:4.1声道有前左、前右、后右、后左和一个低音音源。4.1声道的出现,可以为听众带来来自不同方向的声音环绕,获得身临其境的听觉感受。

(3) 5.1 声道：5.1 声道是在 4.1 声道的基础上发展而来的，与 4.1 声道不同的是增加了一个中置单元，这个中置单元负责传送低于 80Hz 的声音信号，在欣赏影片时有利于加强人声。

2. 采样精度

模拟声音信号是一系列连续的电压值，获取这些值的过程称为采样，这个过程是由模/数转换芯片完成的。

采样精度决定了记录声音的动态范围，它以位(bit)为单位，比如 8 位、16 位。8 位可以把声波分成 256 级，16 位可以把同样的声波分成 65 536 级的信号。位数越高，声音的保真度就越高。

3. 采样频率

采样频率指在模拟声音信号转换为数字声音信号(A/D)时，每秒钟模拟声音信号(电流或电压)的采集次数。采样频率决定了模拟声音信号转换为数字声音信号的频谱宽度，即声音频率的保真度。声卡一般采用 11kHz，22kHz 和 44kHz 的采样频率，频率越高，失真越小。在录音时，文件大小与采样精度、采样频率和单/双声道都是成正比的，如双声道是单声道的两倍，16 位是 8 位的两倍，22kHz 是 11kHz 的两倍。

普通音乐的最低音为 20Hz，最高音为 8kHz，即音乐的频谱范围是 8kHz，对其进行数字化时采用 16kHz 采样频率就可以了。CD 音乐的采样频率被确定为 44.1kHz，这是 PC 声卡的最高采样频率。

4. 采样位数

采样位数是指在模拟声音信号转换为数字声音信号(A/D)的过程中，对慢幅度声音信号规定的量化数值的二进制位数。采样位数体现了声音强度的变化，即声音信号电压(或电流)的幅度变化。

例如，规定最强音量化为"11111111"，零强度为"00000000"，则采样位数为 8 位，对声音强度即信号振幅的分辨率为 256 级。

5. 信噪比

信噪比(Signal to Noise Ratio，SNR)是指放大器的输出信号电压与同输出的噪声电压的比值。信噪比越大，声音回放的质量越高，否则相反。PCI 声卡一般拥有较高的信噪比，大多数可达 90dB，有的甚至可达 120dB。信噪比越高，输出的声音音色就越纯净。

6. MIDI

MIDI(Musical Instrument Digtal Interface，电子乐器数字化接口)是 MIDI 生产协会制定给所有 MIDI 乐器制造商的音色及打击乐器的排列表，总共包括 128 个标准音色和 81 个打击乐器排列。它是电子乐器(合成器、电子琴等)和制作设备(编辑机、计算机等)之间的通用数字音乐接口。

在 MIDI 上传输的不是直接的音乐信号，而是乐曲元素的编码和控制字。声卡支持

MIDI 系统,它使计算机可以和数字乐器连接,可以接收电子乐器弹奏的乐曲,也可以将 MID 文件播放到电子乐器中以及进行乐曲创作等。

7. WAVE

WAVE 是指波形,即直接录制的声音,包括演奏的乐曲、语言、自然声等。在计算机中存放的 WAV 文件是记录着真实声音信息的文件,因此对于存取大小相近的声音信息,这种格式的文件字节数比 MID 文件格式要大得多。大多数声卡都对声音信息进行了适当的压缩。

8. DLS 技术

DLS(Down Loadable Sample,可供下载的采样音色库)存放在磁盘中,在播放 MIDI 时调入系统内存之中,由声卡中的音频处理芯片进行合成并回放,这样就免去了 ISA 声卡所要配备的音色库内存,而且大大降低了播放 MIDI 时的 CPU 占用率。这种音色库可以使用户随时进行更新,并可通过软件进行编辑。

9. 半/全双工

双工特性表示能在同一条线路上实现双向信号传输。当同一时间只能向一个方向传输数据时,就称为半双工;如果可以同时收发信息就称为全双工。

10. AC97

AC97 是 Intel 公司在 1996 年制定的多媒体音效标准。主板厂商为了节约成本,把声卡中最昂贵的主音频芯片去除,将它的任务交给系统 CPU 来完成,这样原来的硬件运算在 AC97 上变成了软件模拟,AC97 同时也成了“软声卡”的代名词。

11. 声音合成方式

声卡中的合成技术包括两种类型,即 FM 合成技术和波表合成技术。

FM 合成技术是指声卡运用声音振荡的原理进行合成处理,用计算的方法把乐器的真实声音表现出来,它不需要很大的存储容量就能模拟出多种声音来,结构简单,成本低,但它的模仿能力很差。早期的 ISA 声卡多采用 FM 合成来进行 MIDI 回放,现在这种合成技术在 PCI 声卡中很少见到。

波表合成技术是将各种真实乐器所能发出的所有声音录制下来,存储在一个波表文件中。播放时,根据 MIDI 文件记录的乐曲信息向波表发出指令,从波表库逐一找出对应的声音信息,经过合成、加工后回放出来。一般来说,波表库的容量越大还原的音色就越好,现在的 PCI 声卡起码都可以提供 2MB 以上的波表库,有的达到 8MB。

7.1.4　声卡的选购

应该如何选购声卡呢?当然是根据不同的需要选择不同类型和不同价位的声卡,最好选购在市面上口碑不错的品牌,这样不但能保证质量,还有良好的售后服务。声卡的品质是由芯片决定的,目前市场上的主流独立声卡品牌主要有新加坡的创新、德国坦克和国产的乐之邦、傲王等。

总的来说,在选购声卡时有如下几个建议。

1. 声卡类型

选择声卡类型时应以 PCI 接口的声卡为首选,因为 PCI 声卡比 ISA 声卡的传输率高几十倍,而且对 CPU 的占有率也很低。

2. 看做工

做工对声卡的性能影响很大,因为模拟信号对于干扰相当敏感。选购时要注意看清声卡上的芯片、电容的牌子和型号,同类产品的性能指标要进行对比。

3. 按需要选购

现在声卡市场的产品很多,不同品牌的声卡在性能和价格上差异也很大,所以一定要在购买前考虑好自己的需求。一般来说,如果只是普通的应用,如听 CD、玩游戏等,选择一款普通的廉价声卡就可以满足;如果是用来玩大型的 3D 游戏,就一定要选购带 3D 音效功能的声卡,不过这类声卡也有高中低档之分,用户可以根据实际情况来选择。

4. 注意兼容性问题

声卡与其他配件发生冲突的现象较为常见,不只是非主流声卡,名牌声卡都有这种情况发生。另外,某些小厂商可能不具备独立开发声卡驱动程序的能力,或者在驱动程序更新上缓慢,又或者部分型号声卡已经停产,此时声卡的驱动会成为一个大问题,随着 Windows 系统的升级,声卡很可能因缺少驱动而无法使用。所以在选购声卡之前应当首先了解自己的计算机配置,以尽可能避免不兼容情况的发生。

7.2　音箱

和显示器相同,音箱也是一种输出设备,不同的是显示器输出的是图像,而音箱输出的是声音。对于多媒体计算机而言,音箱是必不可少的,好的音箱配合声卡就能使计算机发出优美动听的声响。

7.2.1　音箱简介

音箱其实就是将音频信号进行还原并输出的设备,其工作原理是声卡将输出的声音信号传送到音箱中,通过音箱还原成人耳能听见的声波。如图 7-6 所示为一款音箱。

提示:音箱和人们家里的音响是有区别的。简单来说,由功放、周边设备(包括压限器、效果器、均衡器、VCD、DVD 等)、扬声器(音箱、喇叭)、调音台、麦克风和显示设备等加起来的一套设备叫音响。而音箱就是声音输出设备,一个音箱里面包括高、中、低三种扬声器。通常音响作为家庭视听设备,而音箱则作为计算机的声音输出设备。

图 7-6 音箱

7.2.2 音箱的性能参数

虽然音箱和声卡有很多的相似之处,但是它们的性能参数并不完全相同,但有很多相似之处。音箱的好坏影响到声音还原的真实性,其性能参数主要包括以下几个方面。

1．输出功率

输出功率决定了音箱所能发出的最大声音强度。目前,音箱功率的标注方式有两种,即额定功率和峰值功率。额定输出功率指功放在额定总谐波失真范围内,能持续输出的最大功率;而峰值功率则是指在瞬间能达到的最大值。

提示:音箱音质的好坏并不取决于其输出功率的大小,音箱功率也并不是越大越好,只要适用就行,对于普通家庭用户而言,50W 功率的音箱就够用了。

2．灵敏度

灵敏度也是衡量音箱的一个重要性能技术指标。音箱的灵敏度是指在经音箱输入端输入 1W/1kHz 信号时,在距音箱喇叭平面垂直中轴前方 1m 的地方所测试的声压级。灵敏度的单位为 dB(分贝)。音箱的灵敏度越高则对放大器的功率需求越小。普通音箱的灵敏度在 70~80dB 范围内,高档音箱通常能达到 80~90dB。普通用户选择灵敏度在 70~85dB 的音箱即可。

3．频率范围

频率范围是指音箱最低有效回放频率与最高有效回放频率之间的差,单位是 Hz(赫兹),人的听觉范围是 20~20 000Hz。

4．频率响应

频率响应是指将一个恒电压输出的音频信号与系统相连接时,音箱产生的声压和相位与频率的相关联系变化,单位是 dB(分贝)。分贝值越小则失真越小,性能越好。

5．信噪比

信噪比是指放大器的输出信号电压与同时输出的噪声电压之比,它的计量单位为 dB。

信噪比越大,则表示混在信号里的噪声越小,放音质量就越高,反之,放音质量就越差。多媒体音箱中,放大器的信噪比要求至少大于70dB,最好大于80dB。信噪比较低时,由于噪声比较大,在整个音域的声音将变得混浊不清,会严重影响声音的品质,所以建议不要购买信噪比低于80dB的音箱。

6. 失真度

失真度是音箱与扬声器系统播放的音频与真实的音频的差异程度,它以百分数表示,数值越小表示失真度越小,音箱的性能就越好,音箱还原的声音就越真实。这项参数与音箱的品质关系最密切。失真度可分为谐波失真、互调失真和瞬间失真。谐波失真度是指在声音回放时增加了原信号没有的高次谐波成分所导致的失真;互调失真是由声音音调变化而引起的失真;瞬间失真是因为扬声器有一定的惯性,盆体的振动无法跟上电信号瞬间变化的振动,出现了原信号和回放信号音色的差异。

7. 音箱材质

主流产品箱体材质一般分为塑料音箱和木质音箱。塑料材质容易加工,大批量生产中成本能压得很低,一般用在中低档产品中,其箱体单薄,无法克服谐振,音质较差。木质音箱降低了谐振所造成的音染,音质普遍好于塑料音箱。

7.2.3　音箱的选购

要想听到美妙的声音,对声卡和音箱的选购就要仔细,尤其是音箱。在选购音箱时应注意以下几个方面的问题。

1. 用途

选购时应根据用途来确定音箱的档次,普通家庭使用的音箱,只要具有较高的保真度即可;而用于大型3D游戏和家庭影院的音箱则需要频率相应范围更宽等特性。

选择音箱时要查看功率放大器、声卡的阻抗是否和音箱匹配,否则将得不到想要的效果或者将音箱烧毁,因此在选购之前一定要清楚计算机的配置情况。另外,还应根据室内空间的大小分析适用多大功率的音箱,切不可盲目地追求大功率、高性能产品。

2. 外观

选购音箱时应首先检查一下音箱的包装,查看是否有拆封、损坏的痕迹,然后打开包装箱,检查音箱及相关配件是否齐全。

通过外观辨别真伪,假冒产品的做工粗糙,最明显的是箱体,假冒木质音箱大多数是用胶合板甚至纸板加工而成。

接下来就是看做工,查看箱体表面有没有气泡、凸起、脱落、边缘贴皮粗糙等缺陷,有无明显板缝接痕,箱体结合是否紧密整齐。

3. 试听

试听是选购音箱最重要的技巧,对于普通用户来说,可以通过巧妙的试听了解自己将要选购的音箱音质的好坏,并可通过试听不同品质的音箱比较出效果的差异。

在实际选购时,可以先听一下静噪,俗称电流声。检查时拔下音频线,然后将音量调至最大,此时可以听见一些"刺刺"的电流声,声音越小越好,一般只要在 20cm 外听不到此声即可。接下来,挑选一段自己熟悉的音乐细听音质,其标准是中音(人声)柔和醇美,低音深沉而不浑浊,高音亮丽而不刺耳,全音域平衡感要好,试听时最好选用正版交响乐 CD。最后是调节音量的变化,音量的变化应该是均匀的,旋转时不应有接触不良的"啪啪"声响。

7.3　音频设备的维护及常见故障分析

声卡是构成多媒体计算机的基本部件之一,在多媒体计算机中,对声卡的维护不可忽视。

7.3.1　音频设备的维护

1. 声卡的维护

对于声卡来说,应该要注意的一点是:在插拔麦克风和音箱时,一定要在关闭电源的情况下进行,千万不要在带电的环境下进行上述操作,以免损坏声卡和其他部件。

2. 维护音箱

音箱的维护工作主要是擦拭其表面的灰尘。另外,音箱是由磁性材料制作,所以不能和其他磁性物体放在一起,否则会引起声音失真。常用的 2 声道音箱应放在显示器两边较远的位置,低音炮通常放在计算机桌下。

7.3.2　声卡故障与排除

1. 诊断声卡故障的基本思路

声频设备故障是计算机中较常见的故障,其中声卡故障最多,下面就对声卡故障的诊断思路以及常见的故障排除方法进行介绍。

1) 重新启动计算机

对一些比较低端的声卡或集成声卡来说,当计算机需处理的数据较多时,会严重影响声音的效果,即使关闭了其他任务后也不能恢复,这时只需重新启动计算机即可使声卡恢复正常。

2) 检查驱动程序

当声卡出现故障时,应首先检查音量控制器是否已经关闭,然后再检查声卡的驱动程序,如无法确定驱动程序是正常的,应重新安装声卡的驱动程序或者升级声卡驱动程序。

3) 检查 DMA、IRQ 及 I/O 地址设置

当安装了新的硬件或在刚组装的计算机上声卡无法工作时,应检查 DMA、IRQ 及 I/O 地址设置是否有冲突,若有冲突可更换硬件。

4) 检查硬件连接

如果使用上述方法都无法解决故障,则应检查声卡与主板的连接是否出现问题,看故障是否是因为接触不良、声卡质量、元件损坏等原因造成的。

2. 常见声卡故障排除

计算机在使用过程中,经常会出现音箱不能发出声音的故障,当计算机不能正常发声时,就应该找出计算机不发声的原因,然后解决。这里介绍几种常见现象,以供参考。

1) 声卡不发声

故障现象:音箱不发声,但将音箱直接插入光驱面板上的耳机插孔,音箱发声正常。

故障分析与处理:根据上述现象可以判断光驱工作正常,问题可能出在声音信号的传送上。打开机箱,发现光驱与声卡的 4 针连线接错位置。根据光驱的型号,参照说明书重新连接后,还是不发声。

经过仔细分析,发现有一组 JP 跳线与说明书标注的不同。将其改回正确的设置后重新开机实验,故障现象消失。

2) 板载声卡不发声

故障现象:一主板自带声卡不能发声,重装声卡后,在 Windows 98 下仍然不能找到已安装的声卡。

故障分析与处理:该种现象最大的可能是板载的声卡在 BIOS 中被禁用了,只需在 BIOS 的 Advanced Chipset Features 设置中将 Onchip Sound 选项由 Disabled 改为 Auto 即可。

3) 不能通过声卡录制声音

故障现象:使用音箱可以听到声音,但不能使用麦克风来录制声音。

故障分析与处理:先检查声卡是否为全双工声卡,如果不是,那么在播放音乐时肯定无法录制声音。其次检查声卡驱动程序和声音设置有无问题,如驱动程序是否安装正确,声卡与其他设备有无冲突,音频属性设置中是否打开了麦克风的录音设置等。最后检查麦克风和声卡的连接是否存在问题。正确的连接方法是将麦克风的连接线插入声卡的 MIC 插孔中。

4) 病毒引起的声卡故障

故障现象:计算机开机后,音箱中不断有"咔咔"声传出。

故障分析与处理:首先到"设备管理器"中查看,没有发现异常,将耳机插到声卡的 Speaker 接口,也是相同的"咔咔"声,看来不是音箱的问题,那么只能是声卡或声卡驱动程序的问题了,重装声卡驱动程序,故障依然存在。

用杀毒软件对声卡驱动程序进行检查,发现每个 EXE 文件中都有病毒,用杀毒软件杀毒后重装声卡驱动程序即可。

5) 声卡不支持休眠功能

故障现象:计算机从休眠状态唤醒后便没有声音,只有重启后才能恢复正常。

故障分析与处理:实现 Windows 的休眠功能需要各方面硬件的配合和操作系统的支持,如果其中有一项不能支持,就可能无法实现休眠状态。

在进入休眠状态后设备发生问题,估计该问题是声卡不支持休眠功能造成的。将 BIOS

中的 Power Management Setup 选项中的 IRQ 值设置成 Enabled，并将 Power Management 设置成 User Define 即可。

6）音箱音量不大且有"汽笛声"

故障现象：某计算机启动后运行正常，但隔一段时间后音箱会发出汽笛声。

故障分析与处理：拆开机箱查看每个插件都很正常，在仔细观察发现主板上有 4 个 PCI 插槽，声卡插在第 2 个插槽上，内置网卡插在第 3 个 PCI 插槽上。于是怀疑是内置网卡和声卡靠太近引起上述故障，把内置网卡插在第 4 个 PCI 插槽上，再启动计算机，故障现象消失。

7.4 实训

7.4.1 实训目的

学会在 Linux 下安装声卡驱动。

7.4.2 实训内容

（1）安装 OSS 声卡驱动程序。

（2）安装 ALSA 声卡驱动程序。

7.4.3 实训过程

就 Linux 系统对硬件设备的支持特性而言，其对声卡的支持是很糟糕的。不过现在好了，有两种驱动程序可以弥补 Linux 系统的不足，一种是 OSS（开放声音系统），一种是 ALSA（先进 Linux 声音架构）。OSS 是一个商业声卡驱动程序，需要花钱购买，否则每次启动后，只可以免费使用 240 分钟；ALSA 是自由软件，可以免费使用。

1. 安装 OSS 声卡驱动程序

（1）从驱动之家 http：//www. mydrivers. com/下载 OSS 驱动程序。

（2）启动 Linux，把下载下来的 osslinux393q-2217-UP. tar. gz 复制到一个临时目录中，如：

```
cp osslinux393q - 2217 - UP.tar.gz /tmp/
cd /tmp
tar zxvf osslinux392v - glibc - 2212 - UP.tar.gz
```

此时文件已经解开，可以看到在当前目录下有 4 个文件：INSTALL，LICENSE，oss-install 和 oss. pkg。其中，INSTALL 是安装帮助文件，如果是第一次安装一定要好好看一看。

（3）配置。

以 root 用户身份运行 oss-install：

```
./oss - install
```

如果出现了"No such file or directory"的错误信息,那是因为下载的 OSS 驱动程序的版本和使用的 Linux 不匹配,可以重新到上述站点,下载相应的驱动程序就可以了。

这时候一般会提示"你的 Linux 以模块的形式加载了声卡驱动程序,要不要安装程序自动将它去掉?"选择去掉就可以了。

接下来就是处理过程、协议等,接受协议安装,使用默认安装路径即可(/usr/lib/oss)。OSS 一般可以自动检测出大部分声卡,可以看看结果是不是和声卡相符,如果相符,直接在菜单中选择 Save changes and Exit.. 即可。对于那些不能直接探测到的声卡,就只有用手工方法选择了。如对 Yamaha OPL3-SAX(YMF715/YMF719)chip 可以选择 Generic Yamaha OPL3-SAx(YMF715/YMF719)non-PnP driver。

(4)打开/关闭声卡。

在默认的安装目录/usr/local/bin 里有一个 soundon 命令,它可以用来打开 OSS 驱动,同样也可以用 soundoff 命令关闭 OSS 驱动。

(5)疑难解决。

有时也可能出现这样的情况,声卡检测到了,而且安装过程也好像一切正常,但是声卡就是不能正常工作。不要急,OSS 还有可以手工调节设置参数的地方,其实,在 Save changes and Exit 的同一个窗口中,还有一个选项 Manual Configuration,它就是用于手工调整设置参数的,可以在这里设置声卡的 IO、DMA 等参数。

2. 安装 ALSA 声卡驱动程序

(1)到驱动之家 http://www.mydrivers.com/下载下面 4 个软件包。

alsa-driver-0.5.9.tar.bz2

alsaconf-0.4.3b.tar.gz

alsa-lib-0.5.9.tar.bz2

alsa-utils-0.5.9.tar.bz2

(2)先安装 alsa-driver-0.5.9.tar.bz2 文件。

① cp alsa-driver-0.5.9.tar.bz2 /tmp

将 alsa-driver-0.5.9.tar.bz2 复制到/tmp 目录下。

② bunzip2 alsa-driver-0.5.9.tar.bz2

解压缩这个文件,会在/tmp 目录下生成一个文件叫作 alsa-driver-0.5.9.tar。

③ tar xvf alsa-driver-0.5.9.tar

将会在/tmp 目录下产生一个子目录叫作 alsa-driver-0.5.9,ALSA 的所有文件就存放在这个目录下。

④ cd alsa-driver-0.5.9

进入 ALSA 的驱动程序所存放的目录,准备配置和编译它。这时可以看一下目录下的INSTALL 文件来了解安装的步骤和注意事项。

⑤ 依次运行下面三个命令:

```
./configure
```

```
make install
./snddevices
```

（3）编辑/etc/modules.conf 文件。

这个文件的配置虽然比较麻烦，但用 alsaconf-0.4.3b.tar.gz 也可以配好它，运行命令如下。

① cp alsaconf-0.4.3b.tar.gz /tmp

将 alsaconf-0.4.3b.tar.gz 复制到/tmp 目录下。

② tar zxvf alsaconf-0.4.3b.tar.gz-

解压缩这个文件，会在/tmp 目录下生成一个子目录叫作 alsaconf-0.4.3b。

③./alsaconf

会出现一个窗口让用户选择声卡，像 SoundBlaster 及 ESS1868、S3_SonicVibes_PCI、Ensoniq_AudioPCI_ES1370 1371 等，很多目前的 kernel 还不支持的声卡它都可以支持了。

选好声卡之后系统会问一些问题，都回答 OK，然后会回到第一个画面问要不要继续设置第二张声卡，选 No_more_cards 退出即可。完成这个步骤之后，/etc/modules.conf 这个文件就基本上自动配置好了，重新启动计算机后声卡就可以发声了。

（4）如果还不行，那么就还需要安装 alsa-lib 和 alsa-utils，安装方法和 alsa-driver 一样，注意要先安装 alsa-lib，再安装 alsa-utils。将文件复制到/tmp 目录，解压缩，然后运行命令 make 和 make install，具体请参照上面 alsa-driver 的安装步骤。

安装后到 alsa-utils（解开 alsa-utils-0.5.9.tar.bz2 会产生该目录）目录下的 alsamixer 子目录执行./alsamixer。

7.4.4 实训总结

通过实训读者将对声卡有更进一步的了解，要求在多种操作系统下会安装声卡设备的驱动程序。

小结

计算机声音处理系统主要有声音输入设备、声音处理设备和声音输出设备。

要求了解音效处理芯片，掌握声卡的分类、基本结构、AC97 标准、技术规格，掌握音箱的分类、音箱的结构和主要性能参数，以及声卡和音箱的连接方法。

习题

1. 简述声卡的功能和结构。
2. 声卡的输入输出接口都有哪些？各自的作用是什么？
3. 声卡可以分为哪些类型？各有什么特点？
4. 声卡的技术指标有哪些？
5. 音箱的性能参数有哪些？
6. 通过互联网查询实验声卡的主要性能指标。

第 8 章

机箱和电源

教学提示：对于计算机来说，如果没有电源，无论其他配置多么好，也不能将它启动、运行程序、玩游戏。本章将详细讲解计算机配件中的机箱和电源。

教学目标：掌握机箱和电源的性能参数以及选购方法，维护与维修的方法。

8.1 机箱

8.1.1 机箱简介

时至今天，各种外形的机箱都可以在市场上看到。但是通常情况下，机箱整体给人的感觉就是一个铁盒子。机箱盖一般是倒放的槽形铁合金外壳，多为螺丝或者卡扣式固定，很容易打开，打开机箱就可以看见。前面板多为特殊塑料所制成，可以拆卸以便软盘、光盘等的安装。

机箱的主要作用是为计算机的大多核心部件提供安装支架，平时所说的计算机主机就是指机箱和内部安装的元件。另外，机箱还有一个很重要的作用就是屏蔽外来电磁波等的辐射，以保护机箱内部元件不受干扰，同时也可防止计算机自身产生的电磁辐射对人体的伤害。其外观如图 8-1 所示。

图 8-1 机箱

8.1.2 机箱的功能和结构

1. 机箱的功能

机箱的主要功能就是给计算机的核心部件提供保护,主要有以下几个功能。

(1)机箱为除显示器和外部设备以外所有计算机部件提供了放置空间,并通过其内部的支架和螺丝将这些部件固定,起到了保护的作用。

(2)机箱坚实的外壳起到了防压、防冲击、防尘、防电磁干扰和防辐射的作用。

(3)机箱面板上有许多指示灯,可使用户更方便地观察系统的运行情况。

(4)机箱面板上的电源和复位按钮可使用户方便地控制计算机的启动和关闭。

2. 机箱的结构

机箱主要由外壳、面板和背板组成。

面板上面有开关等相关按钮以及各种指示灯,按钮包括电源开关按钮、复位(Reset)按钮等;指示灯有硬盘驱动器指示灯、电源灯等。

机箱的内部构架如图8-2所示,包括驱动器固定架、电源固定架和一些开关连线及信号连线。

机箱背板主要有各种插槽口,用来连接键盘、鼠标、显示器等。

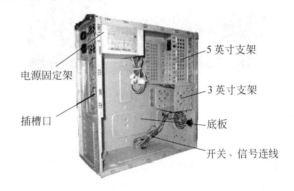

图 8-2 机箱结构图

8.1.3 机箱的性能指标和分类

1. 机箱的性能指标

机箱是计算机当中一个非常重要的部件,除了结实以外还有许多性能指标。机箱设计的合理性和计算机工作的稳定性和安全性是有一定的关系的,尤其是对于普通用户来说,机箱的坚固性、易拆卸性就显得更为重要了。一个好的机箱应具有以下几种性能指标。

(1)坚固。坚固是机箱最基本的性能指标,只有坚固耐用的机箱在使用中才不会变形,还可以保护安装在机箱内部的部件避免因受到挤压、碰撞而产生变形。除此之外,坚固的机箱外壳结实,不会由于挡板太薄而随着硬盘和光驱高速旋转引起共振并产生噪声。

(2)良好的散热性。由于安装在机箱内的部件在工作时会产生大量的热量,所以如果散热性能不良的话,可能会导致这些部件温度过高并引起快速老化,甚至损坏。

(3) 良好的屏蔽性。由于很多计算机部件在工作时会产生大量的电磁辐射,对人体健康构成了一定的威胁,所以具有良好屏蔽性的机箱不仅可将电磁辐射降到最低,还可以阻挡外界辐射对计算机部件的干扰。

(4) 良好的扩展性。很多用户可能需要安装两个或者两个以上的硬盘式驱动器(如双硬盘或者双光驱),或者安装多个扩展卡,那么就需要机箱具有良好的扩展性。

(5) 美观性。好的机箱应该外形美观大方,漂亮的机箱也能作为家中的装饰。

2. 机箱的分类

机箱的分类方法有多种,按照不同的分类标准可以分为不同的类型,一般情况下有两种分类方式,一种是按其外形分类,另外一种是按照内部结构分类,具体分类如下。

1) 按外形分类

按照外形可以将机箱分为立式机箱和卧式机箱。立式机箱又有大立式机箱和小立式机箱之分;卧式机箱又有大、小、厚、扁(薄)的区别,如图 8-3 所示。

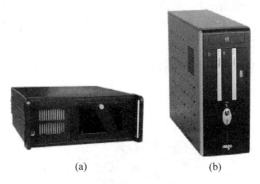

(a)　　　　　　　(b)

图 8-3　卧式机箱和立式机箱

(1) 卧式机箱。卧式机箱是在计算机发展初期比较流行的一种机箱类型,可以直接放在桌面上,将显示器放在上面,操作和维修非常方便。但由于卧式机箱内部空间狭小,散热性和扩展性都很差,现已经被淘汰。

(2) 立式机箱。立式机箱是继卧式机箱后发展起来的一种新型机箱。立式机箱可以放在显示器的两旁,也可以放在桌子下面,占用桌面面积小;立式机箱与卧式机箱相比最大的优点就是其内部空间大,没有高度的限制,散热性和扩展性很好。立式机箱已成为目前市场的主流机箱。

2) 按内部结构分类

机箱按其内部结构分为:AT、ATX、NLX、Micro ATX 和 BTX 机箱。

(1) AT 机箱。AT 机箱的全称为 Baby AT,主要应用在 486 及以前的计算机中,它只能支持 AT 主板,属于老式的机箱布局规范。由于布局位置设置不合理,机箱内部空间比较狭小,内存条和各种板卡的插拔都不方便,而且在通风散热方面也存在很大的问题,因此这种机箱现在已经被淘汰。

(2) ATX 箱。ATX 机箱是目前市场的主流机箱,它能够支持 ATX 主板、AT 主板和 Micro ATX 主板,设计合理,机箱的整体散热情况良好,而且兼容性特别好。

（3）Micro ATX 机箱。Micro ATX 机箱是在 ATX 机箱的基础上发展起来的，其结构与 ATX 机箱十分相似，只是在体积上稍小一些。

（4）NLX 机箱。这种机箱不是很常见，它主要支持 NLX 结构的主板，通常应用在采用整合主板的品牌计算机中。

（5）BTX 机箱。BTX 机箱是一种最新发展起来的机箱，随着计算机内部各个元件功能的增强，同时各元件的功率和散热也在日益增大，因此现在主流的 ATX 架构在散热性能、信号干扰、噪声控制等方面的表现已经出现了很多的问题。而新研制的 BTX 机箱支持采用更低成本架构的标准组件，各个元件进行了模块化设计，布局更为科学，机箱还采用了导流槽、密封圈等，此种设计主要是保证系统内的空气流通效果。

8.1.4 机箱的选购

应该如何选购机箱呢？计算机机箱的好坏对计算机的使用寿命有着很大的影响，因为计算机的核心部件都要安装在机箱内部，如果机箱出现问题，那么就无法保证内部配件的正常工作，因此，选购一款好的机箱非常重要。选购机箱时可以从以下几方面着手。

1. 功能全面

现在有些机箱的面板上连 Reset 键都没有，这样的机箱建议不要买，因为谁也不敢保证自己的计算机永远不死机，当按 Ctrl＋Alt＋Delete 组合键不起作用的时候，Reset 键就有了用武之地。按 Reset 键要比重复开关对计算机的损害小得多，所以，机箱上最好配置有 Reset 键。而某些机箱的 Reset 键又设计得过为明显，稍有不慎就重新启动机器了；或者做得非常小，甚至让人忘了它的存在，要按的时候非要用笔尖等物品才能解决。这些都是机箱设计不合理的方面，选购机箱时要多加留意。

现在，大部分品牌机箱都集成有前置 USB 接口，大大方便了用户，也很受用户的欢迎。还有一些机箱上放置了光盘的 CD 盒，这样也是非常体贴用户的做法。因为不少人都喜欢把盘片随处乱放，这个设计很有实际意义。例如，爱国者的 F01 机箱就有这个设计，如图 8-4 所示。

图 8-4　机箱上放置光盘的 CD 盒

可扩展性好不好也是应该重点考虑的内容。由于目前刻录机和 DVD-ROM 的普及,那些只配备两个 5 英寸驱动器架的半高机箱已捉襟见肘了,至少要选择有三个甚至更多 5 英寸驱动器架的机箱。一般来说,3/4 高机箱就完全可以满足升级扩展要求。

2. 外形美观

为充分迎合 DIY 发烧友个性化的需求,机箱厂商对机箱的造型进行了各种设计,如透明机箱、彩色机箱、形似邮箱的机箱、酷似公文包的机箱,千变万化,式样繁多。当然这些都要看个人喜好,读者在选购时只要注意机箱外观的造型、颜色能否与自己的居室协调一致,能否体现自己张扬的个性即可。

在选择机箱时,用户应注意前面板是否美观大方,箱体外部烤漆是否均匀,黏附力是否强(可用指甲划机箱表面,如果划不出明显痕迹则表面质量过关),以及烤漆颜色与面板颜色的色差。

几年前市场上出现的机箱几乎都是千篇一律,并没有豪华的设计,也没有多样性的功能,除了前面板有稍微不同外,可以说同出一辙。不过这几年里,计算机除了作为日常的使用外,更成为桌面上的摆设品,用户已经开始厌倦呆板的计算机外观设计,都希望选用外观突出、设计美观的计算机为环境增添新意和美感。所以,在机箱市场上出现了许多外形设计美观新颖、功能强大、质量好的机箱。有的是在前面板上下工夫,增加一些变色或不变色灯管,增添机箱的色彩;也有的是在旁边的盖板上采用部分透明或者全透明的设计,再在机箱内部增添一些炫亮的灯管,让机箱看起来更富时代气息。

3. 优质材料

作为一款优秀的机箱,它的箱体选用的材料一般都是优质的 SECC 镀锌钢板。镀锌钢板具有防静电、强度高和不易生锈的特点,并且能够有效地防止处理器和各种配件的集成电路受静电损伤。所以,在装机的过程中,用户不妨把机箱抱起来感觉一下重量。好的机箱一般都会采用比较厚的钢板设计,由于用料足,因此它的重量也要沉一些。同时,选材好的机箱还具有强度高(特别是安装主板的底板)、不易变形的特点。如图 8-5 所示是一个全铝立式服务器机箱。

图 8-5　全铝立式服务器机箱

除了箱体,机箱前面板的用料也很重要。目前,机箱前面板大多采用 ABS 材料注塑制成,用料好的前面板强度高,韧性大,使用数年也不会老化变黄。有一些厂家为节省成本,采用劣质塑料制作前面板,此类面板强度很低,极易损坏,且没过多久就会变黄、变色,影响美观。机箱的螺丝也很重要,要是螺丝选料不当,硬度不高,没用几次螺纹就没了,安装和拆卸机箱时就麻烦了。

4. 工艺精湛

没有精湛的做工,再好的材料也只是浪费。机箱的做工主要体现在边角上。一般厂家对于机箱内部铁边在制作时产生的冲压毛刺,都要进行折边的特殊处理,经处理过的机箱钢板边缘绝不会有毛边、锐口、毛刺等,不会划伤装机者的手;内有撑杠,底板厚重结实,不易变形,具有较佳的抗冲击能力。而且所有板卡插槽定位准确,不会有某个板件插不上的情况发生。

读者在选购时一定要注意看一看机箱钢板的边角,选择那些光滑、无毛刺的产品,以免手在装机时受伤。如今的中、高档机箱对其内部所有手能触及的部位都进行了处理,特别是对有毛刺,易划伤手的地方进行了折边处理。而一些廉价的低档机箱为了降低制造成本,没有进行折边处理或处理程度不够,对装机者的安全造成了极大的威胁。同时,机箱底板的制作工艺也非常重要,如果产品的底板设计不规范,将给用户的安装和使用造成不便。

5. 结构合理

一款机箱是否合理,其设计占主导地位。机箱的设计主要涉及箱内的散热、扩展卡插口、驱动器架的个数及使用方式等。

随着 CPU 的热力越来越足,散热是个大问题。好的机箱应利于空气的流通,合理安排通风口及排风扇的位置,最大限度地提高空气的流通速度,带走散发的热量。机箱的拆卸也是个麻烦事。现在不少厂商都推出了免螺丝或手拧螺丝机箱,而且内部的驱动器架也改用卡勾或免螺丝固定,极大地方便了 DIY 用户拆卸机箱。

扩展卡插口大多数为螺丝固定的挡板,不过现在有些厂家采用了独特的设计,例如"滑插式固定锁",让用户无须螺丝就能直接固定或拆卸挡板。

随着计算机硬件价格越来越便宜,许多人购买了 CD-ROM、DVD-ROM,甚至还有 CD-RW、活动硬盘盒,这就需要机箱面板提供更多的 5 英寸驱动器架。所以在选购机箱时,面板最好有不少于三个的 5 英寸驱动器架。

随着硬盘的大幅跌价,不少人也添置了双硬盘,甚至是采用 RAID 卡制作了磁盘阵列,这就要求机箱内部具有多个硬盘架,选购机箱时要充分考虑到这些升级扩充的空间,留下足够的余地,以免日后升级时犯难。

6. 使用安全

几乎所有内部安装的配件都有电磁辐射。机箱对电磁辐射的屏蔽效果一定要好,机箱除了要防止这些辐射泄漏之外,还要能防止外部环境的电磁干扰渗入计算机主机。简单判断机箱屏蔽效果的方法是打开机箱上的盖板,观察箱体应该是由钢板组成的全封闭空间。当然,电源和驱动器的安装位置是预留的(屏蔽效果好的机箱会在驱动器安装位置设计钢板,保证机箱处于封闭状态)。

7．拆装方便

对于 DIY 的用户来说,开机箱是常有的事。设计优良的机箱充分考虑了用户拆装的方便,而有些机箱设计不合理,盖板打开后不容易盖严。因此,购买时有必要亲自实验一下拆装是不是方便。另外,市场上也现了无须工具也能进行拆装的机箱,给用户带来了极人的方便。当然,也并不是说这种机箱就一定比传统机箱好,应该根据个人爱好和具体情况进行选择。

8．设计新颖

现在的机箱设计越来越别出心裁,机箱加装智能温控显示 LCD 就是其中一招。这类机箱的箱体装有箱内温度显示液晶屏,可即时动态地显示出目前机箱内的温度,并会在温度过高时报警,如图 8-6 所示。USB 前置也是目前较为流行的设计之一,它可以使人们在拔插 USB 设备时无须转到机箱背后,还有诸如机箱电话机、机箱光盘盒等设计也很新颖实用,可根据需要选购。

图 8-6   机箱加装智能温控显示 LCD

8.2   电源

电源是计算机工作的必需设备,是动力之源,它的好坏直接决定着计算机是否能正常工作,通常人们把电源比喻成计算机的心脏。近些年来随着技术的发展,计算机的配件越来越多,其中又有许多配件是用电大户,像硬盘、光驱、显卡、显示器等,还有大大小小的风扇,这么多的用电设备对电源来说无疑是一个严峻的考验,因此电源质量非常重要。

计算机电源有内部电源和外部电源之分,平常所说的一般是指内部电源。内部电源被安装在机箱内部,其主要功能是将 220V(或 110V)的交流电(AC)转换为计算机内部元件可以使用的 ±5V,±12V 直流电(DC)。除此之外,它还有一定的稳压作用。从外观上看,电源后部有两个插头,其中凹进去露出三个金属接头的是 220V 的交流输入端,另一个是 220V 交流输出端,如图 8-7 所示。

购买电源一定要选择通过中国电工产品(CCEE)安全认证、符合 ATX 标准的产品,目前在国内市场流行的长城电源、百盛电源、大水牛电源、金河田电源都是质量较好的电源。

图 8-7　电源

8.2.1　电源简介

1. 电源的工作原理

人们都知道市电是 220V/50Hz 的交流电,而计算机系统中各配件使用的都是低压直流电,因此电源就是计算机供电的主角。如果把电流比作血液,那么电源就是计算机的心脏。

市电进入电源后,首先经过扼流线圈和电容滤除高频杂波和干扰信号,接下来经过整流和滤波得到高压直流电,然后进入电源最核心的部分——开关电路。开关电路主要负责将直流电转换为高频脉动直流电,再送往高频开关变压器降压,然后滤除高频交流部分,这样才可得到计算机需要的较为"纯净"的低压直流电。因为计算机电源最核心的部分是开关电路,因此计算机电源通常就被称为开关电源(Switching Power Supply)。

目前主流的 ATX 电源的工作过程如下。

(1) 具有输入电网滤波电路,它是电源中的抗干扰电路。它有两层作用:一是微机电源通过电网进入的干扰信号被抑制;二是减少开关电源的振荡高次谐波进入电网时对其他设备及显示器的干扰和对微机本身的干扰。

(2) 输入整流滤波电路将交流电源进行整流滤波,为主变换电路提供波纹较小的直流电压。

(3) 主变换电路是开关电源的主要部分,它把直流电压变换成高频交流电压,并且起着将输出部分与输入电网隔离的作用。

(4) 输出整流滤波电路将变换器输出的高频交流电压进行整流滤波,得到需要的直流电压。

(5) 控制电路检测输出直流电压,与基准电压比较,进行放大,控制振荡器的脉冲宽度,从而控制变换器以保持输出电压的稳定。

(6) 当开关电源发生过电压、过电流后,保护电路就会启动,使开关电源停止工作以保护负载和电源本身。

2. 不间断电源

UPS(Uninterruptible Power System,不间断电源)是一种含有储能装置、以逆变器为主要组成部分的恒压恒频的电源设备。它主要的功能就是,当市电输入正常时,会将电流稳压后供应给负载使用;当市电中断时,会及时向用电设备提供电能,使设备仍能持续工作一段时间,以便处理好未完成的工作。

1) UPS 分类

目前常见的 UPS 产品主要分为三种,包括离线式(Off Line)、在线式(On Line)及在线互动式(Line Interactive),后者的特性介于离线式和在线式两者之间。

离线式 UPS 电源的安装,主要是将主机和显示器的电源线接上 UPS,而由 UPS 电源线来连接市电。当市电正常供应时,电流经由 UPS 内的两个回路运作,其中一组电流负责对 UPS 进行充电,另一组电流则直接传到计算机和显示器供电。一旦市电电压发生不稳的状况,UPS 就会自动切换,开始以电池供应计算机工作之需。

2) UPS 的选择

读者可以发现离线式的设计有它的缺陷,那就是两种供电形态的转换是有时间差距的,一般计算机如果供电中断超过 16ms 就可能停止工作,因此离线式的切换时间设计相当重要。当然,就目前来说,许多 UPS 产品的切换时间都为 4~8ms,不妨在挑选时参考。

对于普通 PC 用户而言,如果使用 UPS 是单纯用来提供足够的时间存档或整理资料,离线式产品已经能满足需要,加上价格便宜,因此适合一般消费者选购。

目前国内常见的离线式 UPS 品牌,如山特、APC、飞瑞、致茂、HP 等多家厂商都推出了自己的系列产品。至于办公室场合或家中有多台计算机的消费者,则可依照所有计算机的耗电量计算需要多大容量的 UPS 机种。

3) UPS 的使用及维护

UPS 的安装相当简单,只要将 UPS 接入市电电网,再将用电设备接到 UPS 上就可以了。不过,与其他外设相比,UPS 属于比较娇贵的东西,出现故障的概率比较大。要想减少 UPS 发生故障的概率,一定要正确使用与维护,这样就可以大大延长 UPS 的使用寿命。一般说来,在使用 UPS 时应该注意以下几点。

(1) 注意对蓄电池的维护,这是使用 UPS 时最需要注意的一点。蓄电池应当正立安装放置,不要倾斜,电池组中每个电池间的端子连接要牢固。在安装完新电池后,一定要进行一次较长时间的初充电,初充电的电流大小应符合说明书中的要求。正常充电时,最好采用分级定流充电的方式,也就是在充电初期采用较大的电流,充电一段时间后改用较小的电流,充电后期则改用更小的电流。这种充电方式的效率较高,所需充电时间较短,充电效果也较好,而且可以延长电池的使用寿命。在使用中要注意,不要让电池过度放电或发生短路。过度放电不仅容易使蓄电池的端电压低于蓄电池所允许的放电电压,而且会造成电池内部正负极板的弯曲,极板上的活性物质也容易脱落,所造成的后果是蓄电池的可供使用的容量下降,甚至会损坏电池。

UPS 应尽可能安装在清洁、阴凉、通风、干燥的地方,尽量避免受到阳光、加热器等辐射热源的影响。UPS 不要长期闲置不用,也不要使蓄电池长期处于浮充状态而不放电,这样做有可能会造成蓄电池因超过其存储寿命而引起内阻增大或永久性损坏。对于长期闲置不用的 UPS 电源,应每隔一个月为电池充电一次,时间保持在 10~20h 左右。如果市电供电一直正常,不妨每隔一个月人为停电一次,让 UPS 电源在逆变状态下工作 5~10min,以便保持蓄电池的良好充放电特性。此外,蓄电池都有自放电的特性,因此需定期进行充放电。

(2) 在安装 UPS 时,应严格遵守厂家产品说明书中的有关规定,保证 UPS 所接市电的火线、零线顺序符合要求。如果将火线与零线的顺序接反,那么在从市电状态向逆变状态转换时极易造成 UPS 的损坏。

（3）不要频繁地关闭和开启 UPS 电源。一般要在关闭 UPS 电源 6s 后才能再次开启，否则 UPS 电源可能处于"启动失败"的状态，亦即 UPS 电源处于既无市电输出又无逆变器输出的状态。

8.2.2　电源的性能参数

电源的性能参数是衡量一款电源质量好坏的标准，如果电源质量不好，供电输出电压经常波动，就会影响计算机的正常工作，甚至会造成 CPU 和内存等部件的损坏。下面就来介绍一些电源的主要性能参数。

1．输出功率

输出功率是指电源所能达到的最大负荷，单位为 W（瓦）。300W 左右的电源可满足普通用户的需求，若计算机内连接附加部件，如无线网卡和电视卡等，则需要大功率的电源。

提示：目前常见的电源输出功率从 250W 到 450W 不等，最常用的是 300W。一般在电源内部有一个 110V/220V 的选择开关，因为我国电压采用 220V 的标准，所以国内制造或组装的电源绝大部分将 110V/220V 开关剪下焊接在 220V 的一端。

2．效率

效率是指电源的输出功率与输入功率的百分比。电源的效率一般都在 80％ 以上。

3．过电压保护

过电压保护是指当输出电压的值超过额定电压时，迅速关闭电源，停止输出，以防止烧坏供电设备。因为 ATX 电源较传统 AT 电源多了 3.3V 电压组，有的主板没有稳压组件，直接用 3.3V 为主板部分设备供电，即便是具有稳压装置的线路，对输入电压也有上限，一旦电压升高对被供电设备可能会造成严重的物理损伤。所以电源的过电压保护十分重要，可以防患于未然。

4．电压保持时间

在 PC 系统中后备式的 UPS 占有相当大的比例，当电网突然停电，后备式的 UPS 会切换供电，不过这一般需要 2～10ms 切换时间（依 UPS 的具体性能而定），所以在此期间需要电源自身能够靠储能元件中存储的电量维持短暂的供电，一般优质的电源的保持时间可以达到 12～18ms，确保 UPS 切换期间的正常供电。

5．噪声和波纹

噪声和波纹分别是附加在直流输出电压上的交流电压和高频尖峰信号的峰值，其值越小越好。

6．电磁干扰

电磁干扰是电源内部各部件产生的高频电磁辐射，由开关电源的工作原理所决定，其内部具有较强的电磁振荡和类似无线电波的对外辐射特性，如果不加以屏蔽可能会对其他设备造成影响。所以国际上对这种有害的辐射量也有严格的限定,如 FCCA 和 FCCB 的标准,在国内也有国标 A(工业级)和国标 B 级(家用电器级)标准,优质的电源都可以通过 B 级标准。

7. 瞬间反应能力

瞬间反应能力是指电源对异常情况的反应能力。当输入电压在瞬间发生较大的变化(在允许范围之内)时,输出的稳定电压值恢复正常所用的时间。

8. 开机延时

开机延时是指电源在接通之初到提供稳定的输出必然需要一定时间的稳定周期,在这个周期中电压的稳定度很难保证,所以电源设计者让电源延时 100～500ms,等电源稳定后再向计算机提供高质量的电源。

9. 使用寿命

电源的使用寿命无疑是越长越好,一般的电源使用寿命约为 3～5 年,平均工作时间在 1 万～8 万小时之间。

8.2.3　电源的输出

计算机系统中各部件使用的都是低压直流电,但不同配件具体要求的电压和电流又各不相同,比如转速达到数千转每秒的硬盘主轴电机和硬盘控制电路对供电的要求肯定不可能相同,因此电源也相应有多路输出满足不同的供电需求。就目前最常用的 ATX 电源来说,其电源输出有下列几种。

(1) +3.3V:主要经主板变换后驱动芯片组、内存等电路。

(2) +5V:目前主要驱动硬盘和光驱的控制电路(除电机外)、主板以及软驱等。

(3) +12V:用于驱动硬盘和光驱的电机、散热风扇,或通过主板扩展插槽驱动其他板卡。在最新的 Pentium 4 系统中,由于 Pentium 4 处理器功耗增大,对供电的要求更高,因此专门增加了一个 4Pin 的插头提供+12V 电压给主板,经主板变换后供给 CPU 和其他电路。因此配置 Pentium 4 系统要选用有+12V 4Pin 插头的电源,如图 8-8 所示。

图 8-8　4Pin+12V 电源连接器

（4）−12V：主要用于某些串口电路，其放大电路需要用到＋12V 和−12V，但电流要求不高，因此−12V 输出电流一般小于 1A。

（5）−5V：主要用于驱动某些 ISA 板卡电路，输出电流通常小于 1A。

（6）＋5V SB：＋5V SB 表示＋5V Standby，指在系统关闭后保留一个＋5V 的等待电压，用于系统的唤醒。＋5V SB 是一个单独的电源电路，只要有输入电压，＋5V SB 就存在。这样，计算机就能实现远程 Modem 唤醒或者网络唤醒功能。最早的 ATX 1.0 版只要求＋5V SB 供电电流达到 0.1A，但随着 CPU 和主板功耗的提高，0.1A 已经不能满足系统的要求，因此现在的 ATX 电源＋5V SB 输出一般都可以达到 1A 以上，甚至 2A。

一般而言，正规电源产品的铭牌上都应该标注各路输出的供电电流。对产品各项指标了解得更加清楚是一件好事，购买电源时请尽量选择这类产品。

8.2.4　如何判断电源的功率

现在有很多品牌的电源都不标注实际的输出功率，而是提供一个"300XX"之类的型号来给经销商发挥。既然无法单单依靠电源铭牌上的电压、电流数据来准确计算电源的额定功率，那么如何去判断电源的额定输出功率有多大呢？当然，最准确的方法是加负载进行测试，但这只有生产厂家能够做到。作为普通消费者，可以根据 ATX 电源设计标准来判断电源的大致功率是多少。

在判断电源功率前首先应该了解电源的版本。目前市面上最常见的两种电源标准是 ATX 2.03 版和 ATX 12V 版。对于不同的版本，电源功率的标准要求也是不一样的，但目前市场上的电源对这两个版本的区分不是十分严格。

所谓的 Pentium 4 电源就是指 ATX 12V，并非是 ATX 2.03。ATX 12V 与 ATX 2.03 的区别如下。

（1）加强了＋12V 的电流输出能力，并对＋12V 的电流输出、浪涌电流峰值、滤波电容的容量、保护等做出了新的规定。

（2）新增加了 4Pin ＋12V 电源连接器。

（3）加强了＋5V 电源的电流输出能力。

8.2.5　电源的选购

一般情况下，电源是随机箱一起配装的，所以，当购买机箱的同时应注意其中电源的型号和品牌。现在的计算机耗电都较大，所以一般应选择功率大于 230W 的电源。在电源的外壳上有功率标识，应仔细观察。

另外，电源还有品牌之分，不同厂家生产出来的电源在质量上也有差别，所以在选择时，一定要选择品牌知名度较高、口碑较好的电源，这类电源比较适用于家用组装机和部分品牌机。

计算机电源的优劣对计算机本身是有非常大的影响的，电源的好坏直接影响着计算机的使用寿命，这种影响在短期内无法鉴别出来。实践证明，计算机常见故障中约有 80% 是由于电源质量差引起的。据了解，Compaq、IBM、联想等著名计算机公司都非常重视电源的选择。为什么品牌机运行起来几乎没有什么声音，就是因为它们的电源选用的比较好，如联想选用的就是航嘉牌的电源。

电源的好坏直接影响着计算机的工作,如果电源质量不好,有可能导致主板、CPU、内存、硬盘等其他价格昂贵的部件发生故障,而一旦发生这样的惨剧,销售商是不会对电源以外的其他配件损失承担任何责任的。因此,为了整机的安全,建议一定要多花些钱选一个质量可靠的机箱电源。在实际的电源选购中应该注意以下一些事项。

1. 根据功率选择电源

在购买电源或者升级计算机时,很重要的一点就是要保证电源有能力提供足够的电流驱动系统内部设备,方法是计算出系统各个部件消耗的功率。要准确计算出不同部件的电源消耗是比较困难的,有的设备会明确标示出耗电量,如各种存储设备,但是生产厂商通常都不会提供板卡类产品的耗电量,因此可以根据表 8-1 进行估算。

表 8-1　设备的典型功率消耗

电压 设备	+3.3V	+5.0V	+12.0V	数量	最大功率
主板	3.00A	2.00A	0.30A	1	23.50W
Athlon XP 2100+			7.49A	1	89.91W
256MB DDR		3.00A		2	15.00W
AGP 显示	6.00A	2.00A		1	29.80W
IDE 硬盘		0.80A	2.00A	1	56.00W
DVD-ROM		1.20A	1.10A	1	19.20W
CD-RW		1.20A	0.80A	1	15.60W
软驱		0.80A		1	4.00W
PCI 声卡	0.50A	0.50A		1	4.15W
PCI 网卡	0.40A	0.40A		1	3.32W
机箱风扇			0.25A	1	3.00W
处理器风扇			0.25A	1	3.00W
键盘		0.25A		1	1.25W
鼠标		0.25A		1	1.25W

功率消耗差异较大的设备是 CPU 和显卡,对于相同制造工艺的 CPU 来说,频率越高所消耗的功率也越高,加电压超频同样会增加 CPU 的功耗。而显卡根据显示芯片以及搭配的显存的不同,功耗差异也比较大,一些高性能显卡(比如 GeForce FX 和 Radeon 9700)已经开始使用额外的电源供应器。

表 8-1 中列出的是各部件的最大消耗功率,根据系统的实际情况估算出整体最大功率后,就可以按照这个数据选购符合供电要求的电源。例如,表 8-1 中的配置计算出最大功率消耗为 284W 左右,因此选择一款最大输出功率为 300W 的电源就可以了。但是,需要注意的是,计算机在使用的时候不会随时都能达到这样的功率,因此一些用户使用了功率不足的劣质电源并非立即就会出现问题,而是表现为硬盘启动失败、自动重启、死机等一些随机出现的故障,这种情况下人们往往会注意主板、内存、CPU 这些关键性部件,而恰恰忽略了看似简单的电源。

用户在购买电源时,要选用那些正规生产厂家的电源品牌,对于那些铭牌或者说明书没有标注任何输出指标的产品要尤其小心。另外,确定电源功率时应根据自己系统的实际配置进行选择,不必一味追求300W以上的大功率电源。

2. 重量

好的电源重量不会太轻,依照目前的制作方式,电源的功率越大,就应该越重,尤其是一些通过安全标准的电源,会额外增加一些电路板零部件,以增进安全稳定性,这样一来电源的重量就会有所增加。当然也不能单单用电源的重量来衡量电源的质量,因为有的不法商家了解用户的这种心理后在重量方面会做些手脚。其次是电源内部电子零件的密度,计算机电源的设计定律会额外增加一些电路板零件组,以增进安全稳定性,所以在整个电源体积不变的情况下,加入的东西越多电源中的零件密度就会越大,在购买时可以从散热孔看出电源的整体结构是否紧凑。

3. 安全认证

安全的电源都有相应的安全认证标志,现在电源的安全认证标准主要有3C、FCC、UL、CSA、CE和CCEE等几种。

(1) 3C认证:3C认证(China Compulsory Certificate,中国国家强制性产品认证)包括原来的CCEE(电工)认证、CEMC(电磁兼容)认证和新增加的CCIB(进出口检疫)认证,它们主要对用电的安全、电磁兼容及电波干扰、稳定方面做出了全面的规定标准。

(2) FCC认证:FCC(美国联邦通信委员会)认证是一项关于电磁干扰的认证。通用的标准有FCC-A工业标准和FCC-B民用标准两种,只有符合后者的电源才是安全无害的。

(3) CSA认证:CSA(Canadian Standards Association,加拿大标准协会)是加拿大最大的安全认证机构,也是世界上最著名的安全认证机构之一。它能对机械、建材、电器、计算机设备、办公设备、环保、医疗防火安全、运动及娱乐等方面的所有类型的产品提供安全认证。CSA已经为遍布全球的数千厂商提供了认证服务,每年均有上亿个附有CSA标志的产品在北美市场销售。

(4) CE认证:加贴CE标志的商品标识其符合安全、卫生、环保和消费者保护等一系列欧洲标准。

8.3 维护及常见故障分析

8.3.1 机箱和电源的维护

1. 机箱的维护

机箱是主机的保护罩,其本身就有很强的自我保护能力。在使用时只需注意正确摆放即可;还有一点就是需要保持其表面与内部的清洁。

2. 电源的维护

由于电源的特殊结构,清洁起来比较麻烦。首先要清洁风扇,将固定风扇的螺丝拧下之后就可以将风扇从电源盒里拿出来。在拆风扇的时候一定要注意风扇的正反方向,以免还原时将方向搞错。一般来说,电源风扇的电源线比较短,但只要将风扇拿到盒外,就可用刷子清除它上面的灰尘,在清除完灰尘之后,给风扇加点儿润滑油。

至于电源内电路板上元件的清洁,就只能靠刷子和棉签了,电路板也是由4颗螺丝固定的,可以将电路板拆下来清洁,但要注意不要将里面的线弄断,在实际操作过程中,最好能用皮老虎配合刷子工作。在清洁电源内部的元件时,只能使用干燥的抹布、纸巾、棉签等工具,不能用湿抹布擦拭元件,以免导致电路短路。

至此,主机内配件的清洁工作就结束了,可将所有的配件重新装到机箱中。

注意:人体带有很多静电,在接触板卡之前一定要释放掉身体所带的静电,以免静电损坏元件。如果是在铺有地毯的房间内操作,则更要注意防静电;尽量使用干抹布擦拭清洁对象,避免用湿抹布接触电子元件;刷子等工具要保持干燥,绝对不能用湿刷子刷任何板卡;给风扇添加润滑油时,要控制好分量,切莫贪多。

8.3.2　电源故障及排除

在众多的计算机配件中,电源一旦出现故障,计算机则无法启动,程序将无法正常运行。下面介绍一些电源的常见故障和维修方法。

1. 升级后主机出现故障

故障现象:在升级了主机内的一些部件后,主机经常频繁自动重新启动。

故障分析与处理:经检查主机内的部件都无任何问题,并且在购买时均试过,并无兼容性问题。由于这台计算机在升级时并未升级机箱和电源,可能是电源功率不足导致的问题,在更换电源后故障排除。

2. 机箱有漏电

故障现象:在使用计算机过程中触摸机箱,发现机箱有触电的感觉,即使不开机也是这样。

故障分析与处理:首先可以判断是电源有漏电情况或电源接地不良造成的。检查电源插座,发现使用的是一个两相插座,并未使用三相插座接地,在更换插座后触电感消失。

3. 电源自动关闭

故障现象:一台计算机启动时能通过自检,大约十多分钟后,电源突然自动关闭,重新启动计算机,有时无反应,有时又可以正常启动,但十多分钟后,电源又自动关闭。

故障分析与处理:对于该故障可以从这几个方面着手:第一是病毒,如果没有病毒,则检查是否是电源出现的故障,如果电源也没有问题,则只有查看计算机部件中是否有局部漏电和短路。

最后,确定电源和市电都没有问题,就应该怀疑系统硬件了。最后,发现计算机中有部件局部漏电和短路,导致电源输出电流过大,电源的过电流保护起作用自动关闭了电源。

4．计算机自动启动

故障现象：只要使用光驱读盘，计算机就会立即启动。

故障分析与处理：将光驱拆卸到其他计算机上，使用一切正常，使用杀毒软件检查所读取的光盘也并无病毒。依次检查主机内的部件，最后发现电源质量很轻，估计电源属于假冒伪劣品。将电源换到其他计算机上也频繁出现自动重启的情况，看来是电源输出功率不足导致的，在更换电源后，故障排除。

5．休眠时出现异常

故障现象：在使用休眠时，发现主机不能进入休眠状态，就算进入休眠状态后也不能唤醒。

故障分析与处理：Windows 98 以后的操作系统都支持休眠功能，该计算机不支持休眠功能，可能是硬件造成的。依次翻看主机内部件的说明书，发现这些部件都支持休眠功能，看来只有电源了。在替换为一个支持休眠功能的电源后，故障排除。

6．硬盘电路板被烧毁

故障现象：一台计算机在更换硬盘后只使用了三四个月，硬盘电路板就被烧毁了，再换一块新硬盘，不到两个月，电路板又被烧毁了。

故障分析与处理：因为连换两个硬盘，电路板都被烧毁了，因此不可能是硬盘问题，首先怀疑是主板的问题，打开机箱，仔细观察主板，没有发现异常现象。

不连接硬盘时启动计算机，用万用表测试，发现电源电压输出正常。于是将一块新硬盘接入计算机，开始安装操作系统，安装到一半时，显示器突然黑屏。用万用表检测，发现+5V 电源输出仅为 4.6V，而+12V 电源输出高达+14.6V。

立即关机，打开电源外壳，发现在+5V 电源输出部分的电路中有一个二极管的一支引脚有虚焊现象，重新补焊之后，换上新硬盘，启动计算机，故障排除。

7．硬盘不能启动

故障现象：一台计算机将硬盘升级后，出现硬盘不能启动的故障，但用老硬盘又能正常启动。

故障分析与处理：因为用老硬盘能正常启动，因此怀疑是新硬盘有问题，但将新硬盘放到其他好一些的计算机上发现没有问题。

后来怀疑是电源的问题，因为硬盘启动需要+12V 的电源和 4A 的直流电流，如果电源的输出电压和电流不足，功耗更大的高速硬盘就不能启动了，更换一个比较好的电源后，故障排除。

8．开机电源灯闪一下就熄灭

故障现象：一台计算机每次开机后电源灯闪一下就熄灭了，关掉电源后大概 20s，再开机就能正常进入系统并运行。

故障分析与处理：这是由于在开启电源的瞬间电源无法提供主板启动所需要的电流，

导致系统无法启动。处理办法为：在开机之前,先断开 ATX 电源,大约 20s 左右,再接通电源,再等十多秒后开启系统,就可以保证电源能提供主板启动所需要的电流了。

8.4　实训

8.4.1　实训目的

维护计算机复位电源。

8.4.2　实训内容

检测计算机复位电路。

8.4.3　实训过程

复位电路检测流程如图 8-9 所示。

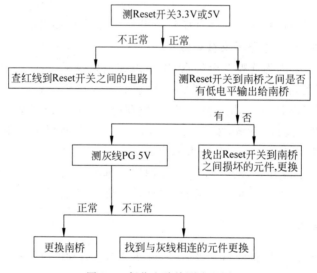

图 8-9　复位电路检测流程图

8.4.4　实训总结

通过实训读者对电源电路的基本构造有了更进一步的了解,要求在实际操作情况下会安装和使用电源设备及进行相关维护。

小结

本章主要介绍了电源和机箱,介绍了电源的类型、结构和性能指标,介绍了机箱的种类和结构。通过本章的学习要求读者掌握电源的类型、结构和性能指标,掌握机箱的种类和结构,掌握电源和机箱的安装和拆卸方法。

习题

1. 按照不同的标准可将机箱分为哪几类?
2. 简述机箱的结构特点。
3. 按照不同的标准可将电源分为哪几类?
4. 电源的技术指标都有哪些?
5. 选购电源时应注意哪些事项?
6. 通过互联网查询实验电源的性能指标及输出引线的说明。

第9章

常见输入输出设备

教学提示：计算机自从诞生以来一直都是为人们服务的，如果有好的输入输出设备，将可以更好地为人们服务。

教学目标：通过本章学习，了解并掌握鼠标、键盘、打印机等输入输出设备的种类、性能以及选购方法，能够处理简单的输入输出设备的故障。

9.1 键盘

9.1.1 键盘的分类

1. 按键盘接口类型分类

根据键盘接口类型分类，主要可分为以下三类。

1）AT 接口键盘

AT 接口键盘俗称"大口"键盘，一般老式 AT 主板都使用这种键盘，随着日后 ATX 结构主板的普及，AT 接口键盘已被淘汰。

2）PS/2 接口键盘

PS/2 接口键盘最早出现在 IBM 的 PS/2 的机器上，因此得名。这是一种鼠标和键盘的专用接口，是一种 6 针的圆形接口，但键盘只使用其中的 4 针传输数据和供电，其余两个为空脚。PS/2 接口的传输速率比 COM 接口稍快一些，而且是 ATX 主板的标准接口，是目前应用最为广泛的键盘接口之一。

键盘和鼠标都可以使用 PS/2 接口，但是按照 PC99 颜色规范，鼠标通常占用浅绿色接口，键盘占用紫色接口，如图 9-1 所示。

3）USB 接口键盘

USB 接口有支持热插拔，即插即用的优点，所以 USB 接口已经成为外部设备连接计算机最主要的接口方式。USB 有两个规范，即 USB 1.1 和 USB 2.0。

PS/2 接口和 USB 接口的键盘在使用方面差别不大，由于 USB 接口支持热插拔，因此 USB 接口键盘在使用中可能略方便一些。各种键盘接口之间也能通过特定的转接头或转接线实现转换，例如 USB 转 PS/2 转接头等，如图 9-2 所示。

图 9-1　PS/2 键盘接口

图 9-2　USB 键盘接口及转接口

2. 按按键个数分类

按按键个数可以分为：84 键键盘,101 键键盘,102 键键盘,104 键键盘,107 键键盘。

84 键键盘上只有 84 个键,类似于英文打字机,以前的 XT 机多采用 84 键盘。

101 键键盘在 84 键键盘的基础上,增加了控制键,成为标准的 101 键键盘。

102 键键盘比 101 键键盘多出一个键,用于切换多国文字,很少使用。

104 键键盘在 101 键键盘基础上,微软公司又定义了 Windows 9x 快捷键,用于快速打开"开始"菜单。

107 键键盘又称为 Windows 98 键盘,比 104 键键盘多了开机、睡眠、唤醒等电源管理按键。

多媒体键盘(图 9-3)大多是在 107 键键盘的基础上额外增加了一些多媒体播放、Internet 浏览网页、收发邮件等快捷按键。这些按键通常要安装专门的驱动程序才能使用,而且这类键盘中大多数都能通过驱动程序附带的调解程序让用户自定义这些快捷按键的功能。

3. 按键盘外形分类

1) 标准键盘

标准键盘是市场上最常见的键盘,各个键盘生产厂家的标准键盘无论在尺寸、布局,还是从外形上看几乎大同小异。标准键盘应用面广,价格也便宜。

2) 人体工程学键盘

人体工程学键盘(图 9-4)是在标准键盘上将指法规定的左手键区和右手键区这两大板块左右分开,并形成一定角度,使操作者不必有意识地夹紧双臂,可保持一种比较自然的形态,这种设计的键盘被微软公司命名为自然键盘(Natural Keyboard),对于习惯盲打的用户可以有效地减少左右手键区的误击率,如字母"G"和"H"。有的人体工程学键盘还有意加大常用键如空格键和回车键的面积,在键盘的下部增加护手托板,给以前悬空的手腕以支持点,减少由于手腕长期悬空导致的疲劳。这些都可以视为人性化的设计。

4. 按键盘接触方式分类

1) 机械式键盘

机械式键盘的按键全部为触点式,每个按键就像一个按钮式的开关,按下去之后,金属片就会和触点接触而连通电路。

图 9-3　多媒体键盘

图 9-4　人体工程学键盘

2）塑料薄膜式键盘

塑料薄膜式键盘内有 4 层塑料薄膜，一层有凸起的导电橡胶，中间一层为隔离层，上下两层有触点。通过按键使橡胶凸起按下，使其上下两层触点接触，输出编码。

3）导电橡胶式键盘

导电橡胶式键盘触点的接触通过导电的橡胶相接通。其结构是有一层带有凸起的导电橡胶，凸起部分导电，而这部分对准每个按键，互相连接的平面部分不导电，当键帽按下去时，由于凸起的部分导电，把下面的触点按通，不按时，凸起的部分会弹起，目前使用得也较多。

4）电容式键盘

通过按键改变电极间的距离而产生电容量的变化，暂时形成振荡脉冲，这个输出再经过整型放大，去驱动编码器。由于电容器无接触，不存在磨损和接触不良等问题，耐久性、灵敏度和稳定性都比较好。

9.1.2　键盘的选购

键盘作为最重要的输入设备，是计算机必不可少的部件之一。很多用户在购买键盘的时候似乎不够重视，对它的典型态度是"随便，能用就行"。其实键盘如果质量不够好，带来的麻烦与不方便是最直接和痛苦的。轻则妨碍打字速度，重则造成手腕及指关节损伤。因此，对键盘也要精挑细选，尽量选择名牌大厂的产品。

图 9-5　107 键键盘局部

1．键位布局

不同厂家的 PC 键盘，按键的布局有时会不完全相同。目前的标准键盘主要有 104 键和 107 键，107 键比 104 键多了睡眠、唤醒、开机等电源管理键。大部分的 107 键在右上方多出了 3 个键位（图 9-5）。购买时要注意选购符合自己习惯的键盘。

2. 键盘做工

键盘做工质量是选购时主要考察的对象。对于键盘,要注意观察键盘材料的质感,边缘有无毛刺、异常突起、粗糙不平,颜色是否均匀,键盘按键是否整齐合理,是否有松动。键帽印刷是否清晰,好的键盘采用激光蚀刻键帽文字,这样的键盘文字清晰且不容易褪色。还要注意反面的底板材料及铭牌标识。某些优质键盘还采用排水槽技术来减少进水造成损害的可能。

3. 操作手感

键盘按键的手感是使用者对于键盘的最直观体验,也是键盘是否"好用"的主要标准。好的键盘按键应该平滑轻柔,弹性适中而灵敏,且按键无水平方向的晃动,松开后立刻弹起。好的静音键盘在按下弹起的过程中应该是接近无声的。

4. 舒适度

由微软发明的人体工程学键盘,将键盘分成两部分,两部分呈一定角度,以适应人手的角度,使输入者不必弯曲手腕。另有一个手腕托盘,可以托住手腕,将其抬起,避免手腕上下弯曲。这种键盘主要适用于那些需要大量进行键盘输入的用户,价格较高。

5. 接口类型

目前市面上常见的键盘接口有两种:PS/2 接口和 USB 接口。其中,PS/2 接口也可通过转接口转换为 USB 接口。根据需要,用户也可以购买无线键盘。

9.2 鼠标

随着 Windows 操作系统的出现,键盘已经不能满足日常应用操作,因此出现了鼠标,鼠标是仅次于键盘的最重要的输入设备。

9.2.1 鼠标的分类

1. 按按键数量分类

1) 双键鼠标

双键鼠标又称为 MS Mouse。根据最早微软的要求定义的鼠标只需要左右两个键,鼠标右键在 Windows 3.x 中应用是十分有限的,直至 Windows 95 操作系统出来以后右键的应用才有所增加。

2) 三键鼠标

三键鼠标又被称为 PC Mouse,与两键鼠标相比,三键鼠标上多了一个中键,使用中键在某些特殊程序中往往能起到事半功倍的作用。

3) 多键鼠标

多键鼠标又称滚轮鼠标,把三键鼠标的中键改为一个滚轮,可以上下自由滚动,并且也可以像原来的鼠标中键一样单击。

4）轨迹球鼠标

轨迹球鼠标(图9-6)只是改变了滚轮的运动方式,其球座固定不动,直接用手拨动轨迹球来控制鼠标箭头的移动。轨迹球外观新颖,可随意放置,用惯后手感也不错。

图9-6　轨迹球鼠标

图9-7　串口鼠标

2. 按接口类型分类

1）串口鼠标

串口即COM接口。这是最古老的鼠标接口,是一种9针或25针的D型接口(图9-7)。

2）PS/2接口鼠标

PS/2接口是目前最常见的鼠标接口,俗称"小口"。

3）USB接口鼠标

目前许多新的鼠标产品都采用了USB接口,与前两种接口相比,其优点是具有非常高的数据传输率,完全能够满足各种鼠标在刷新率和分辨率方面的要求,能够使各种中高档鼠标完全发挥其性能,而且支持热插拔。各种鼠标接口之间也能通过特定的转接头或转接线实现转换,例如USB转PS/2转接头等。

提示：无线鼠标和无线键盘是为了适应大屏幕显示器而产生的。所谓"无线",即没有电线连接,而是采用无线遥控技术,鼠标有自动休眠功能,电池可用很长时间。目前市场上主流的无线键盘鼠标产品均以27MHz和2.4GHz为主,而采用蓝牙的产品则较为罕见,而且价格均在千元以上甚至更高。从实际使用感受来说,部分采用27MHz技术的键鼠产品仍会出现一些通信不灵敏的情况,而部分较高端产品因为使用了双频率27MHz的原因,通信不灵敏的情况已经非常罕见了。2.4GHz无线产品虽然价格比27MHz产品要高一些,但操控距离也更远,性价比更佳。表9-1所示为无线技术比较。

表9-1　无线技术比较

采用技术	范围	安全级别	来自无线设备的干扰风险	技术级别	成本
27MHz	1.8m	良	低	实用	低
2.4GHz	10m	优秀	非常低	尖端	中等
蓝牙	10m	优秀	非常低	尖端	较高

3. 按内部构造分类

1）机械式鼠标

机械式鼠标的结构最为简单,由鼠标底部的胶质小球带动 X 方向滚轴和 Y 方向滚轴,在滚轴的末端有译码轮,译码轮附有金属导电片与电刷直接接触。

2）光机式鼠标

光机式鼠标是在纯机械式鼠标基础上进行改良,通过引入光学技术来提高鼠标的定位精度。与纯机械式鼠标一样,光机式鼠标同样拥有一个胶质的小滚球,并连接着 X、Y 转轴,所不同的是光机式鼠标不再有圆形的译码轮,取而代之的是两个带有栅缝的光栅码盘,并且增加了发光二极管和感光芯片,如图 9-8 所示。

3）光电式鼠标

光电式鼠标的工作原理是利用一块特制的光栅板作为位移检测元件,光栅板上方格之间的距离为 0.5mm。鼠标内部有一个发光元件和两个聚焦透镜,发射光经过聚焦透镜后从底部的小孔向下射出,照在鼠标下面的光栅板上,再反射回鼠标内。当在光栅板上移动鼠标时,由于光栅板上有明暗相间的条纹使反射光有强弱变化,鼠标内部将强弱变化的反射光变成电脉冲,对电脉冲进行计数即可测量出鼠标移动的距离。光电式鼠标如图 9-9 所示。

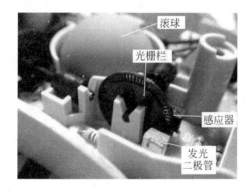

图 9-8 光机式鼠标内部结构

图 9-9 光电式鼠标

提示:激光鼠标其实也是光电式鼠标,只不过是用激光代替了普通的 LED 光,好处是可以通过更多的表面。因为激光是 Coherent Light(相干光),几乎单一的波长,即使经过长距离的传播依然能保持其强度和波形;LED 光则是 Incoherent Light(非相干光)。

激光鼠标传感器是根据激光照射在物体表面所产生的干涉条纹而形成的光斑点反射到传感器上获得影像的,而传统的光学鼠标是通过照射粗糙的表面所产生的阴影来获得的。因此激光能对表面的图像产生更大的反差,从而使得"CMOS 成像传感器"得到的图像更容易辨别,提高鼠标的定位精准性。

4）光学式鼠标

光学式鼠标主要由 4 部分的核心组件构成,分别是发光二极管、透镜组件、光学引擎(Optical Engine)以及控制芯片。

9.2.2　鼠标的选购

1．外观

对于外观的挑选人们可能就是见仁见智了，可以根据自己的个人喜好挑选适合自己的鼠标。鼠标颜色最好跟机箱、键盘、显示器的搭配相和谐。

2．手感

手感好就是用起来舒适，这不但能提高工作效率，而且对人的健康也有影响，不可轻视。

3．功能

如果是一般的用户，标准的二键、三键鼠标就足够了。但如果是那些有"特殊要求"的用户（如三维图像处理、广告、排版、游戏玩家等），最好选用专业级的鼠标。

4．价格

鼠标的价格差异很大，多到一两千元，少到几十元，除了品牌、功能、质量等原因外，就要考虑费用是否可接受的问题了。

5．软件

现在的操作系统虽然附带了鼠标的驱动程序，使它即插即用，然而厂商提供的软件却能完整发挥鼠标的功能，特别是有特殊功能的鼠标。

6．接口

鼠标的接口跟键盘类似，目前市面上主要有 PS/2 和 USB 两种。相较键盘而言，USB接口的鼠标在市面上已经比比皆是，由于支持热插拔，获得很多用户的青睐。

7．质量

鼠标的价格差别很大，使用寿命有长有短。有的用两三个月就坏了，有的则能用几年，所以质量的好坏与否就很重要了。

8．售后服务

好东西当然有理由有好的质保服务，虽然在购货摊可以得到一些服务，但要注意与厂家服务的区别，后者才是鼠标品质的体现。

9.3　打印机

打印机是计算机的输出设备之一，用来打印程序结果、图形和文字资料等，以便长期保留和反复阅读。

9.3.1 打印机的分类

打印机按打印的颜色可分为单色打印机和彩色打印机。按工作方式可分为击打式打印机和非击打式打印机。按输出方式可分为逐行打印机和逐字打印机。

1. 针式打印机

针式打印机又称为点阵式打印机(图 9-10)。这种打印机的打印头有若干根打印针,打印时用相应的针击打色带来完成打印工作。通过打印出不同的点阵即可组成所需要的字符图形。常用的针式打印机有 9 针和 24 针打印机。针式打印机的结构简单,价格相对便宜,打印成本也相当低;缺点是打印速度较慢,噪声大,印字质量不高。

图 9-10 针式打印机

1) 针式打印机的分类

各类针式打印机从表面上看没有什么区别,但随着专用化和专业化的需要,出现了不同类型的针打设备,其中主要有通用针式打印机(通用针打)、存折针式打印机(存折针打)、行式针式打印机(行式针打)和高速针式打印机(高速针打)等几种。

2) 针式打印机的特点

优点:价格便宜,对纸张的要求低,可宽行打印,可以利用压感纸、复写纸或蜡纸。

缺点:噪声大,速度慢,精度低,不适合图形打印。

2. 喷墨打印机

喷墨打印机(图 9-11)是靠墨水通过精细的喷头喷到纸面上来产生字符和图像的。与针式打印机相比,喷墨打印机精度较高,噪声较低,价格低廉。如果购买一台彩色喷墨打印机,还能够打印彩色图形和文字,其缺点是打印速度慢,墨水消耗大。喷墨打印机主要应用在低档办公、普通家庭以及某些需要携带、体积小型化的场合。

1) 喷墨打印机的分类

喷墨打印机根据产品的主要用途可以分为三类:普通型喷墨打印机,数码照片型喷墨打印机和便携式喷墨打印机。

普通型喷墨打印机是目前最为常见的打印机,它的用途广泛,可以用来打印文稿,打印图形图像,也可以使用照片纸打印照片。

数码照片型喷墨打印机在用途上和普通型喷墨打印机实际上是基本相似的,但是它具有数码读卡器,在内置软件的支持下,它可以直接接驳数码照相机的数码存储卡和数码相机,可以在没有计算机支持的情况下直接进行数码照片的打印。一部分数码照片型打印机还配有液晶屏,通过液晶屏用户可以对数码存储卡中的照片进行一定的编辑和设置,从而使打印任务能够更加出色地完成。

便携式喷墨打印机指的是那些体积小巧,一般重量在 1000g 以下,可以比较方便地携带,并且可以使用电池供电,在没有外接交流电的情况下也能够使用的产品。

2）喷墨打印机的特点

打印速度较快,分辨率较高,价格低廉,打印成本较高。

3．激光打印机

激光打印机(图 9-12)是一种高速度、高精度、低噪声的非击打式打印机。近年来,随着其价格的大幅度下降,激光打印机逐步普及起来,并成为办公自动化设备的主流产品。

图 9-11　喷墨打印机　　　　　　　　　　　　图 9-12　激光打印机

1）激光打印机的分类

按所用的控制卡分类:可分为并行激光打印机,视频控制卡打印机和串行口打印机。

按打印输出速度分类:可分为低速激光打印机,中速激光打印机和高速激光打印机。

按色彩分类:可分为彩色激光打印机和单色激光打印机。

2）激光打印机的特点

分辨率高,打印速度快,打印质量好,打印平均成本低;不能用复写纸同时打印多份,且对纸张的要求较高。

9.3.2　主要技术参数

1．打印分辨率

该指标是判断打印机输出效果好坏的一个很直接的依据,也是衡量打印机输出质量的重要参考标准。

打印分辨率就是指打印机在指定打印区域中,可以打出的点数,对于喷墨打印机来说,就是表示横向或纵向上每英寸可以输出多少个喷墨墨滴。

在当前的激光打印机市场上,主流打印分辨率为 600dpi×600dpi,更高的分辨率可以达到 1200dpi×1200dpi。对于喷墨打印机来说,打印分辨率越高的话,图像输出效果就越逼真。

2. 打印速度

打印速度表示打印机每分钟可输出多少页面,通常用 ppm 和 ipm 这两种单位来衡量。ppm 标准通常用来衡量非击打式打印机输出速度,而该标准可以分为两种类型,一种类型是指打印机可以达到的最高打印速度,另外一种类型就是打印机在持续工作时的平均输出速度,不同款式的打印机在打印说明书上所标明的 ppm 值所表示的含义可能不一样。

3. 打印成本

打印成本主要考虑打印所用的纸张价格和墨盒或者墨水的价格,以及打印机自身的购买价格等。对于普通打印用户来说,在购买打印机时应该考虑去选择使用成本低的产品。例如,对于喷墨打印机来说,要是使用黑色墨水来输出黑色内容,就能节省费用相对昂贵一点儿的彩色墨盒,这样就能实现节约打印成本的目的。

4. 打印幅面

不同用途的打印机所能处理的打印幅面是不相同的,不过在正常情况下,打印机可以处理的打印幅面包括 A4 幅面以及 A3 幅面这两种。

5. 打印接口

该指标是间接反映打印机输出速度快慢的一种辅助参考标准,目前市场上打印机产品的接口类型主要包括常见的并行接口,专业的 SCSI 接口以及新兴的 USB 接口。

6. 最大输出速度

最大输出速度参数表示激光打印机在进行横向打印普通 A4 纸时,激光打印机的实际打印速度。

7. 预热时间

预热时间就是激光打印机从接通电源到加热到正常运行温度下时所消耗的时间。一台激光打印机经常要开关的话,这个时间就不容小视,因为它会大大地延长整个打印过程所需要的时间。一般来说,个人型激光打印机或者普通办公型激光打印机的预热时间都为 30s 左右。

8. 首页输出时间

首页输出时间就是激光打印机输出第一张页面时,从开始接收信息到完成整个输出所需要耗费的时间。对于那些频繁打印一些小容量信息的用户来说,首页输出时间这个指标很重要,这会关系到整个办公效率的高低。一般个人型激光打印机和普通办公型激光打印机的首页输出时间都会控制在 20s 左右。

9.4　扫描仪

扫描仪(Scanner)是一种高精度的光电一体化的高科技产品(图9-13),它是将各种形式的图像信息输入计算机的重要工具,是继键盘和鼠标之后的第三代计算机输入设备。它是功能极强的一种输入设备。人们通常将扫描仪用于计算机图像的输入,而图像是一种信息量很大数据的形式。从最直接的图片、照片、胶片到各类图纸图形以及各类文稿等都可以用扫描仪输入到计算机中进而实现对这些图像形式的信息的处理、管理、使用、存储、输出等。

图9-13　扫描仪

扫描仪的种类繁多,根据扫描仪扫描介质和用途的不同,目前市面上的扫描仪大体上分为:平板式扫描仪,名片扫描仪,底片扫描仪,馈纸式扫描仪,文件扫描仪。除此之外,还有手持式扫描仪、鼓式扫描仪、笔式扫描仪、实物扫描仪和3D扫描仪。

9.5　摄像头

摄像头是一种数字视频的输入设备(图9-14),利用光电技术采集影像,通过内部的电路把这些代表像素的"点电流"转换成为能够被计算机所处理的数字信号0和1,而不像视频采集卡那样首先用模拟的采集工具采集影像,再通过专用的模数转换组件完成影像的输入。一般根据所用感光器件的不同有CCD和CMOS两类之分。摄像头又分为内置和外接摄像头,外接摄像头主要是通过手机上的摄像头接口与摄像头相连,实现拍照的功能。一般来说,一个型号的摄像头可能会对应同一个品牌同一系列的某几款相机,但不可能兼容不同品牌的产品。

图9-14　摄像头

9.6　数码相机

数码相机是数字图像技术的核心。随着电子邮件和WWW的发展和普及,以及数码相机技术的提高和价格的下降,数码相机逐渐成为消费类电子产品中的热门货。数字图像(特别是在低端市场)曾一度依赖于扫描仪和传统的胶片冲洗。对大多数人来说,数字图像处理是一件令人痛苦的工作:首先要拍摄、冲洗,检查冲洗出来的照片的效果(常常需要多次冲洗才能得到令人满意的照片),扫描照片生成计算机能够使用的图像,最后,对图像进行编辑处理直至得到满意的图像为止。有了数码相机,一切都变得简单多了。人们可以根据自己的要求,随意拍摄,然后直接把图像下载到PC中,进行编辑处理。有了数码相机,就不再需要胶卷,不再需要冲洗。有了它,人们就能够方便快速地生成可供计算机处理的图像。现在,数码相机已经成为数字图像处理中必不可少的工具。

所谓数码相机(图9-15),是一种能够进行拍摄,并通过内部处理把拍摄到的景物转换成以数字格式存放的图像的特殊照相机。与普通相机不同,数码相机并不使用胶片,而是使用固定的或者是可拆卸的半导体存储器来保存获取的图像。数码相机可以直接连接到计算机、电视机或者打印机上。在一定条件下,数码相机还可以直接接到移动式电话机或者手持PC上。由于图像是内部处理的,所以使用者可以马上检查图像是否正确,而且可以立刻打印出来或是通过电子邮件传送出去。

图9-15 数码相机

9.7 常见外设故障及排除

在计算机的使用过程中,各种计算机配件都可能会出现问题,外部设备也不例外,这里介绍几种常见的计算机外部设备故障,以及它们的解决办法。

1. 键盘

输入设备是人与计算机相互沟通的主要媒介。随着科技的不断发展,人们对输入设备功能的要求也相继提高,输入设备的种类也越来越多,但键盘依旧有着不可动摇的地位。

1) 键盘的日常维护

键盘是常见的输入设备,是最基本的部件之一,因此其使用频率非常高。但是有时按键用力过大、杂物掉入键盘等不良的使用习惯都会造成键盘故障,所以,应注意对键盘进行日常维护。

键盘不可随意更换,如有特殊原因必须更换键盘时,应切断计算机电源。

键盘内过多的尘土会妨碍电路正常工作,有时甚至会造成误操作。键盘的维护主要就是定期清洁表面的污垢,一般清洁可以用柔软干净的湿布擦拭键盘,对于顽固的污渍可以用中性的清洁剂擦除,最后还要用湿布再擦洗一遍。

大多数键盘没有防水装置,一旦有液体流进,便会使键盘受到损害,造成接触不良、腐蚀电路和短路等故障。当大量液体进入键盘时,应当尽快关机,将键盘接口拔下,打开键盘,用干净吸水的软布擦干内部的积水,最后在通风处自然晾干即可。

在清洗键帽下方的灰尘时,不一定非要把键盘全部拆卸下来,可以用普通的注射针筒抽取无水酒精,对准不良键位接缝处注射,并不断按键以加强清洗效果。此方法简单实用,对分布在键盘外围的按键尤其实用。

2）常见键盘故障排除

键盘是计算机重要的输入设备之一,也是故障发生率比较高的设备,以下为常见的键盘故障。

（1）键盘没有任何反应

故障现象:一台计算机启动自检时键盘的 Num Lock 灯亮,Caps Lock 灯和 Scroll Lock 灯闪了一下,正常启动后键盘不起任何作用。

故障分析与处理:这种现象主要有两方面的原因,第一是键盘,第二是主板。

首先拿一个好的键盘换上,故障依旧,说明不是键盘的故障,于是怀疑主板有问题,拔掉所有的板卡和连线,将主板从机箱上卸下,仔细观察,未发现烧毁、损坏的地方,只是灰尘较多,用电吹风将主板上的灰尘吹干净。插上显卡、键盘,接通电源,开机后键盘恢复正常,看来是主板上的灰尘积累得太多影响了键盘接口。装好所有的板卡和连线,开机后故障依旧。

逐一检查,发现 PS/2 鼠标插口中有一根针弯了,和其他针搭在一起,另外观察到主板上 PS/2 鼠标接口和键盘接口离得很近,用尖嘴钳将弯曲的针扳正,再次开机测试,一切恢复正常。

（2）键盘按键不灵

故障现象:一台计算机在开机自检时正常,在使用时,C、D、E 键不太灵敏,用力按这几个键,输入的字符也正常,轻按则无反应。

故障分析与处理:由故障现象看,键盘接口及电缆没有问题,几个键同时失灵也不是按键本身的故障,可以判断是电路故障造成的。

将键盘拆开,发现此键盘属电容式键盘,由三层透明塑料膜重叠构成,上下两层分别涂有多条横纵导电条,中间没有涂导电条的薄膜作为隔离层,但在对应键位的地方开有小孔,按下某个键时,上下层塑料膜上的导电条在透孔处接触,即可完成该键的输入,此种键盘的灵敏度较高,只要轻触按键即可输入字符。

仔细观察失灵按键的键位,发现失灵键所在列的导电层经接口处由电路板上一跳线与微处理器的 14 脚相连,而跳线与 14 脚相连处有虚焊现象,这正是有时重按按键就能输入字符的原因。将虚焊点重新焊接即可。

（3）键盘信号线脱焊

故障现象:一台计算机开机自检时屏幕出现如下信息:

```
Keyboard is locked Unlock it
KB/Interface error
Press <F1> to Resume
```

故障分析与处理:该信息的意思是键盘接口错误,很明显这是由于键盘没有信号引起的。拆开键盘,用万用表检查键盘电缆,发现 KBDDATA 信号线脱焊,将信号线重新焊牢再开机检测,故障排除。

（4）按键不能弹起

故障现象:有时开机时键盘指示灯闪烁一下后,显示器就黑屏。有时单击鼠标却会选中多个目标。

故障分析与处理:这种现象很有可能是某些按键被按下后不能弹起造成的。按键次数过多、按键用力过大等都有可能造成按键下的弹簧弹性功能减退甚至消失,使按键无法弹起。

处理办法是在关机断电后,打开键盘底盘,找到不能弹起的按键的弹簧,用棉球沾无水酒精清洗一下,再涂少许润滑油脂,以改善弹性,最后放回原位置即可。

2.鼠标

鼠标也是目前广泛使用的输入设备之一,特别是在出现 Windows 系统之后,鼠标更是不可缺少的一个部件,其故障的发生率也在随之上升。

1)鼠标引起的异常关机

故障现象:一台计算机每次移动鼠标,就会异常掉电关机。

故障分析与处理:经分析后,觉得电源故障的可能性很大,有的劣质电源在光驱启动的瞬间由于电流突然加大而很容易产生掉电。于是换上一个好的长城电源,但现象如故,然后陆续换了显卡、CPU、主板等都无法解决问题,用杀毒软件进行查毒,也没有发现病毒。

开机再仔细观察,发现进入系统后不动鼠标就没问题,只要移动鼠标计算机就会关机,立刻拿新鼠标换上,开机运行后一切正常。

仔细检查鼠标,发现原来鼠标里有几条细导线的绝缘层已经严重破损,露出了里面包着的金属丝,而且有的部分纠缠在一起,估计造成这种奇怪故障的原因就是它们短路所致。将几条细导线分别理好,用绝缘胶布粘好后故障排除。

2)鼠标指针不能和鼠标很好地同步

故障现象:移动鼠标时鼠标指针轻微抖动,不能和鼠标很好地同步。偶尔鼠标不动,而屏幕上鼠标指针水平或垂直方向匀速移动,但速度较快。

故障分析与处理:指针移动说明鼠标通过串行数据线给主机送去了鼠标移动信息,但此时鼠标又未动,其原因是鼠标中红外发射管与栅轮轮齿及红外接收组件三者之间的相对位置不当,再加上主机通过接口送出的电源电压与鼠标匹配不好。只需调整故障对应方向红外发射管、红外接收组件与栅轮的相对位置即可。

3)鼠标间歇性反应

故障现象:按下鼠标的按键时无任何反应,有时间歇性无反应,但鼠标的移动操作正常。

故障分析与处理:鼠标的移动操作正常,说明鼠标只是在按键的部件上出现了故障,一般是由接触不良引起的。拆开鼠标,可以看见在电路板上对应鼠标壳的按键下面有两个按键装置。用手按下出现失灵现象的按键装置上的凸起塑料片,随着手按下力度的增大,凸起塑料片就被按得越深,失灵现象就明显减弱。

4)鼠标只能水平移动

故障现象:一个机械式的鼠标在使用过程中指针只能沿水平方向左右移动,不能沿垂直方向移动。

故障分析与处理:鼠标箭头不能沿垂直方向上下移动,说明光栅计数器部分有问题。用螺丝刀打开此鼠标底盖,取出小球,检查 Y 轴方向光栅计数机构,可能是 Y 轴方向的转子表面较脏的缘故,用酒精棉球清除该转子表面脏物,清理完后装好鼠标,问题就会得到解决。

清理完毕,但故障依旧,可能是 Y 轴方向转子的支承轴弯曲变形,使转子与小球之间始终存在间隙,小球无法带动转子转动,Y 轴方向的光栅计数器不能工作,致使鼠标箭头不能沿垂直方向上下移动。取下该转子的支承轴,将其恢复后重新安装,使该转子与小球完全接触,再装好鼠标即可。

5) 鼠标指针跳动

故障现象:移动鼠标时鼠标指针不稳定。

故障分析与处理:启动 Windows 后检查鼠标的驱动程序,安装正确。用杀毒软件检查,没有发现病毒,将鼠标与主机的接口插头拔插一次,重新启动后故障仍然存在。用替换法将另一只正常的相同型号的鼠标与主机连接,故障现象消失,由此可判断是由鼠标硬件故障引起的。

打开鼠标底盖,发现滚动球和接触点上都很脏,用清洁剂清洗滚动球和所有接触点,然后将滚动球和接触点上的残留液体擦干净,再装上鼠标并开机测试,鼠标使用正常。

3. 打印机

目前,越来越多的打印机进入办公室和家庭。但许多人由于不懂基本的维护常识,各种故障时有发生。如果能够养成好的使用习惯,能够快速地处理一切故障,肯定能够赢得更多的时间。

1) 打印机的使用与维护

在打印机的使用过程中,经常对打印机进行维护可以延长打印机的使用寿命,提高打印机的打印质量。

(1) 喷墨打印机的保养与维护

打印机需经常进行日常维护,以使打印机保持良好的工作状态。喷墨打印机日常维护主要有以下几方面的内容。

内部除尘:打开喷墨打印机的盖板,用柔软的湿布清除打印机内部灰尘、污迹、墨水渍和碎纸屑,如果灰尘太多,可用干脱脂棉签擦除导轴上的灰尘和油污,并补充流动性较好的润滑油。

更换墨盒:喷墨打印机型号不同,使用的墨盒型号以及更换墨盒的方法也不相同,在喷墨打印机使用说明中通常有墨盒更换的详细说明。更换墨盒时,需要打开打印机电源,因为更换墨盒后,打印机将对墨水输送系统进行充墨。

清洗打印头:大多数喷墨打印机开机会自动清洗打印头,并设有按钮对打印头进行清洗,具体清洗操作可参照喷墨打印机操作手册中的步骤进行。如果打印机的自动清洗功能无效,可以对打印头进行手工清洗。

(2) 激光打印机的保养与维护

随着时代的发展,激光打印机逐渐进入家庭与办公室,激光打印机也需要定期清洁维护,特别是在打印纸张上沾有残余墨粉时,必须清洁打印机内部。

对激光打印机进行维护,可以先拆卸打印机,然后对其进行维护,拆卸打印机的操作步骤如下。

把打印机上方前部的顶盖向上旋转到位,将其打开。当顶盖向上旋转到位时,听到打印机内部右侧锁定支撑的"咔嗒"声响。

用两手食指勾住感光鼓前沿两边的手柄,轻轻向上拉将感光鼓取出。感光鼓为黑色,从取出方向看,圆柱形的墨粉盒嵌在感光鼓后侧的卡槽中,墨粉盒本体为白色,右侧有一浅蓝色的手柄。

将感光鼓平置,向前旋转感光鼓右后侧墨粉盒上的手柄,关闭墨粉窗,直到转不动为止。然后沿感光鼓的后侧卡槽将墨粉盒向右沿水平方面平拉,抽出墨粉盒。

用十字旋具拧下右侧的定影器右侧的螺钉,略向右移,向上取下定影器。

将激光打印机拆卸后,即可开始对打印机进行维护,对激光打印机的清洁维护有如下方法。

内部除尘:内部除尘的主要对象有齿轮、导电端子、扫描器窗口和墨粉传感器,内部除尘可用柔软的干布擦拭,齿轮、导电端子可以使用无水乙醇。

外部除尘:外部除尘时可使用拧干的湿布擦拭,如果外表面较脏,可使用中性清洁剂,但不能使用挥发性液体清洁打印机,以免损坏打印机表面。感光鼓及墨粉盒可用油漆刷除尘,注意不能用坚硬的毛刷扫感光鼓表面,以免损坏感光鼓表面膜。

2) 常见打印机故障排除

打印机是除了显示器之外最常见的输出设备,如果打印机不能正常工作,将会导致工作效率下降。

(1) 打印文字字体出现乱码

故障现象:打印机在打印文件时,输出的文件字体全部显示的都是乱码,而该台打印机在其他计算机上使用均正常。

故障分析与处理:打印机在别的计算机上使用正常,可以判断打印机本身无故障。出现问题的原因最大可能是没有安装所使用的字体。可按以下步骤进行处理。

双击"控制面板"中的"字体"图标,在"文件"中选择"安装新字体"选项,再选择字体所在路径,即可进行字体的安装。

双击选中的字体图标,在出现的"字体"对话框中选择"打印"选项,看输出的打印结果是否正常。如不正常,则可能是该字体已损坏,应对此字体进行重新安装。

(2) 打印时要空走一张纸

故障现象:打印机在打印时,总是先空走一张打印纸,然后才可正常打印。

故障分析与处理:出现此现象可能是计算机与打印机的加电顺序不合理或有些品牌的打印机对纸张的要求较高,如要求最少使用70g或80g的纸张等,当打印纸张不符合打印机要求时就会出错。

具体的处理方法是使用打印机时,在计算机加电启动之后再打开打印机的电源开关或使用符合打印机要求的打印纸。

(3) 打印机打印字符错位

故障现象:一台喷墨打印机打印时字符严重错位,无法辨认。

故障分析与处理:引起这种现象的原因可能是在运输或搬移打印机的过程中打印头错位,打印头在使用过程中撞车也可能引起打印字符错位。

其解决方法是使用打印机附带的"打印校准程序"来校准打印头,如果没有打印校准程序,可以通过在打印时设置打印机为单向打印来解决问题。

(4) 喷墨打印机打印时走纸不正

故障现象:喷墨打印机打印时纸总是向着一头卷,而不是均匀地向前。

故障分析与处理：很多喷墨打印机进纸时多以右边作为起始位置，放纸时应靠着送纸匣的右边，并把左边可滑动的挡板移到纸的左边，并尽可能靠拢，这与很多针式打印机和激光打印机正好相反。如果把纸靠在左边，进纸时就会出现向一边歪的情况，此时最好不要强行拔纸，而应中止打印，以避免对打印机造成损坏。

4. 扫描仪

扫描仪是目前除了键盘和鼠标之外最常见的输入设备，特别是在进行图像编辑的过程中，经常将原始图片通过扫描仪扫描到计算机内，然后再对其进行加工处理，但在使用过程中，肯定会出现一些问题。

1）找不到扫描仪

故障现象：一台计算机在运行时找不到扫描仪。

故障分析与处理：出现该种故障首先确认是否先开启扫描仪的电源，再启动计算机。如果不是，可以单击"设备管理器"的"刷新"按钮，查看扫描仪是否有自检，绿色指示灯是否稳定地亮着。

如果一切正常，则可排除扫描仪本身故障的可能性。如果扫描仪的指示灯不停地闪烁，表明扫描仪状态不正常，可先检查扫描仪与计算机的接口电缆是否有问题，以及是否安装了扫描仪驱动程序。此外，还应检查"设备管理器"中扫描仪是否与其他设备冲突（IRQ 或 I/O 地址），若有冲突可以通过更改 SCSI 卡上的跳线来排除故障。

2）扫描仪的 Ready 灯不亮

故障现象：打开扫描仪电源后，扫描仪的 Ready 灯不亮。

故障分析与处理：若发现 Ready 灯不亮，应先检查扫描仪内部灯管，若发现内部灯管工作正常，则可能与室温有关。

解决的办法是让扫描仪通电半小时后关闭扫描仪，一分钟后再打开。若此时扫描仪仍然不能工作，则先关闭扫描仪，断开扫描仪与计算机之间的连线，将 SCSI ID 的值设置成 7，大约一分钟后再把扫描仪打开即可。

3）扫描时断断续续

故障现象：一台扫描仪在扫描时断断续续。

故障分析与处理：出现这种情况可能是因为内存太小，扫描仪先扫描一部分，再扫描另外的部分，然后再回去把两者平滑连接。其解决办法有两种：一是扩充内存，另一种方法是在"控制面板"→"系统"→"性能"→"虚拟内存"里调整或禁止虚拟内存。

小结

鼠标、键盘、打印机作为重要的输入输出设备，早已成为组成计算机必不可少的一部分。而数码相机之类的消费类电子产品也正在市场中日益火爆起来。

通过本章的学习，读者应了解常见输入输出设备的发展进程、种类型号和性能指标，在此基础上，能够掌握购买这些硬件产品的方法。

习题

1. 不属于输入设备的是（　　　）。
   A. 鼠标　　　　　　　B. 显示器　　　　　C. 键盘　　　　　　D. 硬盘

2. 速度快,印字质量好,噪声低,但价格昂贵的打印机是（　　）打印机。
   A. 激光　　　　　　　B. 喷墨　　　　　　C. 针式　　　　　　D. 点阵式

3. 不属于鼠标种类的是（　　　）。
   A. 机械鼠标　　　　　B. 光机鼠标　　　　C. 光学鼠标　　　　D. 电容鼠标

4. 不属于键盘按接触方式分类的是（　　　）。
   A. 机械式键盘　　　　　　　　　　　B. 人体工程学键盘
   C. 塑料薄膜式键盘　　　　　　　　　D. 导电橡胶式键盘

5. 通过互联网查询列举出所查到的 3C 产品名称和基本参数。

第 10 章
计算机配件的搭配

教学提示：在了解了计算机配件之后，应该对整台计算机进行配置和选购，为组装计算机打下基础。本章将介绍选购计算机配件时应该遵循的原则，以及购买计算机容易进入的误区，并讲解计算机配件的选购方法。

教学目标：计算机配件选购的原则和误区是组装计算机的基础知识，必须掌握，而计算机配件的搭配，以及如何选择计算机配件对人们来说非常有用，应该重点掌握。

10.1　计算机配件的综合选购与搭配

现在用户购买的计算机主要有两种：一是品牌机，即用户购买的是一台完整的计算机，如 IBM、联想、方正、清华同方等；二是兼容机，即用户自己选购计算机的配件，然后由商家或自己动手组装。

品牌机不需要用户组装，但是价格稍贵，适合对计算机硬件不了解的用户，而兼容机价格相对较便宜，适合对计算机硬件较为了解的用户。

10.1.1　选购原则

选购计算机时，首先要做的是需求分析，做到心中有数、有的放矢。必须了解计算机的性能和计算机组件的相关信息资料，做到按需选购。按照重要性，在选购计算机时，可按"按需配置，追求性价比，品牌优先"的原则进行选择。

1．按需配置

在采购计算机时，一定要按照不同的实际需求配置计算机。够用、耐用是选购计算机的两个基本要求。

用户在购买计算机前一定要明确自己计算机的用途，就是说要让计算机做什么工作、具备什么样的功能。明确了这一点，才能有针对性地选择不同档次的计算机。够用的要求具体地说就是在满足使用的同时精打细算。例如办公人员要求计算机能够处理日常办公事务，能适当休闲娱乐，而且因为要长时间面对计算机，计算机的辐射一定要小；程序员要求计算机能稳定运行，并且计算机辐射也要低；游戏玩家要求计算机显卡有强劲的性能、内存要足够大、键盘和鼠标都要一流的，而且声音系统一定要好，能够了解各个方位发出的声音；上网发烧友希望计算机的硬盘足够大，最好还有台 DVD 刻录机等。

耐用也同样重要,在精打细算的同时,必要的花费不能省。在做购机需求分析的时候要具有一定的前瞻性,也许今天只是用计算机打字、上网,可是随着计算机应用水平的提高有可能明天就要做图形、3D等,到那时机器有可能就力不从心了,升级肯定是不划算的,不如当初购机时多花些钱。对于学生用机,这个问题应该着重考虑一下。

2. 追求性价比

性价比就是性能和价格之比,这个比值越高越好,越高则表示用较少的钱买到更好的东西。

对于初学者或办公人员来说,可以购买集成声卡、显卡甚至集成网卡的主板,这样能够满足一般的需求。对于这样的用户来说,完全没有必要购买主板,然后再去购买声卡、显卡和网卡,如果真是这样,那么性价比实在是不高。如果遇到厂家搞活动,例如买显示器送键盘、鼠标之类的,就可以考虑了,因为同样的钱,多得一套键盘鼠标。

3. 品牌优先

品牌厂商的产品一般比普通杂牌的产品要贵一些,但是换来的是优良的品质和良好的信誉保证。

好品牌厂家商品的研发、用料、测试都非常严格,因此能够保证配件的质量,而一些普通厂商为了市场的竞争,不断缩减成本,不得不偷工减料,服务质量也得不到保障。因此建议购买计算机配件时,在预算资金不是很紧张的情况下,尽量优先考虑品牌产品。品牌选择并不是一味地选择大厂产品,有时一些二流厂商推出的产品反而性价比比较高,上市后很快成为市场热点。

10.1.2　选购误区

计算机是一种电子产品,其技术在不断改进和发展,因此,购买计算机时,如果有一步到位这种想法的用户,肯定是进入了选购计算机的误区,一定要注意,不要盲目地选购计算机。下面介绍几种常见的选购误区。

1. 一步到位

很多用户,特别是有一点儿计算机知识的用户,在购买计算机时,总是想买一台最好的、顶级的计算机,而这些部件肯定都是新上市的,价格处于最高峰,此时购买,性价比肯定是最低的。

其实购买电子类产品,包括计算机都是不可能一步到位的,因为计算机技术在不断发展,生产工艺在不断改进,也许现在花钱买了目前顶级的配置,但是不到两年,这台计算机的大部分配件就到了要被淘汰的边缘。而且,一般的用户是不可能充分发挥计算机的功能的,最多用到一小部分功能,所以,一步到位肯定是浪费的一种表现。

2. 只注重 CPU

在计算机产品中,除了品牌机之外,CPU 的广告最多,这样就误导了很多用户,以为只要 CPU 的频率高,整台计算机的性能就高,让很多用户只注重 CPU 的频率。

其实,如果真的只是注重 CPU 的频率,往往这样配置的计算机是高价低能,除 CPU 外的其他配件很容易买到性能不好的次品,在实际使用中并不能突出 CPU 的性能,反而会因为其他配件的性能差,产生瓶颈而导致整机性能差。

购买计算机要全面考虑各个配件,CPU 的频率只要满足要求就可以了。

3.追求新产品

有些用户在购买计算机时,喜欢选购刚上市的新产品,认为刚上市的产品性能好,值得购买,其实对于普通用户来说,虽然刚上市的产品有着更新的技术和更强大的功能,但是却不应该考虑购买。

第一,刚上市的产品价格必然很高,如一块高性能的显卡,刚上市的时候价格相当于一台整机,而几个月之后,价格将会降到 2000 元以下,性能却仍然强劲。

第二,刚上市的产品未经过市场的考验,其兼容性和稳定性要实际使用一段时间后才能表现出来,很可能在使用中出现各种各样的问题。例如,423 针的 P4 CPU 的性能并不比 P3 高多少,价格却高很多倍,而且没多久就被新 P4 所代替。

选购计算机时,一定要选购一款在市场上成熟了的产品,这种产品不但价格合理,而且使用起来也比较放心。

10.1.3　计算机配件的搭配

越来越多的用户采取自己配置兼容机的方式来购买计算机,但是有的用户在写配置清单时没有考虑周全,写出来的配置不尽合理,造成大材小用、小材大用等问题,从而引起瓶颈效应。

1.P4 CPU 搭配集成显卡

很多用户都会有这种情况,原因就是只看重 CPU,而不注重其他配件,认为只要 CPU 频率高,其他配件随意就行了。

如果这样配置,其计算机 3D 性能很差,如对玩游戏来说,P3 赛扬 1.3GHz＋Geforce FX 系列显卡的游戏性能远远高于一款 P4＋集成显卡的游戏性能,而前者的价格比后者还要低。

如果一定要配置集成显卡,还不如用赛扬 4 的 CPU,价格比同频 P4 的 CPU 要低一半多,整机性能却不低,省下的钱可以买块大硬盘或作他用。

2.P4 系统搭配低速硬盘

由于制作工艺的不断改进,CPU 的速度提升很快,而硬盘的速度却没有什么变化,因此现在的计算机系统中,硬盘成了系统性能的瓶颈。

目前,CPU 的处理速度很快,处理的数据要写入硬盘时,硬盘由于转速低,不能跟上系统的速度,从而导致整机速度变慢,最明显的表现就是在读取比较大的数据时,由于硬盘读取速度慢,整个系统都要停下来等硬盘将数据读取完毕后才能继续运行。

目前,7200rpm 的硬盘要比 5400rpm 的硬盘快 33%,但是,价格只有几十元的差距,所以,在目前的计算机配置中应尽量配置 7200rpm 的硬盘,而且还应该选择缓存比较大的硬盘,速度才能提上去。

3. DVD 光驱搭配集成软声卡

目前,DVD 光驱价格非常低,有很多用户都选购了 DVD 光驱,在广大用户中已经开始普及,但是,很多用户在选购了 DVD 光驱后,却没有选购独立声卡。

目前,通过 DVD 播放出来的录像画面非常清晰,而且富有震撼力的多声道音效,因此很多用户首选 DVD。但是,集成声卡由于先天条件的限制,音效不是很好,尽管现在集成软声卡也有多声道,但是和中端的独立声卡相比,还是有很明显的差距。

对于购买 DVD 光驱的用户,也想充分享受 DVD 光驱带来的视听震撼效果,最好还是购买一款中端的独立声卡。

4. 集成软声卡搭配高档音箱

有的用户配置的计算机是集成软声卡,但是却配置了一款高档音箱,希望能够得到好的音质。其实,集成软声卡已经决定了音质不会很好,因为集成软声卡的性能不高,而音箱的声音是从声卡里面传输过来的,音箱再好也不可能将经过集成软声卡处理的声音变成“天籁之音”。

10.2　计算机选购指南

在选购计算机前必须清楚两点:第一,需要什么样的计算机;第二,购买计算机的预算。在购买时,如果能充分考虑这两点,所选购的计算机就能让人满意。

10.2.1　计算机的采购思路

购买计算机时,容量最大、速度最快放在一块儿并不一定是最好的选择。由于 CPU、内存、硬盘等计算机配件是要共同配合工作的,而不同芯片、不同型号、不同品牌产品之间的兼容性又都不一样,因此即使全部用最大、最快的配件组合在一起,最终得到的机器也未必就是最好的,因为还存在系统优化和兼容的问题。其次,太快、太大会造成资源和能源上的浪费。例如有些人喜欢买大容量的硬盘,但是实际上又用不了这么多,而且在使用时由于硬盘容量增大,系统往往需要花费更多的时间搜索某个文件或程序,这就造成了资源的浪费。

以下是购机时应注意的问题。

(1) 选购品牌机的话,商场往往比专卖店贵,专卖店又比计算机城商铺贵,原因是让利的幅度不一样。不过考虑到服务,专卖店是最好的选择,当然商场可能会送货上门,对家离得远的用户就很方便。

(2) 选购计算机配件之前最好通过报纸、互联网了解一下最新价格,做到心中有数。到计算机商城后不要急着购买,最好多问几家,顺便还个价,问商家最低多少钱能卖,心里有底后再确定购买。

(3) 计算机产品的价格每天都在变,所以今天价格便宜了很正常,当然贵了也不奇怪。关键是多了解行情的变化,尽量做到在价格最合适的时候出手。最合适不一定是价格最低,因为计算机产品升级换代快,价格降到最低也许说明该产品即将被淘汰了。

（4）不同产品所拥有的利润不同,所能砍价的幅度也不同。不过要提醒的是,利润大小和比例与产品本身大小和价格高低并不成正比。一般而言,CPU、硬盘、内存、光驱、软驱由于价格太过明朗,利润往往较低,利润大的配件主要是显示器、显卡、声卡、主板、音箱等。

（5）货比三家。多看多问,质量第一、服务第二、价格第三。

（6）记住索要发票,如果没有发票,起码要有盖章的收据,并在收据上写明所购产品具体品牌型号和数量、价格、日期,最好写明换货和保修时间。

（7）对于任何产品都要打开包装仔细查看,重点看配件是否齐全,外观新旧及有无损伤,驱动程序、说明书、保修单等附件是否都在等。

（8）在购买时不要过度压价,否则一些商家可能会将一些假货卖给你,因为商家是绝对不会做亏本生意的。

10.2.2　计算机配件选择要求

1. CPU

CPU 在计算机中起到的作用确实是举足轻重的,但是计算机是一个有机的结合体,一颗性能强的 CPU 必须有与之相符的其他配件搭配,才能发挥出它的原有性能。CPU 主频和实际的运算速度存在一定的关系,但 CPU 的运算速度还要看 CPU 的流水线的各方面性能指标(缓存、指令集,CPU 的位数等)。

CPU 可以按照可超性优于价格,价格优于标称频率来进行选购。

2. 主板

购买主板并不一定非要选择一线大厂的名牌产品,要从自己的经济情况、所搭建平台的需求等多方面去考虑,才能找到一款适合自己的产品。

主板可以按照稳定性优于价格,价格优于速度的原则来进行选购。

3. 硬盘

硬盘可以按照稳定性优于容量,容量优于速度的原则来进行选购。

4. 显示卡

显存容量越大并不一定意味着显卡的性能就越高,因为决定显卡性能的三要素首先是其所采用的显示芯片,其次是显存带宽(这取决于显存位宽和显存频率),最后才是显存容量。

响应时间是 LCD 显示器比较重要的一个性能参数,对 LCD 的性能影响也较大。但是一般来说,目前主流产品的 8ms 响应时间已经足够使用,所以普通消费者没有必要去追求那些 4ms、2ms 的极速响应时间。

显示卡可以按照兼容性优于速度,速度优于画面质量的原则来进行选购。

5. 显示器

显示器可以按照质量优于价格,价格优于显示面积的原则来进行选购。

6. 内存

内存可以按照稳定性优于容量,容量优于速度的原则来进行选购。

7. 光驱

光驱可以按照读盘能力优于速度的原则来进行选购。

8. 声卡

声卡可以按照兼容性优于音质,音质优于价格的原则来进行选购。

9. 音箱

音箱可以按照音质优于功率的原则来进行选购。

10. Modem

Modem 可以按照稳定性优于速度,速度优于功能的原则来进行选购。

11. 机箱

机箱可以按照外形美观、做工精细、手感好的原则来进行选购。

其中,电源的功率够用即可。更应该注意的是:电源转换的电压稳定性,电能转换效率,是否拥有短路保护与过载保护,电磁辐射等。

12. 软驱、键盘、鼠标

这三者都可以按照外形美观、做工精细、手感好的原则来进行选购。

10.2.3 软件采购要求

计算机是由硬件和软件构成的,二者缺一不可,再好的硬件没有软件支持也是不能正常工作的。一些在市场上销售的计算机(特别是低价机)实行裸机销售,不要说应用软件,就连操作系统也没有。一些用户不以为然,觉得可以省点儿钱,装些盗版软件无所谓,不考虑知识产权的问题。如果盗版软件厂家不提供售后服务将怎么办?

无论是程序员用户还是企业用户或家庭用户都要购置一些必备的软件,如操作系统、杀毒软件、办公软件等。

10.2.4 售后服务

品牌机在近几年内能迅速占领市场,与其提供的售后服务是密不可分的。作为消费者来说,在购买计算机的时候,售后服务也同时成为一项必不可少的参考标准,而能否提供良好的售后服务决定了消费者对于计算机品牌的认同度。

国内计算机市场发展到现在,已经不再只是价格或者配置上的优劣比较了,而更多的是以个性化的理念设计以及人性化、标准化的售后服务为中心,同时,售后服务所隐含的巨大附加利润也是各厂家无法割弃的。

　　早期使用计算机的人大部分都是从事与计算机相关行业的人员,对于计算机多多少少都有点儿概念,一些简单的故障可以自行处理。时至今日,越来越多的普通百姓对于计算机的使用不仅局限在打字制图方面了,更多的是赋予了娱乐的需求,将其当成一种家电产品,或者说一种高档家电。而这部分人对于计算机的认识相当少,有的甚至连最基本的鼠标操作都还没有学会,更不要说故障处理了。一旦计算机出了问题,就只能依靠维修人员来解决。

　　相比普通家电产品,计算机的服务显得更为重要,谁也不敢保证计算机永不出问题,售后服务问题应该放到重要位置上来考虑。用户在购机前,一定要问清售后服务条款后再决定是否购买。

10.3　笔记本的选购

　　NoteBook,俗称笔记本,它的诞生源于人们对移动办公的需求,它的设计目的就是在保持便携性的前提下尽量提高性能和易用性,以及提供多元化的功能。笔记本根据便携、节能、散热等要求,其CPU、内存、主板等自成一个系列。而移动PC成本低,具有可移动性。移动PC和笔记本最主要的区别就是前者的CPU、内存、主板等主要部件仍然与台式计算机一样,移动PC的功耗大、发热量大,比笔记本体积大、重量重,移动PC的优势是价格便宜。

10.3.1　笔记本的几个主要指标

1. CPU

　　笔记本专用的CPU称为Mobile CPU(移动CPU),它除了追求性能,也追求更小的封装面积、低热量和低耗电,以及能承受更高的工作温度。最早的笔记本直接使用台式计算机的CPU,但是随着CPU主频的提高,笔记本狭窄的机箱开始无法迅速地散发热量,笔记本的电池也无法负担台式CPU的耗电量。

　　Mobile CPU的制造工艺往往比同时代的台式计算机CPU更加先进,因为Mobile CPU中会集成台式计算机CPU中不具备的电源管理技术,而且往往比台式计算机CPU先采用更高的精度。Mobile CPU具有Speed step技术,这种技术就是在笔记本使用电池供电时,可以根据需要动态地切换工作电压和工作速度,以达到节省电力,延长工作时间的目的。

　　迅驰(Centrino)技术是英特尔的一个全新的无线移动计算机技术品牌,也是英特尔首次将一系列技术用一个名字来命名。迅驰技术包括CPU、芯片组以及无线网络模块。采用迅驰的新一代笔记本在4个方面与以前的产品有本质区别:一是更高的性能,二是无缝的无线连接,三是更长的电池寿命,四是创新的外形。迅驰是指一类技术,而不是单一的产品,迅驰的推出代表新一代笔记本将改变人们使用计算机的地点和方式。SAMSUNG X10笔记本采用Intel Centrino技术,内部集成了无线网卡,其CPU为1.4GHz,L2 Cache为1MB。现在Intel的Mobile CPU有Celeron、Pentium Ⅲ和Pentium 4。

2．内存

使用 Pentium Ⅲ 及更早 CPU 的笔记本的内存，一般配备 SDRAM PC100 或 PC133 内存，使用 Intel Centrino 处理器或 Pentium 4 CPU（包括 Socket 478 构架的 Celeron）的笔记本配备 DDR SDRAM PC2100、PC2700 或 PC3200 内存。标准配置的内存容量一般为 128MB、256MB 或 512MB。

3．硬盘

笔记本一般采用 2.5 英寸或 1.8 英寸硬盘。1.8 英寸硬盘比 2.5 英寸硬盘更抗振动、抗冲击，1.8 英寸硬盘的体积只有 2.5 英寸硬盘的 60%，1.8 英寸硬盘现在比较广泛地应用于超轻超薄的笔记本中。一些品牌的笔记本还使用可减缓冲击的橡胶包覆了整个硬盘，进一步增强抗振动、抗冲击能力。笔记本标准配置的硬盘容量为 20GB、30GB、40GB 或 60GB。

4．显示屏幕

笔记本使用 TFT LCD 作为显示屏幕，应注意其视角、点缺陷和响应时间等。笔记本显示屏幕大小一般为：6.4 英寸、8.4 英寸、10.4 英寸、11.3 英寸、12.1 英寸、13.3 英寸、14.1 英寸、15.1 英寸或 16.1 英寸。一般来说，屏幕越小则体积越小，重量越轻。

5．显示芯片和显存

在笔记本中，一般来说显示性能是比较弱的，通常是集成显卡，显存与系统内存共享，如一些笔记本描述显示性能参数为"32MB Shared System Memory"。但也有一些显示性能较好的笔记本，如 SAMSUNG（三星）P10-3LL 和 SONY（索尼）VAIO PCG-GRZ20C 都采用 ATI Mobility Radeon 7500 AGP4X 32MB DDR 独立显卡，SAMSUNG（三星）X10 采用 nVIDIA GeForce4 AGP4X 32MB DDR 独立显卡。

6．光驱

现在标准配置的光驱有 CD-ROM、DVD-ROM、Combo（即 CD-R/RW with DVD-ROM）。光驱采用全内置或全外挂，全外挂一般通过 USB 或 IEEE 1394 接口。例如，NEC VERSA S800 笔记本的 Combo 光驱通过与 USB 2.0 接口连接，可以最大 24 倍速向外置光驱中储存数据（带有防止欠缓冲错误的功能）。Combo 光驱通过专用电源连接电缆与 NEC VERSA S800 主机连接，也可以在外出途中等场所使用。

7．网卡和 Modem

这类应用需要注意的是机器的网络接入能力一定要强，10M/100M 自适应网卡和 56k 的 Modem 缺一不可。如果在无线网络环境下工作，可以考虑选择有无线网卡（符合 IEEE 802.11b 规范）的笔记本。

8．电池

笔记本中使用的电池主要有镍氢电池和锂电池两种。镍氢电池价格便宜,但存在记忆效应,而且在相同容量下比锂电池重,而锂电池具有无记忆效应、重量轻、供电时间长等优点,已经成为笔记本电池的标准配置。采用迅驰(Centrino)技术的笔记本更省电,电池使用时间会更长。购买笔记本时要注意标称电池充满电后的工作时间。

9．接口

笔记本提供的各种接口,对扩展其功能有很大的作用,包括并口、串口、外接显示器接口,USB 1.1 或 USB 2.0、IEEE 1394、CF、Memory Stick、SD 卡、MMC 卡及 SM 卡等插槽。

注意:

(1) 一些超轻超薄的笔记本没有并口或串口。软件加密狗一般连接在并口,并口打印机也连接在并口,挑选笔记本时要注意自己的需要。

(2) 最好选用有 USB 2.0 和 IEEE 1394 接口的笔记本,提供快速的数据传送。

(3) 外接显示器接口,可以接其他显示器,也可以接数字投影机。

(4) 支持闪存卡插槽,配合闪存卡进行数据交换以及使用数码相机等非常方便。

10．重量

对于追求超轻超薄的用户来说,外形尺寸和重量是很重要的参数,设计得好的 Pentium Ⅲ、12.1 英寸显示屏的超轻笔记本重量一般在 1.2kg 以下,如 12.1 英寸的东芝 Portege 2010 (1.18kg),12.1 英寸的 NEC VERSA S800(1.14kg)。

10.3.2　选择笔记本的原则

选择笔记本会遇到扩充性与体积的矛盾、可移动性与性能的矛盾。

全内置型:光驱、软驱、调制解调器甚至网卡都以内置形式做到机器内部,系统配置很高,可以不在乎 CPU、硬盘、内存等重要部件的功耗而追求尽可能高的性能,使用非常方便,其性能接近于台式计算机,功能齐全、性能优异。

轻便型:机身做得尽可能的轻、薄,软驱、光驱这些系统非必需部件做成外置或互换,CPU、硬盘、内存等重要部件不一定有高性能,够用就行,追求超轻超薄,突出其可移动性。

1．根据笔记本的用途定位

笔记本用于上网、写一些普通文档、演示幻灯片等工作,那么高主频的赛扬 CPU,足够的内存(如 128MB)和一块大硬盘(如 20GB)即可;如果是玩游戏,或是做图形制作的工作,可以选择 Pentium Ⅲ、Pentium 4,大内存(256MB 或 512MB)、大硬盘(40GB 或 60GB)、大显示屏(14.1 英寸或 15.1 英寸)。在选购笔记本的时候一定要搞清楚 CPU 是否为 Mobile CPU,或者是迅驰(Intel Centrino)技术的处理器,因为它直接影响电池的使用时间,可以使用 WCPUID 软件测试一下 CPU 的类型。

2．选择全内置或超轻超薄

市面上的笔记本分为全内置、光软互换和全外挂三大类。全内置还是超轻超薄是一个有争论的选择。如果要追求笔记本的便携性，建议选择光软全外挂（即软驱、光驱通过 USB 或 1394 接口连接）或光软互换的笔记本，通常重量 1～2kg，这类笔记本外壳一般使用铝镁合金，具有流行、时尚的外表，突出的特点就是小、巧、轻、薄，非常适合需要经常外出办公的人群。现在有一些品牌笔记本使用底座，在底座中提供光驱或软驱或第二电池组，笔记本可以脱离底座使用。但在机器体积和重量减轻的同时，笔记本的性能也会有所降低，如一些超轻超薄的笔记本没有串口、并口，没有外接键盘或鼠标 PS/2 的接口，双 PCMCIA 插槽变为单槽，在功能扩充方面会受到一定的限制。体积和重量的限制，也使得超轻超薄笔记本的 CPU 规格一般会滞后于全内置笔记本。如果是追求高配置、高性能或经常需要频繁交换数据，可以选择全内置笔记本，重量通常 2～3.8kg。全内置的笔记本虽然重量及体积大了一点儿，但其性能通常比超轻超薄笔记本要好一些，屏幕尺寸大一些。现在一些品牌推出了平板笔记本，这样的笔记本具有手写功能，提供了专用的手写笔，直接在屏幕上当鼠标使用，或配合软件实现手写输入。

根据需要选择笔记本时考虑的因素主要有：CPU、内存大小、硬盘容量、屏幕尺寸、显示芯片及显存大小、光驱、软驱、音频系统、提供的接口、网卡、Modem、外形尺寸、重量。

市场上的主要笔记本品牌有：IBM、TOSHIBA、SONY、COMPAQ、NEC、HP、WinBook、SHARP、Acer、Dell、富士通、联想昭阳、清华紫光、方正、华硕、三星、京东方、清华同方等。

10.3.3　笔记本的详细配置

在购买笔记本时，一定要弄清楚它的详细配置，以便对照自己的要求看是否符合。下面以联想昭阳 K42AT7300(T7300/1GB/120GB)为例说明笔记本的详细配置。

处理器品牌：Intel

显示屏尺寸：14.1 英寸

笔记本处理器：Intel 酷睿 2 双核 T7300

笔记本主频：2000MHz

CPU 核心：Merom

迅驰技术：迅驰 4

二级缓存：4096KB

笔记本芯片组：Intel 965PM

系统总线频率：800MHz

内存类型：DDR2

标准内存容量：1024MB

最大支持内存：4096MB

联想昭阳 K42AT7300(T7300/1GB/120GB)存储性能：

硬盘容量：120GB

硬盘描述：SATA 5400RPM

光驱类型：DVD 刻录机

光驱描述：支持 DVD dual layer 光盘刻录

联想昭阳 K42AT7300(T7300/1GB/120GB)显示屏：

显示屏类型：TFT WXGA 宽屏

标准分辨率：1280 像素×800 像素

联想昭阳 K42AT7300(T7300/1GB/120GB)视频音频：

显卡芯片：NVIDIA GeForce 8400M G 独立显卡

音频系统：内置音效芯片

内置音箱：有

联想昭阳 K42AT7300(T7300/1GB/120GB)网络设备：

网卡：10/100M 以太网卡

Modem：56K V.92

无线网卡：802.11 a/g/n

联想昭阳 K42AT7300(T7300/1GB/120GB)输入输出：

指取设备：触摸板

I/O 接口：一个 IEEE 1394 接口、三个 USB 2.0 接口、一个串口、TYPE Ⅱ 型 PCMCIA、VGA 接口、S-Video、耳机输出接口、麦克风输入接口、计算机安全锁孔、RJ-11、RJ-45、电源接口

读卡器：3 合 1 读卡器(SD/MMC/MS)：

联想昭阳 K42AT7300(T7300/1GB/120GB)特征参数；

外观特征：337×245×34.2～36.5(mm)

联想昭阳 K42AT7300(T7300/1GB/120GB)电能规格；

电池规格：6 芯锂离子电池(4800mAh)

联想昭阳 K42AT7300(T7300/1GB/120GB)随机配件；

预装操作系统：Windows Vista Home Premium

其他性能：标配联想指纹安全管理系统,内置麦克风。

10.4 购机方案示例

在选购计算机时,可以根据实际的经济承受能力以及具体的需要来选择。计算机的用途不同,对计算机性能的要求也不同。计算机最主要的部件是：主板、CPU 和内存,它们直接决定着计算机的性能和稳定性。另外,根据不同的用户需要,对硬盘、显示卡和显示器等部件有不同的要求。

一些学生在校期间,购买计算机主要是为了帮助完成学业或者满足对计算机苦苦探索的需要。这样的情况自然是在稳定、够用的前提下,越便宜越好,不要考虑超前。

大众化用户型就是大家装机时普遍采用的大众化配置,价位不高,但非常实用,不是最新硬件技术,但绝对是经过市场检验并值得信赖的产品。

对于专业图形处理的用户,除了要精心挑选主板、CPU 和内存外,还要特别注意显卡的选择,同时要寻求硬盘数据传输瓶颈的解决方案,目前最好的方案就是采用硬盘 RAID 技术

加速卡。

对于游戏娱乐用户,除了要考虑图形处理能力之外,还应该考虑声音的处理效果,选择手感好的键盘和鼠标等。

潮流型计算机是那些特别崇尚硬件新技术、经济条件宽裕的用户的选择对象,也是组织或机构购机的首选。

表10-1和表10-2是两款流行配置,不过这些配置会随着硬件的不断更新而改变。

表 10-1　普通型配置

配　　件	型　　号	参考价格/元
CPU	AMD Athlon64 X2 4000＋(盒)	475
显卡	华硕 EN7300GT TOP/HTD/128M	399
主板	富士康 K8M890M2MB-RS2H	299
内存	威刚万紫千红 1GB DDR2 667 X2	170×2
硬盘	西部数据 160GB8M SATA	465
显示器	明基 FP73G	1450
光驱	建兴 16×DVD	150
键盘鼠标	明基神雕侠侣套装	80
音箱	漫步者 R60	60
电源	长城 300P4-SP 静音版	149
机箱	富士康飞狐 140	120
总价		3982

表 10-2　豪华型配置

配　　件	型　　号	参考价格/元
CPU	Intel Core 2 Duo E4400 2.0GHz(盒)	960
显卡	蓝宝石 HD 2600Pro 海外版	699
主板	技嘉 P31-DS3L	799
内存	金士顿 1GB DDR2 667 X2	175×2
硬盘	希捷 160GB 7200.10 8M	480
显示器	AOC 210V	1999
光驱	先锋 DVD-228	160
键盘鼠标	双飞燕 K4-2005F	150
音箱	麦博 B-73	180
电源	金河田劲霸 ATX-S428	350
机箱	金河田飓风 8185B	
总价		6127

表10-1配置点评:这套配置在4000元的价位上为人们提供了一个实惠的双核平台,其可以应付主流的大型3D游戏,2GB的内存更是流畅的基础。作为一套非游戏型配置,一款支持高清的显卡自然是不错的选择,配合液晶显示器,让视频变得更为精彩。

表10-2配置点评:虽然在中高端的CPU下,但人们并没有选择目前市场主流的P35主板。但从这块P31主板的价格上来看,必定有其独特的地方。在一些测试中,技嘉的这块P31主板在各方面都胜过大部分P35主板,而且对超频平台而言,它的优势也非常明显。

10.5　实训

10.5.1　实训目的

掌握按照一定要求配置计算机的方法。

10.5.2　实训内容

为某学校配置一批计算机。计划采购 90 台兼容计算机,其中 80 台学生用计算机,10 台教师用计算机,预算费用 300 000 元。具体要求如下。

(1) 教师机价格为 5000～7000 元,学生机价格为 3000～4000 元。

(2) 写出学生计算机配置清单及教师计算机配置清单。

(3) 写出配件的型号、厂家。

(4) 详细写出配件服务条款。

(5) 教师机必须选择分离显卡,显存为 2GB。

(6) 学生不要软驱、光驱,需要网卡。

(7) CPU 档次中等偏上。

(8) 内存容量:学生机 4GB,教师机 8GB。

10.5.3　实训过程

(1) 根据需求填写配件采购计划表,具体内容如表 10-3 所示。

表 10-3　配件采购计划表

配件	厂家	型号			服务条款
		高	中	低	
机箱					
机箱电源					
显示器					
键盘					
鼠标					
主板					
CPU					
内存					
显卡					
硬盘					
光驱					
音箱					
网卡					
桌椅					
其他					

（2）综合考察市场计算机各种配件的价格及趋势。

提示：在网上查询报价，如到 www.it168.com 上查询，也可以在本地市场询价。

（3）确定合理的采购方案。

填写最终方案配置表，如表 10-4 所示。填写服务条款：如此类型计算机配件均为全新配件，质保一年等。

表 10-4　教师/学生用计算机配置表

配件名称	所选配件	选择原因	参考价格
CPU			
主板			
内存			
显卡			
显示器			
硬盘			
机箱			
光驱			
风扇			
键盘			
鼠标			
声卡			
网卡			
合计			

（4）制订售后服务条款，包括技术服务期限和技术服务范围两项内容。

技术服务期限举例如下。

① 所有保修服务年限都从售出之日计，以发票或保修证书为准。

② 因故障维修、更换的部件的保修期限以该整机售出原配部件的保修截止日为准。

③ 预装软件和随机软件服务：发生预装软件和随机软件性能故障时，提供自购机之日起预装软件一年之内的服务，随机光盘中提供的软件三个月内的送修服务。

技术服务范围举例如下。

① 免费维修范围：保修期内按照产品使用说明书规定的要求使用时出现的硬件部件损坏；保修期外收费维修后一个月内出现同样的硬件故障现象。

② 超过保修期的机器故障部件；休整、改变配置或误操作；未按操作手册使用或在不符合产品说明书规定的使用环境下使用而造成的故障；因使用不适当或不准确的操作（如带电拔插等）或使用不合格物品（如坏盘）所造成的部件损坏；使用的软件、接口和病毒引起的故障；在不符合产品所需的环境情况下操作、使用；在不适当的现场环境、电源情况（如用电系统未能良好接地、电压过高过低等）和工作方法不当造成的故障；因自然灾害等不可抗拒力（如地震、火灾等）以及其他意外因素（如碰撞）引起的机器故障；自行安装的任何部件以及由此产生的任何故障都不承担保修责任。

（5）购买后的工作。

应当场检验，根据清单对所有物品进行清点，设定封条。

10.5.4　实训总结

通过本次实训,应该掌握按照一定的性价比配置计算机的方法和应该注意的问题。

计算机市场日新月异,只有不断地了解计算机的新技术、新产品才能够配置出高性价比的机器。

小结

本章主要介绍了计算机配件的选购与搭配的原则、误区,计算机的采购思路与要求,笔记本的选购原则和主要指标,最后给出两个配置示例。在组装计算机时一定要遵循按需配置、追求性价比、品牌优先的原则。通过实训可以按照要求完成一个单位使用机器的配置。

习题

在互联网上查找计算机配件及报价,通过了解市场,配置一台属于自己的计算机。

第11章

计算机硬件组装

教学提示：对于广大计算机爱好者来说，既然已经选择好了计算机配件，就应该亲自动手组装属于自己的计算机。本章将尽量细化地详解计算机组装的全过程。

教学目标：将现有微机进行拆卸和安装，在拆装过程中加深对微机的各组成部件的认识；按照组装微机的方法和步骤将各微机部件组装成微机整机。

11.1 微型计算机的组装

在实际动手组装计算机之前，要做好组装计算机的准备，这些准备既包括对硬件知识和组装过程的掌握，也包括熟知组装过程中的注意事项。

11.1.1 组装之前的准备

1. 工具准备

古语有云：工欲善其事，必先利其器。没有顺手的工具，装机也会遇到麻烦，那么哪些工具是装机之前需要准备的呢？

（1）十字解刀。十字解刀又称螺丝刀、螺丝起子或改锥，用于拆卸和安装螺钉。由于计算机上的螺钉全部都是十字形的，所以只要准备一把十字螺丝刀就可以了。那么为什么要准备磁性的螺丝刀呢？这是因为计算机器件安装后空隙较小，一旦螺钉掉落在其中再想取出来就很麻烦了。另外，磁性螺丝刀还可以吸住螺钉，在安装时非常方便，因此计算机用螺丝刀多数都是具有永磁性的。

（2）平口解刀。平口解刀又称一字型解刀。需要准备一把平口解刀，不仅可方便安装，而且可用来拆开产品包装盒、包装封条等。

（3）镊子。还应准备一把大号的医用镊子，它可以用来夹取螺钉、跳线帽及其他的一些小零碎东西。

（4）钳子。钳子在安装计算机时用处不是很大，但对于一些质量较差的机箱来讲，钳子也会派上用场，可以用它来拆断机箱后面的挡板。这些挡板按理应用手来回折几次就会断裂脱落，但如果机箱钢板的材质太硬，那就需要钳子来帮忙了。

提示：最好准备一把尖嘴钳，它可夹可钳，这样还可省去镊子。

（5）散热膏。在安装高频率CPU时散热膏（硅脂）必不可少，可购买优质散热膏（硅脂）备用。

以上相关工具如图 11-1 和图 11-2 所示。

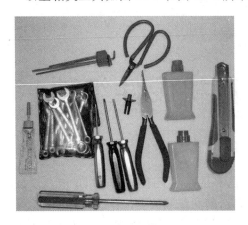

图 11-1　常用组装工具

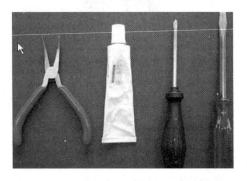

图 11-2　尖嘴钳,散热膏,十字解刀,平口解刀

2．材料准备

（1）准备好装机所用的配件。CPU、主板、内存、显卡、硬盘、软驱、光驱、机箱电源、键盘鼠标、显示器、各种数据线/电源线等(图 11-3)。

图 11-3　组装用配件

（2）电源排型插座。由于计算机系统不止一个设备需要供电,所以一定要准备一个万用多孔型插座,以方便测试机器时使用。

（3）器皿。计算机在安装和拆卸的过程中有许多螺丝钉及一些小零件需要随时取用,所以应该准备一个小器皿,用来盛装这些东西,以防止丢失。

（4）工作台。为了方便进行安装,应该有一个高度适中的工作台,无论是专用的计算机桌还是普通的桌子,只要能够满足使用需求就可以了。

3．装机过程中的注意事项

（1）防止静电。由于人们穿着的衣物会相互摩擦,很容易产生静电,而这些静电则可能将集成电路内部击穿造成设备损坏,这是非常危险的。因此,最好在安装前用手触摸一下接地的导电体或洗手以释放掉身上携带的静电荷。

(2) 防止液体进入计算机内部。在安装计算机元器件时,也要严禁液体进入计算机内部的板卡上,因为这些液体都可能造成短路而使器件损坏,所以要注意不要将饮料摆放在机器附近。对于爱出汗的人来说,也要避免头上的汗水滴落,还要注意不要让手心的汗沾湿板卡。

(3) 使用正常的安装方法,不可粗暴安装。在安装的过程中一定要注意正确的安装方法,遇到不懂不会的地方要仔细查阅说明书,不要强行安装,稍微用力不当就可能使引脚折断或变形。对于安装后位置不到位的设备不要强行使用螺丝钉固定,因为这样容易使板卡变形,日后易发生断裂或接触不良的情况。

(4) 把所有零件从盒子里拿出来(不要从防静电袋子中拿出来),按照安装顺序排好,看看说明书,有没有特殊的安装需求。准备工作做得越好,接下来的工作就会越轻松。

(5) 以主板为中心,把所有东西排好。在将主板装进机箱前,先装上处理器与内存;否则过后会很难装,搞不好还会伤到主板。此外,在装 AGP 与 PCI 卡时,要确定其安装牢不牢固,因为很多时候,在上螺丝时,卡会跟着翘起来。如果撞到机箱,松脱的卡会造成运作不正常,甚至损坏。

(6) 测试前,建议只装必要的组件——主板、处理器、散热片与风扇、内存、电源、硬盘、一台光驱,以及显卡。其他东西如 DVD、声卡、网卡等,等确定没问题的时候再装。此外,第一次安装好后应把机箱关上,但不要锁上螺丝,因为如果哪儿没装好还会开关好几次。

11.1.2 计算机组装的步骤

1. 主机箱及其内部的安装

(1) CPU 的安装;

(2) 机箱的拆装、电源的安装;

(3) 主板的安装;

(4) 主机箱内其他部件的安装;

(5) 主机箱内部的连线;

(6) 连接数据线与电源线,整理布线。

2. 外设的安装

(1) 键盘、鼠标的安装;

(2) 显示器的安装;

(3) 其他外设的安装。

11.2 微型计算机硬件组装过程

经过 11.1 节的理论准备和工具整理,本节可以开始正式的装机实践了。装机时需要防止静电,人体在干燥天气积聚的静电很容易将集成电路块击穿而导致整个元件报废。因此,在装机前最好触摸一下金属水管或者洗一下手,来释放身上所带的静电。

11.2.1　CPU及其散热风扇的安装

1. Intel系列Socket T(LGA 775)接口CPU(图11-4)及风扇的安装

Socket T主板接口如图11-5所示。

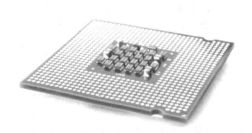

图11-4　Socket T接口CPU　　　　　　图11-5　Socket T主板接口

　　(1)首先要摘除接口上的安全保护片,它是被卡在Socket上,故不要太过用力,如图11-6所示。

　　(2)打开Socket的固定扣具及固定盖。用适当的力向下微压固定CPU的压杆,同时用力往外推压杆,使其脱离固定卡扣。压杆脱离卡扣后,便可以顺利地将压杆拉起,如图11-7所示。

图11-6　摘除安全保护片　　　　　　图11-7　打开固定扣具及固定盖

　　注意:切记不要用手触及CPU金属接触点,沾上手气(汗及油脂)可能会导致金属接触点接触不良,甚至短路令CPU损毁。还有要轻轻放进去,否则很容易弄坏Socket上的触须。

（3）把处理器平放在 Socket 上，要留意 CPU 上有两个缺口位，记得还要轻轻放进去，否则很容易弄坏 Socket 上的触须，如图 11-8 所示。

（4）将 CPU 安放到位以后，盖好扣盖，并反方向微用力扣下处理器的压杆。至此 CPU 便被稳稳地安装到主板上，如图 11-9 所示。

图 11-8　安装处理器

图 11-9　安装好的处理器

注意：由于 CPU 发热量较大，选择一款散热性能出色的散热器特别关键，但如果散热器安装不当，对散热的效果也会大打折扣。Socket T 接口散热器较之前的 478 针接口散热器相比，做了很大的改进：由以前的扣具设计改成了如今的 4 角固定设计，散热效果也得到了很大的提高。安装散热前，先要在 CPU 表面均匀地涂上一层导热硅脂（很多散热器在购买时已经在底部与 CPU 接触的部分涂上了导热硅脂，这时就没有必要再在处理器上涂一层了）。

（5）Socket T 散热器周围分布 4 个塑料扣具，当 CPU 正确安装之后，在放置 LGA 775 散热器时需要注意将散热器的 4 个扣具对准 CPU 插槽上的相应位置，如图 11-10 所示。

（6）4 个塑料扣具上都有方向箭头，此时需要按照箭头方向逆时针旋转扣具，如图 11-11 所示。

图 11-10　散热器

图 11-11　散热器扣具

（7）将 4 个扣具都按照箭头方向逆时针旋转之后，便可以用力将扣具按下。此时可以按照对角顺序按下扣具以保证散热器与 CPU 紧密连接，如图 11-12 所示。

（8）扣具按下后，再将其按照与箭头相反方向顺时针旋转至如图 11-13 所示位置。

图 11-12　按下扣具

图 11-13　扣具旋转位置

（9）安装 CPU 散热器的最后一步就是将散热器风扇的电源接在主板相应位置，如标有 CPU FAN 的电源接口，如图 11-14 所示。

2. AMD 系列 Socket 939 接口 CPU 及风扇的安装

（1）在安装 CPU 时要注意，为了避免 CPU 安装方向出错，在 CPU 的右上角和 Socket 939 接口上都有三角形的标志，以方便安装，安装 CPU 时对准箭头即可，如图 11-15 所示。

（2）安装 CPU 完毕后记得把金属棍按下，以固定 CPU。在安装散热器之前不要忘记在 CPU 上抹上适量的散热硅脂，如图 11-16 所示。

（3）安装 CPU 散热器时首先要将散热器垂直于 CPU 上方慢慢放下，切忌不要用力。由于主板上大大小小的电容经常会影响 CPU 散热器的安装，所以在安装散热器时，将没有金属扣具的一端向里安装。当散热器底部的金属与 CPU 接触完全后，用力将散热器卡扣与 CPU 插槽连接在一起，如图 11-17 所示。

图 11-14　散热风扇电源连接

图 11-15　对准三角箭头

图 11-16 安装好 CPU

图 11-17 安装散热器

（4）在确定散热器扣具另一端的卡扣已经与 CPU 插槽扣在一起之后，在保持散热器底部水平与 CPU 接触之后，双手用力慢慢将金属扣具一端的卡扣按在 CPU 插槽上，如图 11-18 所示。

（5）将金属扣具缓缓按下至另一端，如图 11-19 所示。

（6）将 CPU 散热器的电源插在主板相应的位置上，如图 11-20 所示。

图 11-18 扣好扣具

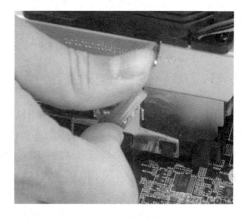

图 11-19 按下扣具

11.2.2 机箱的拆装、电源的安装

1. 机箱的拆装

从包装箱中取出机箱以及内部的零配件（如螺丝钉、挡板等），将机箱两侧的外壳去掉，机箱面板朝向自己，平放在桌子上。打开零配件包，挑出其中的柱状螺丝钉，先拿主板在机箱内部比较一下位置，然后将柱状螺丝钉旋入主板上的螺钉孔所对应的机箱铜柱螺钉孔内（图 11-21）。

图 11-20　插散热器的电源

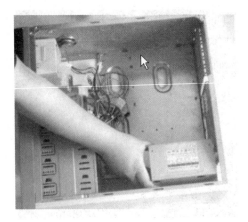

图 11-21　对准电源螺孔

2. 电源的安装

　　机箱中放置电源的位置通常位于机箱尾部的上端。电源末端 4 个角上各有一个螺丝孔,它们通常呈梯形排列,所以安装时要注意方向性,如果装反了就不能固定螺丝。可先将电源放置在电源托架上,并将 4 个螺丝孔对齐,然后再拧上螺丝(图 11-22)。

　　注意:上螺丝的时候有个原则,就是先不要上紧,要等所有螺丝都到位后再逐一上紧。安装其他配件,如硬盘、光驱、软驱等时也是一样。

11.2.3　主板的安装

　　(1) 安装机箱后面的挡片,将来主板的键盘接口,鼠标接口,串、并行口都要通过这个挡片上的孔与外设连接。然后再将相应 I/O 接口的挡板撬掉。用户可根据主板接口情况,将机箱相应位置的挡板去掉。这些挡板与机箱是直接连接在一起的,需要先用螺丝刀将其顶开,然后用尖嘴钳将其扳下。

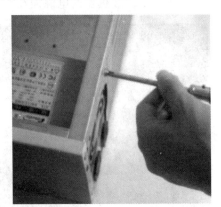

图 11-22　拧入螺丝

　　注意:外加插卡位置的挡板可根据需要决定,而不要将所有的挡板都取下。

　　(2) 在拆装机箱时,应将柱状螺丝钉旋入主板上的螺钉孔所对应的机箱铜柱螺钉孔内,如图 11-23 所示。

　　(3) 双手平行托住主板,将主板放入机箱中,如图 11-24 所示。

　　(4) 确定主板安放到位,可以通过机箱背部的主板挡板来确定,如图 11-25 所示。

　　(5) 拧紧螺丝,固定好主板(在装螺丝时,注意每颗螺丝不要一次性就拧紧,等全部螺丝安装到位后,再将每颗螺丝拧紧,这样做的好处是随时可以对主板的位置进行调整),如图 11-26 所示。

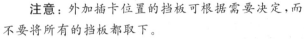

图 11-23　旋入柱状螺丝

图 11-24　平放主板

图 11-25　确定主板位置

图 11-26　拧紧螺丝

（6）将电源插头插入主板上的相应插口中。从机箱电源输出线中找到电源线接头，同样在主板上找到相应的电源接口。如图 11-27 所示为主板电源输入接头，图 11-28 为电源输出接头。

图 11-27　主板电源输入接头

图 11-28　电源输出接头

11.2.4　主机箱内其他部件的安装

1. 内存的安装

（1）安装内存前先要将内存插槽两端的白色卡子向两边扳动，将其打开，这样才能将内存插入，如图 11-29 所示。

图 11-29　内存插槽

（2）安装内存时，将内存平行放入内存插槽中（内存插槽也使用了防插反式设计，反方向无法插入，在安装时可以对应一下内存与插槽上的缺口），用两拇指按住内存两端轻微向下压，听到"啪"的一声响后，即说明内存安装到位，如图 11-30 所示。

图 11-30　安装内存

（3）检查内存，使劲压内存条的两个白色的固定杆确保内存条被固定住。

2. 光驱的安装

（1）首先从机箱的面板上取下一个 5.25 英寸的塑料挡板，用来装光驱。为了散热，应该尽量把光驱安装在最上面的位置，如图 11-31 所示。

（2）在光驱的每一侧用两颗螺丝初步固定，先不要拧紧，这样可以对光驱的位置进行细致的调整，然后再把螺丝拧紧，这一步是考虑面板的美观，等光驱面板与机箱面板平齐后再上紧螺丝。

（3）安装光驱电源线。选择一根从机箱电源引出的光驱电源线，将其插入到光驱的电源接口中，如图 11-32 所示。

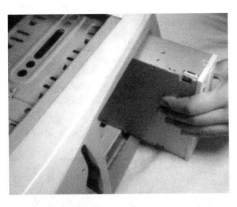

图 11-31　放入光驱

图 11-32　连接光驱电源线、数据线

（4）连接光驱数据线。将数据线的一端插入主板的 IDE 接口中。该接口是有方向的，通常 IDE 接口上也有一个缺口，正好与数据线的接头相匹配，这样就不会接反。在安装时必须使光驱数据线接头的第一针与 IDE 接口的第一针相对应。通常在主板或 IDE 接口上会标有一个三角形标记来指示接口的第一针位置，而数据线上，第一根线上通常有红色标记并印有字母或花边。与光驱连接的数据线，同样也有方向问题，数据线的第一针要与光驱接口的第一针相连接，光驱接口的第一针通常在靠近电源接口的一边。通常光驱的数据接口上也有一个缺口，与数据线接头上的凸起位置相互配合，这样就不会接反。

3．PATA 硬盘的安装

（1）硬盘的安装位置要看准，它通常在机箱内部的 3.5 英寸驱动器安装位上（图 11-33）。安装硬盘时，首先把硬盘底部电路板朝下，硬盘接口部分朝外，用手平行将它送入 3.5 英寸驱动器安装位（图 11-34），直到硬盘的 4 个螺丝孔与机箱上的螺丝孔对齐，再分别拧入螺丝固定即可。

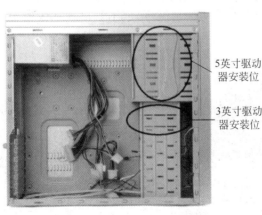

5英寸驱动器安装位

3英寸驱动器安装位

图 11-33　机箱驱动器安装支架

注意：硬盘的两侧各有两个螺丝孔，在拧紧 4 个螺丝时，其进度要保持相对的一致，切勿一次拧紧其中的一个螺丝，造成硬盘受力不均，导致硬盘在以后的使用中易发生故障。

（2）设置跳线。跳线设置有三种模式，即单机（Spare）、主动（Master）和从动（Slave）。单机就是指在连接 IDE 硬盘之前，必须先通过跳线设置硬盘的模式。如果数据线上只连接了一块硬盘，则需设置跳线为 Spare 模式；如果数据线上连接了两块硬盘，则必须分别将它们设置为 Master 和 Slave 模式，通常第一块硬盘，也就是用来启动系统的那块硬盘设置为 Master 模式，而另一块硬盘设置为 Slave 模式。在设置跳线时，只需用镊子将跳线夹出，并重新安插在正确的位置即可，如图 11-35 所示。

图 11-34　安装硬盘

图 11-35　硬盘跳线

（3）选择一根从机箱电源引出的硬盘电源线，将其插入到硬盘的电源接口中（参照光驱电源连接）。

（4）连接硬盘的数据线（参照光驱数据线连接）。

4. SATA 硬盘的安装

（1）固定硬盘（参照 PATA 硬盘安装）。

（2）连接数据线和电源线。SATA 硬盘上有两个电缆插口，分别是 7 针的数据线插口和 SATA 专用的 15 针电源线插口，它们都是扁平形状的。这种扁平式插口的最大好处就是具有防插反设计，这样在非暴力的情况下，就不会出现插入错误这种现象了，如图 11-36 所示。PATA、SATA 硬盘比较如图 11-37 所示。

图 11-36　SATA 硬盘接口

图 11-37　PATA、SATA 硬盘比较

（3）连接到主板。将连接 SATA 硬盘数据线的另一端连接到主板上标有"SATA1"的接口上。将电源线连接到电源上即可完成硬件的安装。

提示：由于 SATA 采用了点对点的连接方式，每个 SATA 接口只能连接一块硬盘，因此不必像 PATA 硬盘那样设置跳线，系统会自动将 SATA 硬盘设定为主盘。如果要安装两个或多个 SATA 硬盘，只要用分离的数据线将各个硬盘连接到主板不同的 SATA 接口上即可。如图 11-38 所示为 SATA 主板接口。

图 11-38　SATA 主板接口

5. PCI 接口、AGP 接口硬件的安装

以 AGP 接口显卡为例，学习 PCI 接口、AGP 接口硬件的安装。

（1）将机箱后面的 APG 插槽挡板取下。

（2）将显卡插入主板 AGP 插槽中，如图 11-39 所示，在插入的过程中，要把显示卡以垂直于主板的方向插入 AGP 插槽中，用力适中并要插到底部，保证卡和插槽的良好接触。显卡挡板与主板键盘接口在同一方向，双手捏紧显卡边缘竖立向下压。

（3）显卡插入插槽中后，用螺丝固定显卡，如图 11-40 所示。固定显卡时，要注意显卡挡板下端不要顶在主板上，否则无法插到位。插好显卡，固定挡板螺丝时要松紧适度，注意不要影响显卡插脚与 PCI/AGP 槽的接触，更要避免引起主板变形。

图 11-39　安装 AGP 显卡

图 11-40　固定 AGP 显卡

（4）PCI 接口的声卡、显卡、网卡或内置调制解调器安装方法与 AGP 接口显卡安装类似。

11.2.5　连接主机箱内部信号线

主板上的机箱面板连线插针一般都在主板左下端靠近边缘的位置，一般是双行插针，一共有 10 组左右，如图 11-41 所示。也有部分主板的机箱面板连线插针采用的是单行插针。不管机箱面板连线插针是如何排列的，虽然设计摆放的位置可能有所不同，但是至少会包含电源开关、复位开关、电源指示灯、硬盘指示灯、扬声器等插针。在主板说明书中，都会详细介绍哪组插针应连接哪个连线，只要对照插入即可。就算没有主板说明书也不要紧，因为大多数主板上都会将每组插针的作用印在主板的电路板上。只要细心观察就可以通过这些英文字母来正确地安装各种连线。

图 11-41　主板跳线插槽

1．电源开关

电源开关用来激发 ATX 电源向主板及其他各设备供电的信号，机箱面板上的电源开关用于开启/关闭电源（软关机）。连接电源开关连线时，先从机箱面板连线上找到标有"POWER SW"的两针插头，分别是白棕两种颜色（图 11-42），然后插在主板上标示有"PWR SW"或"PWR"字样的插针上就可以，不需要注意插接的正反。

2．复位开关

复位开关用于重新启动计算机。连接复位开关连线时，先从机箱面板连线上找到标有"RESET SW"的两针插头，分别是白蓝两种颜色，如图 11-43 所示，然后插在主板上标示有"Reset"或"RST"字样的插针上就可以了，不需要注意插接的正反。

图 11-42　POWER SW 插头

图 11-43　RESET SW 插头

3. 电源指示灯

电源指示灯可以表示目前主板是否加电工作。连接电源指示灯连线时,先从机箱面板连线上找到标有"POWER LED"的三针插头,中间一根线空缺,两端分别是白绿两种颜色,如图11-44所示,然后插在主板上标示有"PWR LED"或"P LED"字样的插针上。由于电源指示灯是采用发光二极管,所以连接是有方向性的。有些主板上会标示"P LED+"和"P LED-",需要将绿色一端对应连接在P LED+插针上,白线连接在P LED-插针上即可。

4. 硬盘指示灯

硬盘指示灯可以标明硬盘的工作状态,此灯在闪烁,说明硬盘正在存取。连接硬盘指示灯连线时,先从机箱面板连线上找到标有"H.D.D. LED"的两针插头,分别是白红两种颜色,如图11-45所示,然后插在主板上标示有"HDD LED"或"IDE LED"字样的插针上。硬盘指示灯的连接也是有方向性的。有些主板上会标示"HDD LED+"和"HDD LED-",需要将红色一端对应连接在HDD LED+插针上,白线连接在HDD LED-插针上即可。

图11-44 POWER LED插头

图11-45 H.D.D. LED插头

提示:由于发光二极管是有极性的,插反是不亮的,所以如果连接之后指示灯不亮,不必担心接反会损坏设备,只要将计算机关闭,将相应指示灯的插线反转连接就可以了。

5. 扬声器

扬声器是主机箱上的一个小喇叭,可以提供一些开机自检错误信号的响铃工作。连接硬盘指示灯连线时,先从机箱内部找到标有"SPEAKER"的4针插头,中间两根线空缺,两端分别是红黑两种颜色,如图11-46所示,然后插在主板上标示有"SPEAKER"或"SPK"字样的插针上。扬声器从理论上是区分正负极的,红色插正极,黑色插负极,但实际上接反也可以发声。

图11-46 SPEAKER插头

11.2.6　整理内部连线并扣上机箱盖

机箱内部的空间并不宽敞,加之设备发热量都比较大,如果机箱内没有一个宽敞的空间,会影响空气流动与散热,同时容易发生连线松脱、接触不良或信号紊乱的现象。整理机箱内部连线的具体操作步骤如下。

1．整理面板信号线

面板信号线都比较细,而且数量较多,平时都是乱作一团。不过,整理它们也很方便,只要将这些线用手理顺,然后折几个弯,再找一根常用来捆绑电线的捆绑绳,将它们捆起来即可。

2．理顺电源线

机箱里最乱的恐怕就是电源线了,先用手将电源线理顺,将不用的电源线放在一起,这样可以避免不用的电源线散落在机箱内,妨碍日后插接硬件。

3．固定音频线

因为 CD 音频线是传送音频信号的,所以最好不要将它与电源线捆在一起,以免产生干扰。CD 音频线最好单个固定在某个地方,而且尽量避免靠近电源线。

4．整理工作

最后的整理工作恐怕是最困难的了,那就是对 IDE、FDD 线的整理。在购机时,IDE、FDD 线是由主板附送的,它的长度一般都比较长,实际上用不了那么长的线,过长的线不仅多占空间,还影响信号的传输,因此可以截去一部分。

经过一番整理后,会发现机箱内部整洁了很多,这样做不仅有利于散热,而且方便日后各项添加或拆卸硬件的工作。整理机箱的连线还可以提高系统的稳定性。装机箱盖时,要仔细检查各部分的连接情况,确保无误后,把主机的机箱盖盖上,上好螺丝,就成功地安装好主机了。

11.2.7　键盘、鼠标的安装

普通的 PS/2 鼠标、键盘,只需将它们的插头对准插入主板上的键盘和鼠标圆形插孔即可,如图 11-47 所示。通常鼠标接口为绿色,键盘接口为紫色。需要注意的是,PS/2 键盘和鼠标接头是一个六针的圆形插头,连接键盘接口的时候要注意其方向性,否则会造成插头内插针的弯折,在插入时千万不要使用蛮力。而 USB 的键盘、鼠标的连接则相对简单,直接把它们的 USB 端口与机箱上的 USB 接口相连即可。

11.2.8　显示器的连接

连接显示器的信号线:把显示器后部的信号线与机箱后面的显卡输出端相连接,显卡的输出端是一个 15 孔的三排插座,只要将显示器信号线的插头插到上面就行了。插的时候要注意方向,厂商在设计插头的时候为了防止插反,将插头的外框设计为梯形,因此一般情况下是不容易插反的。如果使用的显卡是主板集成的,那么一般情况下显示器的输出插孔位置是在串口的下方,如果不能确定,那么请按照说明书上的说明进行安装,如图11-48所示。

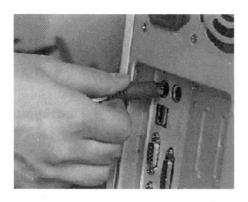 

图 11-47 PS/2 键盘连接　　　　　　　　图 11-48 显示器的连接

11.2.9 其他外设的连接

参照外设接口,与计算机进行连接,如图11-49所示。

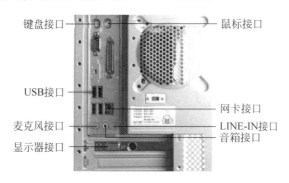

图 11-49 主机外设接口

11.3 实训

11.3.1 实训目的

熟练掌握计算机组装技能,能够独立完成计算机组装任务。

11.3.2 实训内容

用给定硬件设备,完成计算机组装任务。

11.3.3　实训过程

1．主机箱及其内部的安装

（1）CPU 的安装；

（2）机箱的拆装、电源的安装；

（3）主板的安装；

（4）主机箱内其他部件的安装；

（5）主机箱内部的连线；

（6）连接数据线与电源线，整理布线。

2．外设的安装

（1）键盘、鼠标的安装；

（2）显示器的安装；

（3）其他外设的安装。

11.3.4　实训总结

通过实训总结经验，完成组装计算机实训心得。

小结

通过本章的学习，掌握组装计算机的注意事项和完整过程。随着计算机硬件的不断更新，硬件的接口也在发生着变化，这就要求读者注重动手组装各类型、各接口硬件，在进行实训的基础上，时刻关心市场动态，及时掌握硬件的最新发展。

习题

通过互联网查找熟悉的台式计算机或笔记本的拆卸方法，并对其进行维护与保养。

第12章

BIOS设置与升级

教学提示：硬件组装完成之后，还必须对 BIOS 进行设置，然后才能正常使用计算机。本章主要介绍如何调用 BIOS、BIOS 常用选项的设置，以及对 BIOS 进行升级等内容。

教学目标：BIOS 的基本功能、操作等内容是 BIOS 设置的基础，应该掌握，而 BIOS 的参数是人们最为关心的，应重点掌握。

12.1 BIOS 概述

BIOS(Basic Input/Output System)即计算机基本输入输出系统。CMOS(互补金属氧化物半导体存储器)是微机主板上的一块可读写 RAM 芯片，用来保存当前系统的硬件配置和用户对某些参数的设定。两者存在一定的区别和联系。

12.1.1 BIOS 和 CMOS 的区别与联系

CMOS 的设置是与 BIOS 密切相关的，如图 12-1 所示。ROM BIOS 是主板上存放微机基本输入输出程序的只读存储器，它的基本功能是加电自检、开机引导、基本外设 I/O 和系统的 CMOS 设置。CMOS 是一种低耗电的存储器，靠电池供电，其主要作用是保存系统日期、时间及各种硬件参数，以便 BIOS 在加电自检(Power-On Self Test，POST)时读取，识别系统的硬件配置并根据这些配置信息对系统中各部件进行自检和初始化。

POST 在自检过程中，如果发现系统实际存在的硬件与 CMOS RAM 中的设置参数不符时，将导致系统不能正确运行甚至死机，所以 CMOS 的设置在新机器的组装中很重要。但 CMOS 设置不是经常要进行的，它通常在计算机第一次使用时或者出厂前就设置好了，如果计算机没有什么大的变动，有时一两年都不用重新设置，但对于一些特殊情况就必须重新设置 CMOS 参数了。这些特殊情况有下述几种。

(1) 如果主板上的电池没电了，则 CMOS 原来记忆的设置就全丢失了，计算机就可能无法启动或者运行不正常，这时必须要全部重新设置。

(2) 改变 A 盘、C 盘、CD-ROM 的启动顺序。

(3) 设置或更改开机密码。

(4) 加一个或换一个硬盘，或者改变软驱设置等。

(5) 有些计算机高手想调节一下高级参数的设置，以让计算机运行得更好。

(6) 安装其他硬件设备时，可能有些设置需要改变。

图 12-1　CMOS 与 BIOS

12.1.2　BIOS 技术

1. 第一代 BIOS 技术

第一代 BIOS 技术常见于大部分 440LX、440BX、i810 等芯片组的主板上,这些主板通常只有一块 BIOS 芯片,而且基本上采用 EEPROM 芯片,因此可以对 BIOS 进行升级、提升主板性能、充分发挥主板的潜力,但也让 CIH 之类的病毒有了可乘之机。病毒通过程序指令给 BIOS 芯片加上编程电压,然后向 BIOS 芯片写入一大堆乱码,从而达到破坏主机引导、瘫痪系统的目的。

2. 第二代双 BIOS 技术

第二代为 DUAL BIOS 技术,其原理是在主板上安装两块 BIOS 芯片,一块为主 BIOS,另一块为从 BIOS。两块 BIOS 内容完全一样,从 BIOS 只是提供简单的备份功能,每次系统启动,从 BIOS 就会主动检查主 BIOS 的完整性,若发现主 BIOS 内容有损坏,立即用备份 BIOS 重写主 BIOS,一旦重写失败,则直接从备份 BIOS 启动。另一种方式是在主板上安装一块容量为普通 BIOS 芯片容量两倍的 BIOS(4MB)芯片,平均划分为两个区域,这两个区域的 BIOS 均可启动系统。

3. 第三代双 BIOS 技术

第三代也采用双 BIOS,但与 DUAL BIOS 技术不同,第三代的两块 BIOS 可以按完全不同的内容进行配置,两块 BIOS 芯片地位完全对等,无主从之分,可以在开机时通过键盘按键选择从哪一块 BIOS 芯片启动。这样,一台计算机可按不同要求配置系统,如可实现中文 Windows 与英文/日文 Windows 共存等,而不需用 System Command 等软件来实现复杂的多重启动来引导,从而使双 BIOS 技术从单一的系统安全保护作用跃升为兼备独立配置系统硬件设备的强大功能。

12.1.3　如何进入 BIOS 设置

要设置 CMOS,就要通过 BIOS 中的 SETUP 程序来进行设置,这种在开机后通过 BIOS 中的设置程序进行系统硬件配置及在 CMOS 存储器中设置相应参数的过程称为

CMOS 系统设置。

由于 BIOS 芯片的种类繁多,进入 BIOS 进行设置的方法也各不相同,但总的来说有如下几种方法可以进入 BIOS 设置程序。

(1) 开机启动时按热键。该方法是在开机时按下特定的热键进入 BIOS 设置程序,这种情况一般系统都会有提示。

(2) 可读写 CMOS 的应用软件。部分应用程序提供了对 CMOS 的读、写和修改功能,通过这类软件可以对一些基本系统配置进行修改。

(3) 系统提供的软件。很多主板都提供了在 DOS 下进入 BIOS 设置程序进行设置的软件,在 Windows 95 以上版本的注册表中已经包含部分 BIOS 设置项。

在使用热键的情况下,常见 BIOS ROM 的 CMOS SETUP 进入方法如表 12-1 所示。

表 12-1　常见 BIOS ROM 的 CMOS SETUP 进入方法

BIOS 型号	进入 CMOS SETUP 的按键	屏幕提示
AMI	Delete 键或 Esc 键	有
Award	Delete 键或 Ctrl＋Alt＋Esc 键	有
MR	Esc 键或 Ctrl＋Alt＋Esc 键	无
Quadtel	F2 键	有
COMPAQ	屏幕右上角出现光标时按 F10 键	无
AST	Ctrl＋Alt＋Esc 键	无
Phoenix	按 F2 或 Ctrl＋Alt＋S 键	无
HewlettPackard（hp）	F2 键	

虽然 CMOS 设置中出现的项目很多,但是大多数项目取默认值即可,并且部分选项对计算机的运行影响不太大,通常只需进行几项必要的基本设置(启动设置、检测硬盘参数等),计算机便可运行了。不同的 BIOS 其设置界面有所不同,但功能基本一样,其他以此类推就可以了。

12.2　BIOS 参数设置

BIOS 设置程序可以设置系统的基本硬件配置、系统时间、软盘驱动器的类型等参数,可使系统的运行更加稳定,也可使系统在提升性能的情况下运行。BIOS 设置的主界面如图 12-2 和图 12-3 所示。

12.2.1　标准 CMOS 设置

在标准 CMOS 设置中,提供了系统的基本设置和相关的信息。可以修改日期、时间、第一个主 IDE 设备(硬盘)和从 IDE 设备(硬盘或 CD-ROM)、第二个主 IDE 设备(硬盘或 CD—ROM)和从 IDE 设备(硬盘或 CD-ROM)、软驱 A 与 B、显示系统的类型、哪些出错状态要导致系统启动暂停等。

在 BIOS 设置主画面中,移动高亮条到 Standard CMOS Features 选项,然后按下回车键即可进入标准 CMOS 设置画面,如图 12-4 所示。

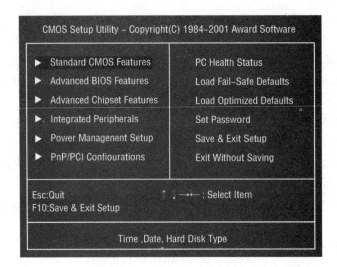

图 12-2　BIOS 设置的主界面

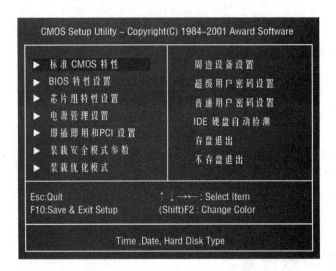

图 12-3　BIOS 主菜单中文界面

1. 设置日期/时间

进入标准 CMOS 设置画面后首先需要设置的是系统日期与时间。

1) 设置日期

日期的设置格式为：Data(mm：dd：yy)，即星期、月、日、年。以公元 2017 年 11 月 24 日为例，只需要在相应的位置上输入相应的数字，或是用"＋""－"、Page Up、Page Down 键递增(减)即可完成设置。

2) 设置时间

时间的设置格式为：Time(hh：mm：ss)，即时、分、秒。与设置日期的方法一样，可以输入相应的数字，或是用"＋""－"、Page Up、Page Down 键递增(减)即可完成设置。

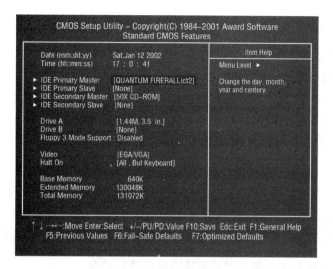

图 12-4   标准 CMOS 设置

2.设置硬盘与软盘参数

1）硬盘参数的设置

在 BIOS 设置画面中,硬盘参数设置的选项包括:IDE Primary Master、IDE Primary Slave、IDE Secondary Master、IDE Secondary Slave 选项。

2）软盘类型的设置

该选项是设置所安装的软盘驱动器的类型。软盘类型的设置选项包括:Drive A、Drive B 选项。

可以设置的值:None 表示未安装软驱时,设置为此项;360K、5.25inch 表示早期的大软驱,容量有 360KB,目前已停产;1.2M、5.25inch 表示一般的大软驱,容量有 1.2MB,目前已停产;720K、3.5inch 表示早期的小软驱,容量有 720KB,目前已停产;1.44M、3.5inch 表示一般的小软驱,容量有 1.44MB,此项为默认设置;2.88M、3.5inch 表示高容量小软驱,容量有 2.88MB,市面上已比较少见。

优化设置建议:目前大多数的计算机已舍弃了 1.2MB 软驱,只安装一台 1.44MB 软驱,所以只需要将 Drive A 选项设置成"1.44M、3.5in"即可,而 Drive B 设为 None 即可。

3.内存信息显示

该选项会显示 BIOS 检测到的内存容量,并将内存区分成两种类型显示,而总容量则显示在最下面的一行。

12.2.2   高级 BIOS 参数设置

在高级 BIOS 参数设置画面中,可以设置防毒保持、开机顺序设置、磁盘读取权限设置、键盘反应速率、影像存储器(Shadow Memory)等功能。

在 BIOS 设置主画面中,移动高亮条到 Advanced BIOS Features 选项,然后按 Enter 键即可进入高级 BIOS 参数设置画面。

1．BIOS 的病毒防护功能

为了预防开机型病毒的入侵,Award 针对硬盘的引导扇区(Boot Sector)与硬盘分区表(Partition Table)设计了写入检测(Anti-Virus Protection)的功能。

一般来说,只要是写入关键区域的操作,不管是否是病毒,BIOS 的病毒防护功能一律会将其阻拦,这反而造成用户的麻烦。因此如果系统已安装有杀毒软件,建议关闭该项功能。如果在进行安装支持或防毒程序、对硬盘分区或是格式化、使用多重操作系统管理程序操作时,就可以暂时关闭此功能。

2．Cache 的设置

Cache(缓存)的位置介于计算机主存储器(DRAM)和 CPU 之间,作为数据暂存区的内存,通常由 SRAM 组成。由于 SRAM 不需要像 DRAM 一样常常重复读出数据后,再次写入才能保存数据,因此 Cache 的存取速度比主存储器快得多。

依据 Cache 与 CPU 的距离,通常把 Cache 分为两种,比较接近 CPU 的称为 L1 Cache(一级缓存),而介于 L1 Cache 与内存之间的则称为 L2 Cache(二级缓存)。

优化设置建议:目前主流的 CPU 都已整合了 L2 Cache,其中,L2 Cache 大多内含 ECC 功能,如果 CPU 的 L2 Cache 具备该功能,才能将此选项设置为 Enabled,否则请维持默认的 Disabled,以免开机的 POST 检测发出错误的信息。

3．开机设置

1) Quick Power On Self Test

一般开机时,内存的自我检测有三次,启动该功能,在开机时会略去部分检测,让系统加快检测的速度,以减少开机的等待时间。

可以设置的值:Disabled 表示不启动快速开机功能,此项为默认设置;Enabled 表示启动快速开机功能。

优化设置建议:完整的检测程序能够确保系统执行的正确性、稳定性,但也会减慢系统启动的时间,所以平常都关闭该功能,以加快系统启动的时间。

2) 设置系统开机顺序

可以指定计算机存储操作系统设备的开机顺序,包括:First Boot Device、Second Boot Device、Third Boot Device 设置项。

上面所列的三项之间有严格的优先顺序,只有第一项指定的设备无法正常开机时,才会尝试第二项设备。同样的道理,只有第一、二项都无法开机时,才会尝试第三项设备。

优化设置建议:以一般用户的设备来说,软驱、硬盘与光驱是最常见的三种开机设备,其中又以硬盘的开机率最高,软驱次之,光驱最后。不过大多数的出厂默认值都是软驱、硬盘、光驱的顺序。在正常的工作状态下,完全可以只允许以硬盘启动:只需要把 First Boot Device 项设置成 HDD-0,另两项则设置为 Disabled。

3) Boot Other Drive

在预定的开机设备都不能开机时,是否可以使用其他的非定义内的设备来开机?

可以设置的值:Disabled 表示禁止使用非定义内的设备启动,此项为默认设置;

Enabled 表示可以使用非定义内的设备启动。

优化设置建议：三个默认开机设备应该已经够用了，因此平时不妨关闭此功能。

4. 软驱的设置

1）Swap Floppy Drive

如果有两个软盘驱动器，这个选项可以切换 A 盘与 B 盘的位置。就是说使原来的 A 盘变成 B 盘、B 盘变成 A 盘。

可以设置的值：Disabled 表示不变更软驱盘号，此项为默认设置；Enabled 表示将软驱盘号对调。

优化设置建议：计算机都只有一部 3.5in 软驱，实在没有必要对调盘号，直接保持默认设置即可。

2）Boot Up Floppy Seek

在开机自我测试时，是否对软盘进行读写检查。

可以设置的值：Disabled 表示不启动软驱的检查功能，此项为默认设置；Enabled 表示启动软驱的检查功能。

优化设置建议：每次开机都进行检查当然可以确保软驱读取、写入数据的正确性，不过检查总是需要花时间的，设置为 Disabled 可以减少开机的等待时间。

5. 键盘输入设置

1）Boot Up NumLock Status

此项可以设置开机时是否要锁定键盘上的数字键。

可以设置的值：Disabled 表示关闭 Num Lock 功能；Enabled 表示启动 Num Lock 功能，此项为默认设置。

2）Typematic Rate Setting

这项是设置持续按一个键时，每秒会重复输入几次该键。

可以设置的值：Disabled 表示关闭键盘重复输入功能，此项为默认设置；Enabled 表示启动键盘重复输入功能。

优化设置建议：这里只负责重复输入功能的开启/关闭。如果经常需要处理文字，最好开启此功能。

3）Typematic Rate(Chars/Sec)

设置在 Typematic Rate Setting 启动的情况下，持续按住某键时，要以多快的速度重复输入相同的字符，其设置的单位是字符/秒(Chars/s)。

可以设置的值为：6,8,10,12,15,20,24,30。

优化设置建议：默认值是每秒 30 字，如果觉得快，不妨尝试各种不同的数值。

4）Typematic Rate(Msec)

在 Typematic Rate Setting 启动的情况下，持续按住某键时，设置显示两个字符中间的延迟时间。其设置的单位是千分之一秒(ms)。

可以设置的值为：250,500,750,1000。

优化设置建议：其默认值是 250s，如果觉得快，不妨尝试各种不同的数值。

6．Shadow RAM 设置

由于 ROM 的读取速度比较慢，CPU 如果直接与 ROM 沟通实在是很浪费时间，所以系统通过内存映射(Shadow RAM)的方式，将 ROM 的数据复制一份到保留内存区。这样一来，ROM 的数据就在 RAM 里面了，所以 CPU 就可以利用这个映射后的 Shadow RAM 快速取得 ROM 的数据。

1）Video BIOS Shadow

该项设置是否将显卡的 BIOS 资料映射到 RAM 上。

可以设置的值：Disabled 表示不启动映射功能，此项为默认设置；Enabled 表示启动映射功能。

优化设置建议：一般为了提高显卡的工作效率，都将它设置为 Enabled。

2）设置各种板卡的 Shadow RAM

设置机器中的声卡、网卡等各种板卡的 Shadow RAM。

可以设置的值：Disabled 表示不启动映射功能，此项为默认设置；Enabled 表示启动映射功能。

优化设置建议：可以将所有的映射全部打开，这样只要该地址有板卡就会自动映射。

7．其他功能设置

1）Security Option

设置密码检查机制层级。在用户打开计算机后，只有输入正确的密码才可以设置 BIOS，或完成开机程序来操作计算机。

可以设置的值：Setup 表示只在进入 BIOS 设置时需要输入密码，否则无法修改 BIOS 设置，此项为默认设置；System 表示不管是开机或进入 BIOS 都需要输入密码才能使用计算机。

优化设置建议：一般个人计算机的使用环境都是在家里，所以只需要设置为 Setup，禁止他人修改 BIOS 设置即可。如果是公用的计算机，不希望其他人任意使用你的计算机，就可以设置为 System。

注意：这里只是进行密码设置的选择，是保护层级上的设置，真正的密码还必须配合后面的 Set Password 选项。

2）OS Select For DRAM＞64MB

如果使用的是 IBM 的 OS/2 操作系统，安装的内存又超过了 64MB，这个选项就是针对 OS/2 用户，目的是让 OS/2 可以使用 64MB 以上的内存。

可以设置的值：Disabled 表示不使用 OS/2 系统的用户，选择此项，此项为默认设置；Enabled：使用 OS/2 系统，安装的内存又超过了 64MB，选择此项。

优化设置建议：一般人们安装的都是 Windows 系列的操作系统，所以需要设置为 Disabled，否则 64MB 以上的内存就会不见了。

3）Show Logo On Screen

开机时是否显示主板厂商设计的开机图案。

可以设置的值：Disabled 表示不显示厂商的开机图案，此项为默认设置；Enabled 表示显示厂商的开机图案。

优化设置建议：请根据自己的个人喜好进行设置。

12.2.3　高级芯片组参数设置

该选项可针对芯片组(Chipset)所提供的高级功能做调整设置,让系统性能又快又稳。芯片级参数设置在不同 BIOS 中的具体设置项不尽相同。这里选用的是 Intel 公司的 845D 芯片进行讲述,如果对这里的选项不太熟悉,请直接按照系统默认值设置即可。

在 BIOS 设置主画面中,移动高亮条到 Advanced Chipset Features 选项,然后按下回车键即可进入高级芯片设置画面。

1. 设置内存读写模式

1) DRAM Timing Selectable

CPU 最先搭配使用的是内存,因此内存相关的设置值皆是固定的。本项设置参数都经过厂商测试确认,除非发生不正常操作,一般不建议更改任何设置参数。可以设置的值为:200MHz、266MHz。

优化设置建议：请根据自己内存的具体情况进行设置。

2) DRAM RAS♯ to CAS♯ Delay

用于设置内存收到一个 CAS 信号时,要等多少个 Clock 才开始读写数据。等待的时间越短,整体性能就越佳。

可以设置的值：2 表示等待两个运算周期,3 表示等待三个运算周期,此项为默认设置。

优化设置建议：保持系统默认设置。

3) DRAM RAS♯ precharge

如果允许 RAS 在 DRAM 刷新之前通过不足的循环次数充电,那么刷新可能会失败,同时 DRAM 也有可能会因此丢失数据,FAST 能提供更高的性能,SLOW 提供更稳定的性能。

可以设置的值：2 表示等待两个运算周期,3 表示等待三个运算周期,此项为默认设置。

优化设置建议：此项功能只有在安装同步内存的系统中有效,保持系统默认设置即可。

4) DRAM Data Integrity Mode

该项可以设置 DRAM 数据的校验模式。

可以设置的值：Non-ECC,不需要 ECC 校验,此项为默认设置。ECC,需要进行 ECC 校验。

优化设置建议：如果 DDR 带有 ECC 校验功能,请选择 ECC 选项。

2. 提高内存的存取效率

System BIOS Cacheable 用于设置系统 BIOS 的所有指令是否可以加入缓存系统中,以提高内存的存取效率,增加整体性能。

可以设置的值：Enabled 表示允许系统 BIOS 中的数据或指令通过 Cache 取得;Disabled 表示不允许系统 BIOS 中的数据或指令通过 Cache 取得,此项为默认设置。

优化设置建议：系统中的高速缓冲区(Cache)通常仅对 RAM 起作用,ROM 中的指令则不通过该通道,所以每次都必须到速度较慢的 BIOS ROM 中读取指令。因此建议将其设置为 Enabled,将有助于整体性能的提高。

3. 提高显卡内存的存取效率

Video BIOS Cacheable 的功能与 System BIOS Cacheable 一样,只是此时的对象换成了显卡上的内存。

可以设置的值：Enabled 表示允许显卡 RAM 中的数据或指令通过 Cache 取得；Disabled 表示不允许显卡 RAM 中的数据或指令通过 Cache 取得,此项为默认设置。

优化设置建议：建议将其设置为 Enabled。

4. 各种板卡的存储设置

1) Memory Hole At 15～16MB

可以设置是否保留主存储器中的 15～16MB 区域给特殊板卡使用。早期有些 ISA 卡会固定使用 15～16MB 这段内存地址,如果没有把这段地址空出来,则会发生冲突而使该 ISA 卡无法使用。

可以设置的值：Enabled 表示 BIOS 保留 15～16MB 的内存,不配置给操作系统使用；Disabled 表示 BIOS 不保留内存,全部配置给操作系统使用,此项为默认设置。

优化设置建议：目前 ISA 卡早已被完全淘汰出局,所以通常保留默认设置 Disabled,否则 Windows 98 环境下会出现内存少了 1MB。

2) Delayed Transaction

在 845D 芯片组中,内建 32B 分级式写入缓冲区以支持延时传输循环功能。

可以设置的值：Enabled 表示启用 PCI 2.0 规范,此项为默认设置；Disabled 表示关闭 PCI 2.0 规范。

优化设置建议：开启该项,以支持更快更稳定的传输功能。

5. 显示芯片的设置

1) On-Chip Video

开启内建的 VGA 显示芯片的功能,直接使用主板上的 VGA 接口。

可以设置的值：Enabled 表示启用内建显示功能,此项为默认设置；Disabled 表示不使用内建显示功能。

优化设置建议：主板内建显示芯片的功能通常比较简单,但仍具备 2D/3D 的加速功能,也足以应付平常的使用需求,只是性能不能与市面上出售的显卡相比。不过在实用的原则下,不用另外添加显卡,也是挺划算的。因此在还没有加装显卡时,这一功能一定是要 Enabled。

2) Show VBIOS Message

该选项可以在开机时显示内建 VGA 芯片的版本数据,不过必须在 On-Chip Video 选项 Enabled 的情况下才可以设置。

该选项的默认设置是 Enabled,即开机时显示内建芯片的数据；而 Disabled 表示开机时不显示内建芯片的数据。

12.2.4 内建整合周边设置

该选项可以设置主板上内建的外围设备,如内建的显示芯片或音效设备、IDE/FDD 设备、USB 设备、串行/并行端口、红外线传输、网络/数据卡等。

在 BIOS 设置主画面中,移动高亮条到 Integrated Peripherals 选项,然后按 Enter 键即可进入内建整合周边设置画面。

1. IDE 设备的设置

将高亮条移动到 Onboard IDE Device Setup 选项,按 Enter 键即可进入 IDE 设备设置画面。

1) On-Chip Primary PCI IDE 与 On-Chip Secondary PCI IDE

可以设置的值:Enabled 表示开启 IDE 通道,此项为默认设置;Disabled 表示关闭 IDE 通道。

优化设置建议:目前的硬盘、光驱、刻录机等设备,基本上都是采用 IDE 接口设计,因此当连接这些 IDE 设备时,就必须设置为 Enabled。

相关的设置:以 On-Chip Primary PCI IDE 为例,其关联的选项有 IDE Primary Master PIO、IDE Primary Slave PIO、IDE Primary Master UDMA 与 IDE Primary Slave UDMA 这 4 个。一旦关闭了该通道,那么其余的 4 个选项也会一并无效而无法设置。

2) 设置 IDE 设备的 PIO 模式

可以设置的值有:Auto 表示由 BIOS 自动检测并决定最佳的模式,此选项为默认设置;Mode 0 表示该模式传输速度为 3.3MB/s;Mode 1 表示该模式传输速度为 5.2MB/s;Mode 2 表示该模式传输速度为 8.3MB/s;Mode 3 表示该模式传输速度为 11.1MB/s;Mode 4 表示该模式传输速度为 16.6MB/s。

优化设置建议:PIO 模式是早期规范硬盘传输数据速度的,目前几乎已是 DMA/UDMA 的天下,因此建议全部设置为 Auto 即可。除非发现设备有不稳定的情形,才修改为手动方式设置为较慢的模式。

3) 设置 IDE 设备的 Ultra DMA 模式

IDE Primary Master UDMA、IDE Primary Slave UDMA、IDE Secondary Master UDMA、IDE Secondary Slave UDMA 都是在设置 IDE 设备的 Ultra DMA 传输模式,以改善硬盘在传输时的整体速度。

可以设置的值有:Auto 表示由 BIOS 自动检测并决定是否要启动该模式,此项为默认设置;Disabled 表示关闭 Ultra DMA 功能。

优化设置建议:目前多数 IDE 设备已经能完全支持该模式,因此建议设置为 Auto,以便享受高速传输所带来的快感。如果设备不支持 UDMA,就可以设置为 Disabled,以节省下宝贵的系统资源。

4) IDE HDD Block Mode

设置是否要启动 IDE 硬盘的多扇区(Multi-Sector)数据传输模式,以加快硬盘的整体性能。

可以设置的值有:Enabled 表示启动该模式,并由 BIOS 自动检测最佳状态,此项为默认设置；Disabled 表示如果硬盘无法支持该模式,则关闭该模式。

优化设置建议：目前大部分的 IDE 硬盘都支持该功能,所以请直接保持其默认设置。如果使用的是早期的硬盘,那么可能没有这种传输模式,这时可以设置为 Disabled。

2. USB 设备的设置

将高亮条移动到 Onboard PCI Device Setup 选项,按下回车键即可进入 PCI 设备设置画面。

1) USB Controller

主板上多半已内建有两组 USB(Universal Serial Bus,通用串行端口总线)端口,而该选项就是设置是否启动 USB 的功能。

可以设置的值有：Enabled 表示启动该功能,此项为默认设置；Disabled 表示关闭该功能。

优化设置建议：建议平时保持其默认设置即可。但要是确定不会用到 USB 设备,则可以设置为 Disabled,将该设备占用的资源(如 IRQ、IS0 地址)释放出来。

2) USB Keyboard/Mouse Support

该选项可以设置是否启动 BIOS 对 USB 键盘/鼠标的支持。其默认设置为 Disabled,即不启动该项功能。

一般仅需要保持其默认设置即可。但是如果使用的是 USB 键盘/鼠标,同时想在未安装 USB 驱动程序下使用,则可以设置为 Enabled,由 BIOS 内部的键盘驱动程序来模拟一般键盘的功能。

注意：该选项必须在 USB Controller 设置为 Enabled 时,才能起作用。

3) AC97 Audio

该选项设置是否启动内置的音效功能,并自动配置相关的系统资源。

可以设置的值有：Auto 表示由 BIOS 自动检测并决定是否启用该功能,此项为默认设置；Disabled 表示关闭内置音效功能。

优化设置建议：这里请设置为 Auto。要是另外安装声卡,或是使用 AMR (Audio/Modem Riser,音效数据卡)/CNR(Communication/Network Riser,通信网卡)来提供音效服务,则建议设置为 Disabled。

注意：并不是 AC97 Audio 设置为 Auto 后,就一定具备音效功能。这是因为内置的声卡通常都会有一组 Jumper 来进行开关设置。

4) Game Port Address

指定内置游戏设备(手柄)所要占用的 I/O 地址,请保持其默认值 201。

5) Midi Port Address

指定内置 MIDI 设备所要占用的 I/O 地址,请保持其默认值 Disabled。

3. 内建外围 I/O 设备的设置

将高亮条移动到 Onboard I/O Chip Setup 选项,按下回车键即可进入 I/O 设备设置画面。

1）启动内建的串行端口

Onboard Serial Port1、Onboard Serial Port2 选项是设置是否启动内建的第一个串行端口（Serial Port1 或是 COM1）与第二个串行端口（Serial Port2 或是 COM2）功能，并指定相关的系统资源。

2）UART Mode Select

该选项设置是否启动内建的红外线（Infrared Serial，IR）传输功能。

3）RxD，TxD Active

设置红外线传输时，接收（Reception，RxD）与传送（Transmission，TxD）的速度。

4）IR Transmission Delay

设置当红外线传输协议设置为 IrDA，设备在由传送（TxD）模式转为接收（RxD）模式时，是否要先延迟 4 个字符后再执行后续操作。其默认设置为 Enabled。

由于两端设备都利用红外线进行数据传输时，会有时间差的问题存在，因此建议保持其默认设置。

5）IR Duplex Mode

设置红外线传输的操作模式。

6）Onboard Parallel Port

该选项设置是否启动内建的并行端口功能，并指定相关的系统资源。

7）Parallel Port Mode

设置并行端口的传输模式。

8）EPP Mode Select

如果在 Parallel Port Mode 的设置中选择 EEP 或是 ECP/EEP 模式，就必须设置此项，其默认设置为 EEP 1.9。

9）PWRON After PWR-Fail

设置当系统在开机状态却突遭断电时，是否要在恢复供电后自动启动计算机。

12.2.5　电源管理设置

电源管理是一项比较重要的 BIOS 设置项，当然如今的 Windows 也具备了电源管理功能，但如果两者能够相互配合的话，其功能将更加完美。

在 BIOS 设置主画面中，移动高亮条到 Power Management SETUP 选项，然后按下回车键即可进入电源管理设置画面。

1. 省电模式基础

计算机除了一般的运行状态外，在节省能源的考虑下，普遍都有所谓的省电设计。平常计算机在开机状态下都是尽量为用户服务，但在一段时间没有使用的时候，就可以依设置的条件进入不同阶段的省电模式以减小耗电量。

省电模式依用户离开计算机的时间长短来判断，依次为 Doze（休眠）、Standby（等待）、Suspend（沉睡）三种。在这三种模式中，从正常到 Doze、Standby 模式 CPU 的运算能力会从全速逐渐降低，用户如果在中间操作键盘、鼠标，马上可以恢复到正常状态下继续运行。不过一旦进入 Suspend 模式，计算机仅保留少数硬件的用电，其他的一律关闭。看起来就像是关机一样,且也只能以电源开关或键盘上的唤醒按钮才能离开 Suspend 模式,恢复到正常状态。

一般而言,除了唤醒的方式不一样以外,三者的用电量也以 Suspend 最节省,其次才是 Standby、Doze。

2. ACPI 与高级电源管理

1) ACPI Function

该选项用于启动或关闭 BIOS 对 ACPI(Advanced Configuration Power Interface,高级电源接口标准)的支持,ACPI 除了具有 APM(Advanced Power Management,高级电源管理)的各种省电模式,还有共通的管理接口与瞬间开/关机功能。

可以设置的值有:Disabled 表示不启动 ACPI 功能;Enabled 表示启动 ACPI 功能,此项为默认设置。

优化设置建议:当前的操作系统都支持 ACPI,所以不妨启动此选项。

不过必须注意的一点是,Windows 98 默认安装是支持 APM 系统的,因此除了启动 BIOS 的 ACPI 之外,通常还必须修改登录密码或重新安装 Windows 98。

2) ACPI Suspend Type

用于设置在 ACPI 的电源管理模式下,计算机进入沉睡(Suspend)状态所采用的方式。

3) Power Management Option

在采用 ACPI 期间,APM 就负责电源管理的工作,且同样必须有操作系统的配合。

3. 屏幕与电源开关

1) Video Off Method

该选项用于设置屏幕进入省电状态时,以何种运行模式达到省电的效果。

2) HDD Power Down

设置 IDE 硬盘在多长时间内完全没有读写操作时,便可进入省电状态,切断硬盘电源以省电。

3) Modem Use IRQ

该选项说明 Modem 使用的端口所占用的 IRQ 编号,让系统在省电状态下仍可以监视 Modem 是否有活动。

4) Soft-Off by PWR-Button

这是机箱电源开关的功能设置。在开机状态下,按住开机电源按键超过 4s,系统就一定会关机,如果不超过 4s,系统就会按此设置操作。

12.2.6　即插即用设置

该选项可以设置即插即用的资源自动分配,或以手动方式调整板卡的系统资源,如 IRQ、DMA 与 I/O 地址。因此,建议保持系统默认设置即可。

在 BIOS 设置主画面中,移动高亮条到 PnP/PCI Configuration 选项,然后按下回车键即可进入即插即用设置画面。

1. 即插即用的原理

即插即用(Plug&Play,PnP)是针对 BIOS 以及操作系统所制定的标准规范。通过即插即用功能,用户不需要直接在主板、板卡上调整 IRQ、DMA 及 I/O 地址等设置值。BIOS 或操作系统会自动根据相关的注册信息对系统资源进行配置,如此一来便可避免因设置不当而引起的资源冲突。

目前,Windows 操作系统已能完全支持即插即用。而支持即插即用功能的 BIOS 除了能自动配置资源外,同时会把系统上相关的 IRQ、DMA 及 I/O 地址等数据存放在 ESCD (Extended System Configuration Data,延伸系统配置数据)中,以随时进行动态更新。

2. 重新配置系统资源

Reset Configuration Data 选项设置是否需要重新配置系统上的所有资源,并同步更新 ESCD 中的数据。

3. 设置 IRQ、DMA 资源

1) 自动设置 IRQ、DMA 资源

在这里可以通过 Resources Controlled By 选项设置系统上的 IRQ 等资源由谁来进行分配。

2) 手动设置 IRQ、DMA 资源

当选择另一个设置项 Manual 时,则可以手动的方式自行设置 IRQ Resources 和 DMA Resources。

IRQ Resources:将光标移至 IRQ Resources 选项,然后按下回车键便可进入后续设置画面。在这里可以设置要将哪一个 IRQ 分配给哪种类型的设备,其设置值有 PCI Device 与 Reserved。

4. 设置显卡对调色板状态的监控

PCI/VGA Palette Snoop 选项用于设置显卡对调色板状态的监控。

12.2.7　计算机健康状态

不管超不超频,PC Health Status 都是主板最好的"守护神"。该选项提供了系统即时的工作情况,让人们进一步了解目前计算机的整体工作情况。

在该设置画面中,除了 CPU Warning Temperature 外,其余的各个项目都无法修改。

1. 设置 CPU 监测温度

CPU Warning Temperature,设置 CPU 的监测温度,一旦 CPU 的温度超过此设置值,则会发出警告信息/声音,同时 BIOS 也会自动通知 CPU 暂时"减速慢行",以避免温度继续升高。而其默认值为 Disabled,也就是不启动该选项。

2．显示主机与 CPU 的温度

Current System Temp、Current CPU Temperature 选项用于显示当前主机的内部温度与 CPU 温度。

3．显示 CPU 和主机内部风扇的转速

Current CPU FAN Speed、Current FAN1 Speed、Current FAN2 Speed 选项用于显示 CPU 风扇和主机内部其他风扇的转速。

4．显示当前主机的实际电压值

Vcore 下面的电压值用于显示当前主机实际测得的电压值。其中，Vcore 是指 CPU 的核心电压，可由此判断出 CPU 的电压是否正常。而 1.8V、3.3V、+5V、+12V、-12V 等都是系统提供给外围设备的默认电压，如内存等。可以借此判断电源的供应是否正常。如果上述电压值的变异幅度过大，那么可能是电源出了问题，此时就应该换个稳定的电源了。

12.2.8　频率与电压控制

通过简单的 BIOS 设置，用户可以调整 CPU 的电压、外频、倍频，轻易地从 CPU 上"压榨"出更高的性能，达到"超频"的目的，让人们不需拆开机箱就可以轻松调整 CPU 的工作频率。

在 BIOS 设置主画面中，移动高亮条到 Frequency/Voltage Control 选项，然后按下回车键即可进入频率与电压控制设置画面。

1．显示 CPU 的使用电压

CPU Voltage Detected 选项就是显示 BIOS 所检测到的 CPU 的使用电压。目前的 CPU 都会将本身所使用的电压记录在 VID(Voltage ID)上，因此主板只要取得 VID 的值，就可以自动供应正确的电压。

2．手动输入电压

CPU Voltage Setting，如果 BIOS 无法正确检测出 CPU 的电压时，可以利用该选项手动输入正确的工作电压值。

3．CPU 速度检测

CPU Speed Detected 选项用于检测 CPU 的速度。

CPU 频率的单位是 MHz(每秒百万次)，也就是通常所称的"主频"，是市场上用来划分 CPU 等级的依据。在这里原则上是 CPU 出厂的默认设置值，但实际值应该遵守以下公式：

$$主频＝外频×倍频$$

因此，可通过调整"外频""倍频"来获得更快的主频值。

4. CPU 加速设置

CPU Speed Setting 选项允许用户通过主板频率(外频)、倍频系数的调整,设置 CPU 的主频。

一般而言,外频、倍频会随着主板的设计而有不同的设置值,应该在 BIOS 所提供的外频和倍频数值中,组合出适当的主频值。

12.2.9　设置密码

在 Award BIOS 6.0 中密码的设置是通过 Set Supervisor/User Password(设定管理员/用户密码)选项完成的。

1. 密码的设置与取消

如果要设定密码,只要将光标移动到 Set Supervisor/User Password 选项上,然后按下回车键,就会出现密码设置框。首先应输入当前密码,待确定输入的密码无误后按 Y 键,屏幕自动回到主画面。

如果需要取消设置的密码请将光标移动到 Set Supervisor/User Password 设置项,按下回车键,在出现的密码设置框中不要输入任何信息而直接回车,在随后出现的界面中按任意键即可取消。

2. 管理员密码与用户密码的区别

当设置了管理员密码时,如果在高级 BIOS 设置的 Security Option 选项中设置成 Setup,那么开机后想进入 BIOS 设置就得输入管理员密码才能进入。而当设置了用户密码时,如果在高级 BIOS 设置的 Security Option 选项中设置成 System,那么一开机时,必须输入用户或管理员密码才能进入开机程序。当想进入 BIOS 设置时,如果输入的是用户密码,很抱歉,BIOS 是不会允许的,因为只有管理员才可以进入 BIOS 设置。

12.2.10　恢复设置错误的选项

在 BIOS 中有两个简单的选项,可以回到它最初的默认设置值。

在 BIOS 设置主菜单中,会看到 Load Fail-Safe Defaults 与 Load Optimized Defaults 两个选项。虽然这两个选项都是为恢复默认值而设,但它们也是有区别的。

Load Fail-Safe Defaults:它是将主板 BIOS 各项设置设在"最佳"状态下,便于发生故障时进行调试工作。如果不小心修改了某些设置值而发生问题,便可以选择此项来恢复成主板出厂时的初始状态。

Load Optimized Defaults:这项是装入系统较高性能的 BIOS 设置。但是,如果在使用中感觉到系统不稳定或是不正常,请先撤销到上一项,再了解问题的起因。

以上两项的设置很简单,只要将光标移动到 Load Fail-Safe Defaults 或 Load Optimized Defaults 设置项上,然后按下回车键,就会询问是否要装入这个默认的设置值,接着按下 Y 键即可。

12.2.11　退出 BIOS 设置

设置完毕后,即可选择 Save & Exit Setup 或 Exit Without Saving 选项退出 BIOS 设置。

1. Save & Exit Setup(保存设置值)

将光标移动到此项,并按下回车键即会出现一个红色的文字框,询问是否要保存并退出 BIOS 设置程序,此时请按下 Y 键表示保存 BIOS 设置并退出 BIOS 设置程序。这样就完成了整个 BIOS 设置过程。

2. Exit Without Saving(退出不保存)

在设置完 BIOS 以后,如果因为某种原因而不想保存或只是进入 BIOS 中检查设置而不需要保存,只要选择 Exit Without Saving 选项,便可以不保存对 BIOS 所做的修改就退出 BIOS 设置程序。

12.3　BIOS 报警声的含义

BIOS 是计算机的基本输入输出系统,只要 BIOS 系统没有检测过的计算机配件,系统一定无法正常使用。当 BIOS 进行检测一些关键性的计算机配件且没有通过检测时,就会出现报警声,以便用户针对报警声对计算机进行维修。

Award BIOS 是目前使用最为广泛的 BIOS,其报警声及其含义大致如表 12-2 所示。

AMI BIOS 的系统报警声及其含义如表 12-3 所示。

表 12-2　Award BIOS 报警声及含义

BIOS 报警声	功　　能
1 短	系统正常启动
2 短	常规错误,只需进入 CMOS 设置中重新修改
1 长 1 短	内存或主板出错
1 长 2 短	键盘控制器错误
1 长 3 短	显卡或显示器错误
1 长 9 短	主板 BIOS 损坏
不断的长声响	内存有问题
不断的短声响	电源、显示器或显卡没有连接好
重复短声响	电源故障
无声音无显示	电源故障

表 12-3　AMI BIOS 报警声及含义

BIOS 报警声	功　　能
1 短	内存刷新失败
2 短	内存 ECC 校验错误

续表

BIOS 报警声	功 能
3 短	640KB 常规内存检查失败
4 短	系统时钟出错
5 短	CPU 错误
6 短	键盘控制器错误
7 短	系统实模式错误,无法切换到保护模式
8 短	显示内存错误
9 短	BIOS 检测错误
1 长 3 短	内存错误
1 长 8 短	显示测试错误

12.4 升级系统 BIOS

从 Pentium 级的主板开始,主板的 BIOS 保存在 Flash ROM 中。Flash ROM 就是常说的电擦除 EEPROM 中的一种,它不再像 EPROM 那样有一个供紫外线照射的小窗口。

系统 BIOS 中有加电自检、系统引导程序、设置 CMOS 参数的程序和直接控制硬件的支持程序、电源管理、器件温度和风扇转速检测控制程序等。为了支持新硬件或更改原版本 BIOS 中不完善的地方,一些主板的生产厂家不断公布不同型号主板升级 BIOS 的文件,升级 BIOS 可以使系统支持新硬件和改善很多方面的性能。

12.4.1 为什么要升级系统 BIOS

升级主板 BIOS 可以解决如下问题。

(1) 支持新的 CPU。

(2) 对于软跳线的主板,升级 BIOS 可更好地对 CPU 超频。

(3) 解决主板对某一些厂商 UDMA 硬盘的支持。

(4) 支持大硬盘。现在有一些主板不能支持大于 32GB 的 IDE 硬盘。

(5) 解决对硬件检测的错误。如 ASUS KN97-X 将昆腾 12GB 硬盘检测为 8GB(ASUS KN97-X BIOS 版本 0112.03/19/98 中解决了此问题)。

(6) 解决使用 LS-120 等大容量软驱出现的问题。

(7) 增强对内存的支持(容量和速度),支持更多的引导次序。一些老版本的 BIOS 不支持从第二、第三、第四硬盘启动,有的老主板不支持从 CD-ROM 启动。

(8) 解决主板和其他硬件不相容的问题。如一些声卡和 Modem 卡,在某些主板上不能使用,升级该主板的最新 BIOS,问题就可能解决了。

(9) 实现对 Windows 2000 的支持。解决 Windows 2000 无法关机,串口在 Windows 2000 下失灵等问题。

(10) 解决系统无法从 Windows 98 APM Suspend 睡眠模式苏醒的问题。

(11) 解决 Y2K 问题。

12.4.2　如何判断主板 BIOS 可否升级

升级之前,必须明确自己的主板是否支持 BIOS 升级,最好的办法是找到主板说明书,从中查找相关的说明。并不是所有的主板说明书都有此方面的介绍,此时可咨询一下销售商或请懂行的朋友帮帮忙。如果以上方法行不通的话,可以观察主板上的 BIOS 芯片,如果它是一个 28 针或 32 针的双列直插式集成电路,而且上面印有 BIOS 字样的话,该芯片大多为 Award 或 AMI 的产品。然后,揭掉 BIOS 芯片上面的纸质或金属标签,仔细观察一下芯片,会发现上面印有一串号码,如果号码中开头为 28 或 29 的数字,那么基本上可以证明该BIOS 是可以升级的。

12.4.3　如何升级系统 BIOS

升级主板 BIOS 的步骤如下。

(1) 取消主板的 BIOS 写入保护功能。一些主板为了防止误操作或计算机病毒的破坏,对 BIOS 有写入保护功能,有的在主板上有 BIOS 写保护的硬跳线,有的在 CMOS 设置中有BIOS 保护选项,对这些主板在升级系统 BIOS 之前,应先取消 BIOS 保护。如奔驰PARADISE 6BX3A 主板的 CMOS 设置中有一项 Flash BIOS Protection,将其设为 Enable时,BIOS 芯片被保护,设为 Disable 时,BIOS 芯片可以写入。

(2) 从主板厂商的网站中下载要升级主板的新版 BIOS 和升级工具程序(特别注意下载的 BIOS 支持的主板型号,有时同一型号的主板使用了不同厂商的 BIOS,如 AWARD 或AMI,下载时也要分清楚)。

(3) 利用 BIOS 升级工具(如 AFLASH.EXE)备份当前主板的 BIOS,万一升级失败,还可以写入原 BIOS。

(4) 利用 BIOS 升级工具将 BIOS 升级文件写入 BIOS 芯片。现在计算机中使用的BIOS 芯片一般都是 EEPROM(快闪内存 Flash ROM),容量为 1Mb、2Mb、4Mb,常见的芯片有: ATMEL 的 29C010、29C010A、29C020、29C040、29C040A,WINBOND 的 W29C010、W29C020、W29C040,AMD 的 29F010、29F010A,SST 的 29EE010、29EE020、39SF010、39SF020 等。

提示:

① 升级系统 BIOS 的十几秒内,不得关机或重启计算机,否则升级会失败。

② 一般来说,每一个品牌的主板有自己的升级工具程序,并随主板提供给用户。

③ 升级系统 BIOS 时,一定要注意 BIOS 支持的主板型号与自己的主板的型号一致。

④ 系统 BIOS 是 CIH 病毒攻击的对象,被 CIH 病毒破坏的 BIOS 的处理方法与 BIOS升级失败时的处理办法一样。

⑤ 升级系统 BIOS 成功后,最好关闭电源重新开机,进入 CMOS 设置程序,执行一次"LOAD SETUP DEFAULTA",设置为预设定值。

注意:AWD FLASH 擦写程序运行时会首先提示输入新的 BIOS 数据文件的名称,然后提示(Save Current BIOS to File)是否保存旧版本的 BIOS,建议选择 Yes,并起一个文件名,将旧版本的 BIOS 文件保存下来,以便万一发现升级后的 BIOS 存在问题,还可以将原来的 BIOS 版本恢复。接着擦写器将会让再次确定是否真的要改写 BIOS 的内容(Update BIOS Including Boot Block and ESCD),回答 Y 后,BIOS 的升级正式开始,将看到一条闪亮的小方块不停地延伸长度显示进程(该过程中应杜绝机器断电),一般情况下几秒钟之内即可完成升级操作。最后,改写结束,擦写器程序提示按 F1 键重新启动机器。

12.4.4　系统 BIOS 升级失败的处理

1．升级失败可能的原因

(1) 升级过程中意外终止(如掉电或按了复位键)。

(2) 升级文件错误(无用的数据,或是其他型号主板的 BIOS,或从磁盘读取升级文件时出现错误)。

2．升级失败可能出现的现象

(1) 重启时,出现黑屏。

(2) 重启时有显示,但找不到软驱和 PS/2 鼠标、键盘等设备。

(3) 进入 Windows 后,经常出现错误提示。

3．升级失败的处理方法

主板 BIOS 升级失败,就是写入 Flash ROM 中的信息不正确,这与 CIH 病毒损坏 BIOS 的本质是一样的：芯片中的数据被破坏,芯片还是好的。处理的方法就是在原有芯片上写入与主板型号相对应的正确的 BIOS 内容,一般使用以下两种方法。

1) 使用相同型号主板的计算机

在一台主板型号相同的计算机上,采取热拔插的形式来实现,这种做法不是规范的操作方法,不推荐使用。虽然使用这种方法有多次成功的经历,还没有失败的痛苦,但如果有编程器,请不要使用这种冒险的方法。"热拔插"法升级 BIOS 的具体实现步骤如下。

(1) 关闭电源,使用 IC 起拔器拔起不能启动的 BIOS。

(2) 开启另一台同型号主板的计算机,进入 CMOS 设置,将 System BIOS Shadow 设置为 Enabled,启动计算机时,将系统的 BIOS 从主板 ROM 映射到 RAM 中,保存设置,使用 DOS 启动计算机(不含 CONFIG. SYS 和 AUTOEXEC. BAT)。

(3) 运行随主板附带的 BIOS 升级程序(如 ASUS 的升级程序为 AFLASH. EXE)。

(4) 保存当前 BIOS 到一个文件(存放在软盘或硬盘中)。

(5) 不关闭电源,使用 IC 起拔器拔下当前启动计算机的 BIOS 芯片,插入被损坏的 BIOS 芯片(一定注意芯片和 IC 插座的缺口方向一致)。

(6) 像升级 BIOS 过程一样,把刚刚保存的 BIOS 文件(或确认是本主板的高版本 BIOS 文件)写入"坏"BIOS 芯片中。

(7) 完成写入工作后,重启计算机,观察是否正常。

2) 使用编程器

使用编程器,向 BIOS 芯片中写入正确的信息,是更安全、方便的做法。

使用编程器,重写 BIOS 芯片的步骤如下。

(1) 得到写入 BIOS 的数据文件(可以从相同型号主板上的 BIOS 中得到数据后,保存在磁盘文件中,也可以从主板生产厂家的网站中下载相应主板的 BIOS 升级文件)。

(2) 运行编程器的控制程序。

(3) 在编程器的 IC 插座上,插入内容被破坏的 BIOS 芯片(请特别注意芯片的缺口方向)。

(4) 选择 BIOS 芯片的生产厂家(撕下 BIOS 上的不干胶贴纸,就可以看到厂家和型号)。

(5) 选择 BIOS 芯片的型号。

(6) 取 BIOS 升级文件到缓冲区。

(7) 编程(烧录)。把缓冲区中的数据写入芯片中,一般的 EEPROM 芯片(如 AMD 的 29F010)在烧录前,要先清空芯片 Chip_Erase,使每位都为 1(即每一个单元都为 FFh)。

(8) 烧录的过程十几秒就可以完成,完成后最好再做一次数据比较 Data_Compare,即缓冲区与被烧录芯片中的数据比较,应该是完全相同的。

提示:

(1) 建议使用主板厂家发布的相应主板的最新 BIOS(从主板的网站下载,注意主板厂家和型号)。

(2) 系统 BIOS 升级一般都使用主板厂家的 BIOS 升级程序。

(3) BIOS 升级失败时,使用编程器重写 BIOS 芯片(无编程器时,可以使用"热拔插"方法)。

(4) 被 CIH 病毒破坏的 BIOS 的处理方法与 BIOS 升级失败的处理方法相同(BIOS 芯片没有损坏,只是 BIOS 中的数据被破坏)。

12.5　升级显卡 BIOS

读者是否注意过在开启计算机时,第一屏显示的内容是什么? 它就是 Video BIOS 的提示界面,该界面提示显卡的生产厂家、显卡型号、显卡 BIOS 的版本号、生产日期、图形处理芯片的型号以及显存的大小和类型等信息。

Video BIOS 称为显卡 BIOS 或视屏 BIOS,它在显卡上。早期的显卡 BIOS 被固化在 ROM 上,不可修改。随着计算机的发展,软件升级功能显得非常重要,现在的显卡 BIOS 被烧录在显卡的 Flash ROM 中,可以通过专用的软件工具程序对其进行升级。

12.5.1　为什么要升级显卡 BIOS

升级显卡 BIOS,就像升级系统 BIOS 一样,是软件不断完善的过程,也是利用软件去充分挖掘显卡潜能的过程。

(1) 升级显卡 BIOS,修改显卡 BIOS 程序中的错误,解决可能出现的死机问题。

(2) 升级显卡 BIOS,使老显卡适应新的规范。

(3) 升级显卡 BIOS,提高显卡的性能。

12.5.2 如何升级显卡 BIOS

升级显卡 BIOS 的方法与升级系统 BIOS 的方法类似,从显卡的生产厂家的网站中下载相应型号显卡的显卡 BIOS 文件和刷新工具,一般地,BIOS 文件和刷新工具被 WinZIP 压缩为一个 *.zip 的压缩文件。

12.5.3 显卡 BIOS 升级失败的处理

1. 显卡 BIOS 升级失败的原因

(1) 在刷新显卡 BIOS 时,关闭电源、掉电或死机,重新启动计算机时黑屏。

(2) BIOS 升级文件对应的显卡型号与使用的显卡型号不同,重新启动计算机时,可能可以启动,但有时不正常(如不能进入 Windows,或显卡的某些功能不能使用);也可能启动黑屏。

(3) 在刷新显卡 BIOS 时,从磁盘读取 BIOS 升级文件时出错,使刷新无法正常完成,重启计算机时,黑屏。

2. 显卡 BIOS 升级失败的处理

如果能启动计算机,可以重新写一次显卡 BIOS。

如果系统无法启动,有两种方法使显卡 BIOS 起死回生。

(1) 如果显卡 BIOS 芯片可以用 IC 起拔器拔下,可以拔下显卡 BIOS 芯片,使用 IC 编程器重新烧录 BIOS,操作的方法请参考系统 BIOS 升级失败的处理方法。

(2) 如果显卡 BIOS 焊接在显卡上时,需要另找一块最普通的 PCI 显卡,把它插在第一组 PCI 扩展槽(最靠近 AGP 插槽的那个 PCI 插槽)中,并把显示器连接在这块 PCI 显卡上。

当升级失败的显卡是 AGP 显卡时,拔下 AGP 显卡,利用这块 PCI 显卡启动计算机,进入 CMOS 设置 PNP AND PCI SETUP 选项中,把 VGA BIOS Sequence 设置为 PCI/AGP,即把 PCI 显卡当作主显卡,PCI 显卡将会在 AGP 显卡之前被检测到。关闭计算机后再插入 AGP 显卡,重启计算机,再对 AGP 显卡的 BIOS 升级;当升级失败的显卡是 PCI 显卡时,把升级失败的 PCI 显卡插在第二组 PCI 插槽,重启计算机,再对升级失败的 PCI 显卡进行 BIOS 升级。

12.6 CMOS 口令遗忘时的处理方法

在使用计算机时,为了保护系统资料和用户资料,一般都设有密码。但如果忘记了密码,该怎样解决呢?

12.6.1 系统管理员密码与用户密码

BIOS 设置界面中有 Supervisor Password(系统管理员密码)和 User Password Setup(使用者密码)两项设定,它们与 SECURITY OPTION 选项配合起作用。前面已提到,设为

SYSTEM 时,若已设置密码,则启动计算机或进入 SETUP 时均需输入密码;若为 SETUP时,若已设置密码,则仅进入 SETUP 时需输入密码。

进入 SETUP 时若输入 Supervisor Password,则可以输入、修改 CMOS BIOS 的各项参数,Supervisor Password 是为了防止他人擅自修改 CMOS 的内容而设置的。用户如果使用IDE 硬盘,以系统管理员密码进入后,可以自动检测硬盘参数,并让它们自动填入标准CMOS 设定中。

User Password Setting 功能为设定用户密码。如果要设定此密码,首先应输入当前密码,确定密码后按 Y 键,屏幕自动回到主画面。输入 User Password 可以使用系统,但不能修改 CMOS 的内容。但若不设定 Supervisor Password,使用 User Password 进入也可修改CMOS 的内容。

12.6.2　密码的清除方法

1.改变硬件配置

计算机在启动时,BIOS 程序首先检查计算机的硬件配置是否与 CMOS 中的参数相一致,当有不符时,系统检查出错,要求重新设置 BIOS,而不需要输入密码,其操作方法如下。

(1) 关闭电源,打开机箱,改变机器的硬件配置。例如从主板上取掉硬盘、软驱的数据线等。

(2) 重新启动计算机,机器会自动进入 SETUP 程序,这样就可以进行 CMOS 密码的重置。

(3) 重置 CMOS 密码完成后,恢复其原硬件配置,重启计算机。

2.有些主板的 BIOS 可以使用"万能"密码

(1) 对于 Award BIOS,试试下面的"万能"密码。

AWARD_SW、j262、HLT、SER、SKY_FOX、BIOSTAR、ALFAROME、lkwpeter、j256、AWARD? SW、LKWPETER、Syxz、aLLy、589589、589721、awkward、CONCAT,也可以在网上下载破解程序。

(2) 对于 AMI BIOS,试试下面的"万能"密码。

AMI、BIOS、PASSWORD、HEWITT RAND、AMI? SW、AMI_SW、LKWPETER、A.M.I,也可以在网上下载破解程序。

3.利用工具软件

利用 Biospwds.exe 和 Comspwd.exe 两个工具可破解 CMOS 口令。

Comspwd.exe 为 DOS 下的工具,运行后就会出现有关 BIOS 的信息。比较有特色的是它不仅会根据密码方式的不同分别解出 Award、AMI 和 Phoenix 等不同 BIOS 厂商的密码,而且还能算出 IBM、Compaq、Dell 等品牌计算机的专用 BIOS 密码。

Biospwds.exe 是 Windows 下运行的软件,同样也只由一个文件构成,运行后单击 Getpasswords 就会自动识别 BIOS 的厂家、版本、日期及超级用户密码等。

4. Setup 级口令的清除

当接通电源时，首先被执行的是 BIOS 中的加电自检程序（POST），该程序对整个系统进行检测，包括对 CMOS RAM 中的配置信息做累加和测试。该累加和与原来的存储结果进行比较，当两者相吻合时，CMOS RAM 中的配置有效，自检继续进行；当两者不相等时，系统报告错误，要求重新配置并自动选取 BIOS 的默认值设置，原有口令被忽略，此时可进入 BIOS SETUP 界面。因此，当口令保护被设为 Setup 级时，往 CMOS RAM 中的任一单元写入一个数，破坏 CMOS 的累加测试值，即可达到清除口令的目的。

用系统调试程序 Debug 向端口 70H 和 71H 发送一个数据，可以清除口令设置，具体操作如下。

```
C: \> Debug ↙
 - O  70  10
 - O  71  01   (注：此数字可能因主板不同而异)
 - Q
```

然后按下 Ctrl＋Alt＋Delete 组合键重新启动系统，系统要求重新配置，口令已被清除。

另外，也可以把上述操作用 Debug 写成一个小程序，放在一个文件（如 DELCMOS.COM）中，具体操作如下。

```
C: \> Debug
 - A 100
xxxx:0100   MOV DX,70
xxxx:0103   MOV AL,10
xxxx:0105   OUT DX,AL
xxxx:0106   MOV DX,71
xxxx:0109   MOV AL,01
xxxx:010B   OUT DX,AL
xxxx:010C
R  CX
CX 0000:0C
N  Delcmos.com
 - W
Writing 000c  Bytes
 - Q
```

以后运行 DELCMOS.COM 就能清除口令。

5. System 级口令的清除

由于 System 级口令保护的是整个系统，也就是常说的开机密码，在未正确输入口令时不能进入系统，因此当任何"软"方法都无法奏效时，只能用"硬"方法解决。常用的方法是跳线短接法。用户可阅读主板说明书，找到 CMOS 清零跳线，如图 12-5 所示。CMOS 清零跳线常有三针，默认情况下跳线帽插入 1～2 针，要清理 CMOS 参数，将跳线帽插入 2～3 针即可。有些主板在短接情况下还要求开机才能清除 CMOS 参数，具体情况请参考主板说明书。

6. 放电法

切断电源,取下主板电池,短接电池座两极或经过一定时间放电后,放回电池即可。

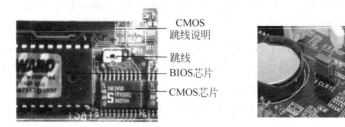

CMOS
跳线说明

跳线
BIOS芯片
CMOS芯片

图 12-5　CMOS 清零跳线

12.7　常见 BIOS 故障处理

BIOS 一般情况下不会出现故障,有的只是设置方面的原因,如忘记 BIOS 密码、设置错误导致计算机出现故障等。

1. BIOS 设置中的 IDE 增强功能

故障现象:一台多媒体计算机对硬盘重新进行分区,将 8.4GB 的硬盘全部作为 C 盘后,系统速度不如以前,硬盘运行速度缓慢,用“DIR”命令显示文件目录要停顿 3～4s 才能显示出来。

故障分析与处理:首先用 Scandisk 命令检查硬盘,显示硬盘全部是坏区,用杀毒软件进行杀毒,检查没有任何病毒。

于是怀疑引起故障的原因与 CMOS 设置有关,进入 CMOS 设置,在基本配置(Basic System Configuration)中找到了 IDE 增强功能(Enhanced IDE Features),发现 4 个选项全部被设置为 Disabled,将其中一项 Fixed Disk Size＞504MB 改为 Enabled,结果系统显示错误,计算机不能启动,再将其余三项也全部设置为 Enabled。保存后重新启动,故障现象消失。

2. 忘记 BIOS 密码

故障现象:忘记 BIOS 密码后无法对其进行设置。

故障分析与处理:忘记 BIOS 密码后,如果能顺利开机进入操作系统,则可以使用 DOS 启动盘将计算机启动到 DOS 操作系统,在 DOS 操作系统下运行 debug 命令,然后在“-”提示符下输入“o 7010”后按 Enter 键,接着在“-”提示符下输入“o 70 11”后按 Enter 键,最后输入“q”后按 Enter 键,重新启动计算机后即可进入 BIOS 重新设置。

3. 时钟不准且 CMOS 易掉电

故障现象:计算机上的时钟总是比较慢,在更换 CMOS 电池后不到一个月电量就会用尽,导致设置的 BIOS 参数全部丢失。而且在每次开机自检时总显示“CMOS checksum error"，此时必须调入 BIOS 默认设置才能正常开机。

故障分析与处理：出现以上情况，首先判断是跳线错误，如果将 CMOS 电池处于短路状态，很快便可消耗完 CMOS 电池的电能，另外现在大多数主板上有 CMOS CLEAR 跳线。

如果故障依然存在，则可能是主板出现了故障，如 CMOS 电池插座、供电电路滤波电容、CMOS 芯片有短路现象，将主板送到专业部门进行维修即可。

4. BIOS 设置错误导致计算机无法使用

故障现象：一台计算机在修改一个文件时导致死机，重新启动后显示"CMOS 校验错误"的信息，重新设置 CMOS 后 Windows 却无法启动。

故障分析与处理：在这种情况下，首先应该重新进入 CMOS，这时发现 Chipset 的 Memory Hole 项设置成了 512～640KB，而原先是 Disabled。可能是由于系统占用了大部分基本内存，导致 Windows 无法启动，将其设置为 Disabled 后故障排除。

5. BIOS 设置不当导致安装失败

故障现象：一台计算机想重装 Windows 98，全部格式化磁盘后，为了提高安装速度，先将光盘中的文件夹"Windows 98"全部复制到硬盘上，然后直接从硬盘安装，但提示"OpenFile""DeleFile"出错。

故障分析与处理：首先应对软件进行检查，在排除了软件本身问题后，再检查 CMOS 设置中有关病毒的一项，其值为 Disabled，这也没有问题。由于这台计算机格式化之前 Windows 98 使用是很正常的，于是怀疑 CMOS 设置中有问题，选择 Load ROM Default Values 后仍然不能进行安装。

由于 Windows 98 在格式化之前可以稳定地运行，所以软、硬件都不可能存在问题，应当是 BIOS 设置中的故障。

进入 CMOS 设置，在 PCI Device 中发现有以下两项：

```
PCI Slot 1 latency timer[40h]
PCI Slot 2 latency timer[40h]
```

其中，40h 可改为 50h、60h 和 Default 等值，将其设置全部改为 Default 后再进行安装，故障排除。

12.8　实训

12.8.1　实训目的

熟悉微机的 CMOS 参数的作用，掌握如何通过 BIOS 设置程序设置 CMOS 参数。

12.8.2　实训内容

设置 Award BIOS 和 AMI BIOS 两种 BIOS。

12.8.3　实训过程

根据实验设备的情况,进行 Award BIOS 和 AMI BIOS 两种 BIOS 的设置。详细设置过程参见 12.2 节。

12.8.4　实训总结

BIOS 设置是计算机组装完成后的第一项工作,也是计算机组装过程中必不可少的知识。BIOS 一般都在主板上,主板的型号、品牌很多,但 BIOS 的种类很少,设置方法也基本相同。BIOS 参数设置的正确与否直接关系到计算机的运转性能,但是设置 BIOS 不能经常或轻易操作,因为如果不小心设置错误,会导致计算机不能正常工作,所以在必须设置 BIOS 时,操作之前一定要先仔细阅读主板说明书。

小结

CMOS 是保存运行 BIOS 设置程序所设参数的场所,所以通常所说的 BIOS 设置和 CMOS 设置是一回事,同时计算机的正常运行是从 BIOS 中的引导程序开始的,此计算机能支持什么样的设备,归根到底是通过 BIOS 程序来控制。随着设备的更新,原来的 BIOS 可能不支持新设备,此时要更新 BIOS 来适应新情况及修正原来的一些 BUG,更新失败后的处理也是用户关心的内容。至于 BIOS 中设置的参数对计算机运行的影响,更是不言而喻的。密码忘了怎么办? 文中介绍了几种解决办法。

习题

1. 为什么要设置 CMOS 参数? 对于一台微机,主要应对哪些选项进行设置?
2. 如何设置超级用户密码以防他人使用微机?
3. 清除 BIOS 密码的常用方法有哪些?
4. 写出升级 BIOS 的基本操作步骤。
5. 什么是 CMOS? 其作用是什么?
6. 什么是 BIOS? 它由哪几部分组成? 各有什么作用?
7. CMOS 与 BIOS 有什么区别与联系?
8. 微机上原来有一块硬盘,但容量不够用了,为了增大容量,又增加了一块硬盘,如何在 BIOS 中设置,使第二块硬盘可用?
9. 通过互联网查询目前较新型的 BIOS 的设置与维护方法。

第13章
硬盘分区与格式化

教学提示：虽然第 12 章中已经介绍了如何对 BIOS 进行设置，但是计算机还不能使用，还应对硬盘进行分区和格式化操作，才能把操作系统安装到硬盘中，然后才能使用计算机。

教学目标：掌握硬盘分区的方法；硬盘格式化的方法；扩展 DOS 分区与逻辑驱动器（逻辑盘）的关系。

13.1 硬盘初始化

13.1.1 硬盘分区基础

硬盘必须经过低级格式化、分区和高级格式化三个处理步骤后，计算机才能使用它存储数据。其中，硬盘的低级格式化通常由生产厂家完成，目的是划定硬盘可供使用的扇区和磁道并标记有问题的扇区；而分区和高级格式化则需要在使用硬盘前由用户自己完成。

分区是指对硬盘的物理存储空间进行逻辑划分，将一个较大容量的硬盘分成多个大小不等的逻辑区间。将一个大至几十甚至上百吉字节的硬盘作为一个分区来使用，不便于对文件进行管理，所以往往将一个硬盘划分成若干个分区，分区的数量和每个分区的容量大小可以由用户根据自己的需要来进行设定。

在第一次使用新硬盘、现有的硬盘分区不是很合理、硬盘感染引导区病毒等情况下可以进行硬盘分区。由于硬盘分区之后，会将硬盘"清空"，所以不能随便对硬盘进行重新分区，否则就会造成不可挽回的损失。

在对硬盘进行分区前需要清楚以下几个基本概念。

1. 主 DOS 分区，扩展 DOS 分区，逻辑驱动器

主 DOS 分区（主分区）即包含操作系统启动所必需的文件和数据的硬盘分区，要在硬盘上安装操作系统，则该硬盘必须有一个主分区。

扩展 DOS 分区（扩展分区）是除主 DOS 分区以外的分区，它不能直接使用，必须再将其划分为若干个逻辑驱动器才能使用。

物理驱动器即在计算机中真实存在的硬盘物理实体。通常情况下，计算机中物理硬盘驱动器只有一个，而在操作系统中看到的 C:、D:、E:等硬盘驱动器都是逻辑驱动器。

2. 分区(文件系统)格式

操作系统在为文件分配磁盘空间时,其最基本的存储单位既不是磁道也不是扇区,而是簇。簇的大小与磁盘的规格有关。一般情况下,软盘每簇是一个扇区,硬盘每簇的扇区数与硬盘的总容量的大小有关,可能是 4 个扇区、8 个扇区、16 个扇区、32 个扇区等。

目前,Windows 系列操作系统所用的分区(文件系统)格式主要有: FAT16、FAT32、NTFS 等。

FAT16 文件系统格式是指文件分配表使用 16 位数字,16 位分配表最多能管理 65 535(即 2^{16})个簇,也就是所规定的一个硬盘分区。由于每个簇的存储空间最大只有 32KB,所以在用 FAT16 文件系统格式管理硬盘时,每个分区的最大存储容量只有(65 535×32KB)即 2048MB,也就是人们常说的 2GB。所在大容量硬盘使用 FAT16 格式时,只能将其分成多个 2GB 的分区后才能使用。由于采用 FAT16 文件系统格式的硬盘效率低,因此如今该格式已经很少使用了。

FAT32 文件系统格式是微软公司从 Windows 95 OSR2 版本开始使用的文件系统格式,即使用 32 位的文件分配表来管理硬盘空间,使簇的个数大大增多,同时也使每个逻辑盘中的簇的长度比 FAT16 标准管理的同等容量逻辑盘小很多,突破了 FAT16 对每个分区容量只有 2GB 的限制,所管理的磁盘空间多达几十吉字节甚至上百吉字节,最高可达 2TB,是目前 Windows 98/2000/XP/2003 都支持的文件系统格式。

NTFS 文件系统格式中,大幅度地提高了微软原来的 FAT 文件系统的性能,NTFS 文件系统在发生错误的时候(如系统崩溃或电源供应中断)更容易恢复,也让这一系统更加强壮。在这些情况下,NTFS 能够很快恢复正常,而且不会丢失任何数据,具有了良好的安全性与稳定性。另外,在磁盘空间使用方面,NTFS 的效率非常高。虽然 NTFS 也是以簇为单位来存储数据文件,但 NTFS 中簇的大小并不依赖于磁盘或分区的大小。根据硬盘驱动器容量的不同,簇的大小可以是 512B、1024B、2048B 和 4096B(4KB 为系统默认值)甚至高达 64KB,这些可以通过格式化命令 FORMAT 在对逻辑驱动器进行格式化时由具体参数根据实际需要人为来进行设定。簇尺寸的缩小不但降低了磁盘空间的浪费,还减少了产生磁盘碎片的可能。在 NTFS 文件系统中,簇的大小会影响到磁盘文件的排列,设置适当的簇大小可以减少磁盘空间丢失和分区上碎片的数量。如果簇设置过大,会影响到磁盘存储效率;反之如果设置过小,虽然会提高利用效率,但是会产生大量磁盘碎片。在不使用其他方法的前提下,使用 FAT 文件系统的操作系统,如 Windows 98、DOS,因不能识别 NTFS 文件系统而不能直接访问 NTFS 文件系统下的文件、数据(Windows 2000/XP/2003 除外)。

Ext2 格式是 Linux 中使用最多的一种文件系统,它是专门为 Linux 操作系统设计的,拥有最快的速度和最小的 CPU 占用率。Linux 磁盘分区格式与其他操作系统完全不同,其 C、D、E、F 等分区的意义也和 Windows 操作系统下的分区不一样,使用 Linux 操作系统后,死机的机会大大减少。

13.1.2 分区前的准备工作

1. 备份硬盘中的重要数据

新硬盘不用考虑备份,如果是正在使用的硬盘进行重新分区,需要考虑备份硬盘中的重要数据,否则重要数据将会因为分区而丢失。

2. 制订分区方案

分区的个数及大小需要从操作系统的类型及数目、存储的数据类型、方便以后的维护和整理三个方面来考虑。分区没有统一的标准,一般操作系统都安装在 C 区(称为 C 盘),相对比较重要,除 C 盘以外,其他盘均可以随意。

3. 准备分区软件

现在的分区软件比较多,可以用 Windows 2000/XP/2003/Vista 系统安装程序进行分区,也可以用 Partition Magic(分区大师)、F32 分区软件等进行分区,还可以用 DOS 中的 FDISK 分区程序进行分区。

13.1.3 硬盘分区程序——Fdisk 的使用

Fdisk 分区软件是一款非常经典的优秀分区软件,用此软件分区后的硬盘,兼容性较好。此分区软件只有分区功能,没有格式化功能,格式化必须用 Format 命令来完成,而且分区后,硬盘的数据会丢失。

首先,制作一张含有新版本 Fdisk.exe 程序的启动光盘。其次,修改 CMOS 中的系统引导顺序,将其改为由光驱启动。将设置保存后重新启动计算机并由启动盘引导操作系统。最后,在系统提示符状态下,输入 Fdisk 命令。Fdisk 分区界面如图 13-1 所示。

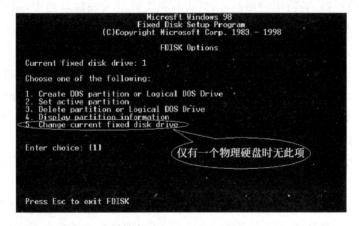

图 13-1 Fdisk 分区界面

主菜单中,前 3 行为当前所使用的 Fdisk 程序的编制公司及版本信息。第 5 行表明当前系统中使用的物理硬盘的数量(如果计算机中所使用的物理硬盘多于一个时,此处表明当前所操作的物理硬盘的序号)。第 7~11 行为 Fdisk 主菜单中的 5 个不同功能的选项。

(1)建立 DOS 分区或逻辑 DOS 驱动器;

(2)设置活动分区;

(3)删除分区或逻辑 DOS 驱动器;

(4)显示分区信息;

(5)改变当前物理硬盘驱动器。

通常情况下,当计算机中物理硬盘驱动器多于一个时,才会出现第 5 项。Fdisk 分区程中的创建、删除等操作在一个时刻只能对一个物理硬盘中的各个分区进行操作,想要对其他非当前物理硬盘中的分区进行操作时,必须首先在 Fdisk 程序的主菜单状态下,利用此项将想要对其进行操作的分区改为当前物理硬盘才可以。

主菜单中的第 12 行为输入功能选择位置,在方括号中直接输入主菜单中某项功能前面的代号并按 Enter 键即可进入到该功能的子菜单界面下。

主菜单最后一行提示:按 Esc 键退出 Fdisk 程序。

若现在需要重新分区的硬盘为一个已经使用过的硬盘,要对其重新进行分区操作,应首先使用主菜单中的第 3 项将原有分区信息逐一删除,使得该硬盘不再包含任何分区信息后,方可重新对其进行分区操作。

硬盘经过分区之后,下一个步骤就是要对硬盘进行高级格式化(Format)的工作,硬盘都必须格式化才能使用。格式化是在磁盘中建立磁道和扇区,磁道和扇区建立好之后,才可以使用磁盘来储存数据。

格式化操作可分为高级格式化(High-Level Format)和低级格式化(Low-Level Format)两种。软盘只有高级格式化;而硬盘不仅有高级格式化,还有低级格式化的操作。低级格式化都是针对硬件的磁道为单位来进行的,低级格式化操作是在硬盘分区和高级格式化之前做的。若未特别指明,则一般格式化的操作所指的都是高级格式化。

在 MS-DOS 操作系统当中,可以使用 Format 命令来格式化硬盘与软盘,例如,要格式化一片在磁盘驱动器 A:当中的磁盘片,并将开机文件放入该磁盘当中,则使用"Format A:/S"命令,而在 Windows 操作系统中,格式化的操作则由"资源管理器"来执行(右击磁盘名称→"格式化")。

格式化的操作通常是在磁盘的开端写入启动扇区(Boot Sector)的数据、在根目录记录磁盘标签(Volume Label)、为文件分配表(FAT)保留一些空间,以及检查磁盘上是否有损坏的扇区,若有的话则在文件分配表上标上损毁的记号(一般用大写字母"B"代表"BAD"),表示在该扇区并不用来储存数据。

低级格式化就是将空白的磁盘划分出柱面和磁道,再将磁道划分为若干个扇区,每个扇区又划分出标识部分 ID、间隔区 GAP 和数据区 DATA 等。可见,低级格式化是高级格式化之前的一项工作,它只能够在 DOS 环境来完成。而且低级格式化只能针对一块硬盘而不能支持单独的某一个分区。每块硬盘在出厂时,已由硬盘生产商进行低级格式化,因此通常用户无须再进行低级格式化操作。低级格式化是一种损耗性操作,对硬盘寿命有一定的负面影响。

高级格式化就是清除硬盘上的数据、生成引导区信息、初始化 FAT 表、标注逻辑坏道等。一般重装系统时都是高级格式化,因为 MBR 不重写,所以有存在病毒的可能。MBR 病毒可以通过杀毒软件清除或者在 DOS 下执行 fdisk /mbr 重写 MBR 以彻底清除病毒。

简单地说,高级格式化就是和操作系统有关的格式化,低级格式化就是和操作系统无关的格式化。

13.2 Ghost 软件的使用

该程序在 DOS 下执行,所以要进行硬盘的复制,必须先进入纯 DOS 环境,然后进入到存放 Ghost 软件的目录中,运行 Ghost. exe 程序。需要注意的是,在运行该程序前最好启动 DOS 的鼠标驱动程序,因为 Ghost 的操作画面是仿窗口画面,使用鼠标单击来选择会方便一些(虽然也可以用键盘来操作)。另外,在备份或复制硬盘前最好清理一下硬盘——删除不用的文件,清空回收站,对硬盘进行碎片整理等。

进入到 Ghost 程序中,首先看到的是 Ghost 的启动界面(图 13-2)。

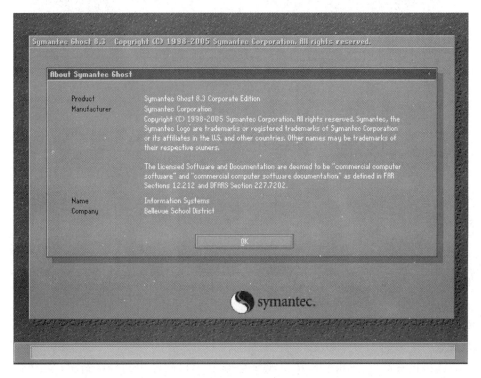

图 13-2 Ghost 启动界面

单击 OK 按钮进入其主界面,可见其主菜单,选择 Local(本地)菜单,其中包含三个子菜单:Disk(整个磁盘),Partition(某个分区),Check(检查备份的文件)。这三个子菜单又都含有下一级子菜单。Disk 子菜单下包含:To Disk(到磁盘),表示将源磁(硬)盘备份到目标磁(硬)盘中,即硬盘的复制,执行此操作后,目标磁(硬)盘中的所有数据将被覆盖;To Image(到映像文件),表示将源磁(硬)盘中的所有数据(包括各逻辑分区的数据)都存放到一个压缩的映像文件中,以一个文件的形式进行存放;From Image(从映像文件),表示从一个映像文件中释放、还原到指定的磁(硬)盘中,目标磁(硬)盘中现有的所有数据将被覆盖。Partition 子菜单下包含:To Partition(到分区),表示将源分区复制到目标分区中,即得到两个内容完全相同的分区,执行此操作后,目标分区中的所有数据将被覆盖;To Image(到映像文件),表示将源分区的所有数据全部备份到映像文件中;From Image(从映像文件),

表示将一个现有的映像文件中的数据全部恢复,还原到指定的分区中,指定的分区中现有的所有数据将被覆盖。Check 子菜单包含：Image File(映像文件),表示对已有的映像文件进行检查；Disk(磁盘),表示对已复制完成的目标磁(硬)盘进行检查。

下面以一个具体的实例来介绍 Ghost 的使用。现有一块做好系统的硬盘,需要将做好的系统进行备份。

(1) 进入装有 Ghost 的驱动器及子目录中后,在 DOS 系统提示符下输入 Ghost 并按 Enter 键,在 Ghost 的主菜单下选择 Local → Partition → To Image(图 13-3),即将做好的系统分区中的所有数据备份到一个映像文件中。

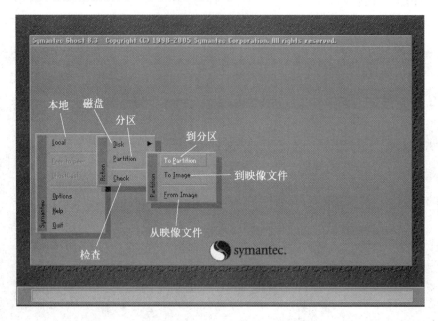

图 13-3　主界面

按 Enter 键后,Ghost 显示出当前所连接硬盘的情况,从图 13-4 可以看到当前系统中只有一块硬盘。

(2) 选择该硬盘后,单击 OK 按钮,Ghost 显示出该硬盘中的分区情况,从图 13-5 可以看到其中包含一个主 DOS 分区、两个逻辑分区(逻辑驱动器)。

由于做好的系统存放在主 DOS 分区中,所以选择主 DOS 分区,然后单击 OK 按钮,Ghost 显示出当前使用的硬盘的文件结构,并要求输入保存备份数据的映像文件的文件名,如图 13-6 所示。

由于将来还要从映像文件中将系统恢复到主 DOS 分区中,所以作为备份的映像文件不能存放在主 DOS 分区中。在单击 Save 按钮进行备份之前,还应选择一个与主 DOS 分区不同的另一分区(如 D 盘或 E 盘)来存放备份的映像文件。

(3) 当映像文件的文件名、存放位置都设置完成后,单击 Save 按钮,Ghost 弹出一个对话框(图 13-7),询问映像文件是否要采用压缩的方式及用何种压缩方式进行存储。

No,不采用任何的压缩,生成的映像文件体积最大；Fast,采用较低的压缩比,生成的映像文件较小,但速度很快；High 采用最高压缩比,生成的映像文件最小,但速度较慢。用户应根据实际情况(如硬盘可用空间等)具体考虑。

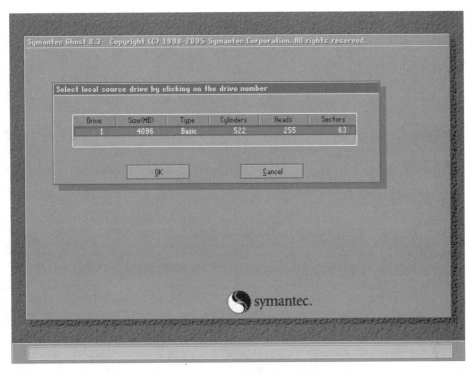

图 13-4 当前所连接硬盘情况

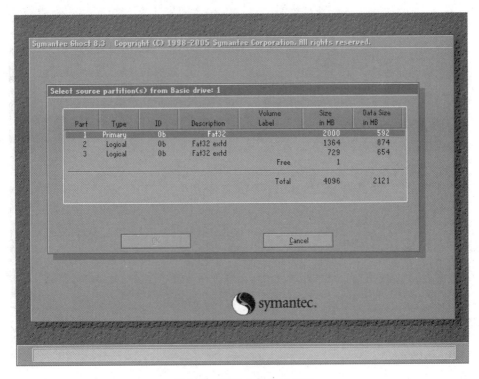

图 13-5 硬盘中的分区情况

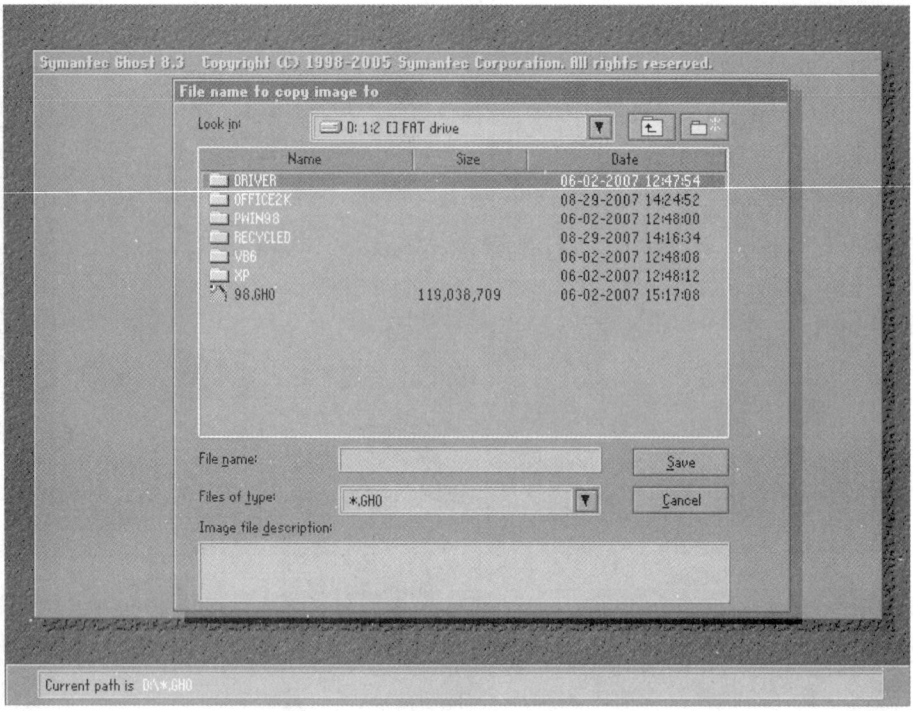

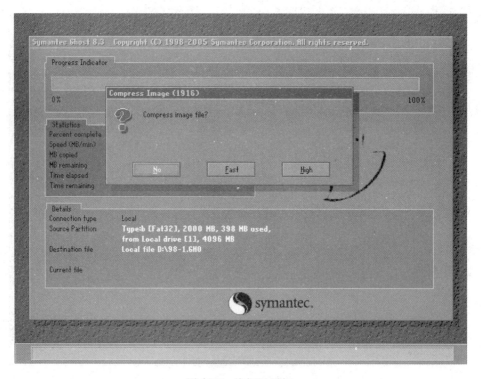

图 13-6　当前使用的硬盘的文件结构

图 13-7　询问对话框

（4）当进行适当选择后，Ghost 显示出最后确认对话框（图 13-8），询问是否要进行映像文件的建立。

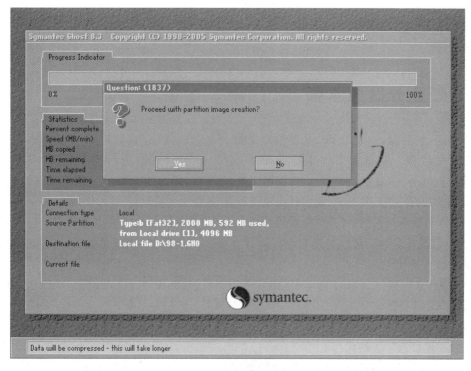

图 13-8　确认对话框

单击 Yes 按钮后，Ghost 便开始进行复制，如图 13-9 所示。

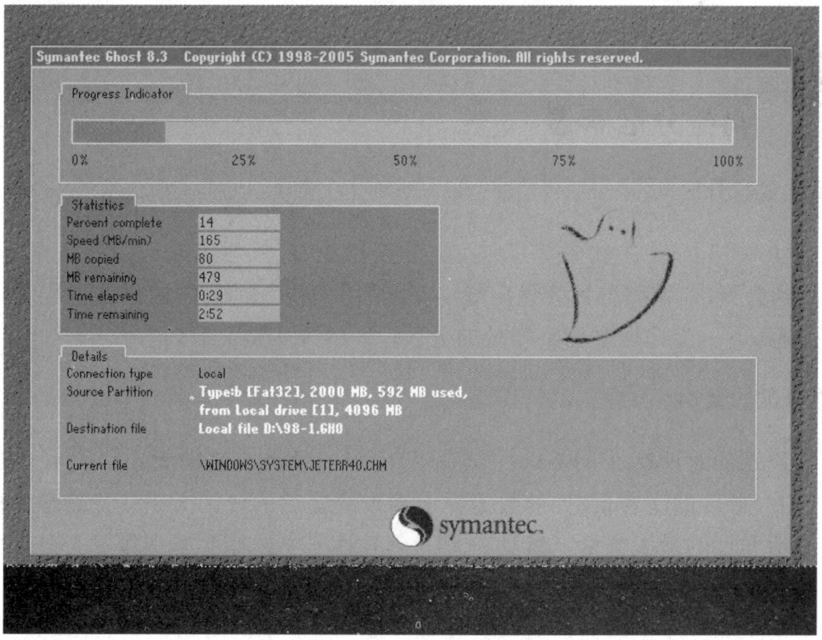

图 13-9　Ghost 开始复制

映像文件生成的大小取决于主 DOS 分区(系统分区)内数据的多少。在生成映像文件的过程中会随时显示出当前的进度、完成百分比、当前的复制速度、已经复制的数据的字节数、剩余字节数、已用的时间和剩余时间等信息。

(5) 当复制完成、映像文件生成后,Ghost 显示出完成对话框,单击 Continue 按钮后,继续其他的操作。

13.3　硬盘分区魔术师

在使用新硬盘前,一般用 Fdisk 对硬盘进行分区,在分区完成后装入操作系统、应用软件,写入大量数据。但是如果由于特殊要求,必须再次对硬盘进行重新分区,如果使用 Fdisk 进行重新分区,就会将硬盘上的数据全部破坏掉,而且重新格式化分区和安装软件,会消耗大量的时间。使用 Partition Manager 就能解决这一类问题。

PartitionMagic(分区魔术师)是无损分区软件,与 Fdisk 相比具有以下特点。

(1) 数据无损分区:可以对现有分区进行合并、分割、复制、调整等操作,不损伤现存数据,这是它最大的优点。

(2) 多主分区格式:可以是 FAT16、FAT32 等 DOS 分区,也可以是 NTFS、HPFS、Linux 等非 DOS 分区。

(3) 分区格式转换:支持 FAT16、FAT32 格式转换为 NTFS 格式,也支持 NTFS 格式转换为 FAT16、FAT32 格式。

(4) 格式化分区:分区后直接可以进行高级格式化。

(5) 分区隐藏:可以隐藏分区。

(6) 文件簇调整:可以手动调整文件簇的大小,可以是 4KB、1KB 或 512B,以减少空间的浪费。

(7) 多系统引导功能:通过 BootMagic 建立多分区的引导。

13.3.1　调整分区容量

1. 选择硬盘和分区

运行 PartitionMagic,在软件窗口左边任务栏中选择"调整一个分区的容量"(如图 13-10 所示),会弹出"调整分区容量向导",单击"下一步"按钮,先选择要调整分区的硬盘驱动器,然后进入下一步选择要调整容量的分区(图 13-11)。

2. 调整分区的大小

在接下来出现的对话框(图 13-12)中会显示出当前硬盘容量的大小以及允许的最小和最大容量。可在"分区的新容量"处的数值框中输入改变后的分区大小。注意最大值不能超过上面提示中所允许的最大容量。然后在下一个对话框中选择要减少哪一个分区的容量来补充给所调整的分区。

最后需要确认在分区上所做的更改。在如图 13-13 所示的对话框中会出现调整之前和之后的对比,在核对无误后就可以单击"完成"按钮回到主界面。

图 13-10　调整一个分区的容量

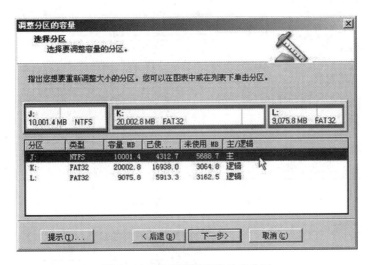

图 13-11　选择要调整容量的分区

3．执行操作

以上只是对分区调整做了一个规划,要想让它起作用还要单击左边栏下部的"应用"按钮(图 13-14),此时会弹出一个"应用更改"对话框,选择"是",即可开始进行调整,此时会弹出"过程"对话框(图 13-15),其中有三个显示操作过程的进度条,完成后重新启动计算机。

注意:如果调整的两个分区有重要数据,要预先备份。调整过程中,不要对正在执行操作的分区进行读写操作。另外,操作过程耗时较长,在这个过程中一定不要断电。

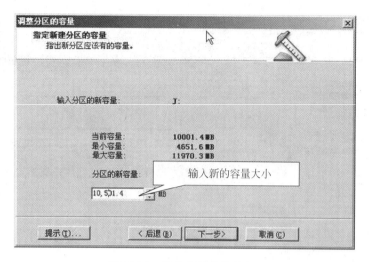

图 13-12　调整分区的容量(1)

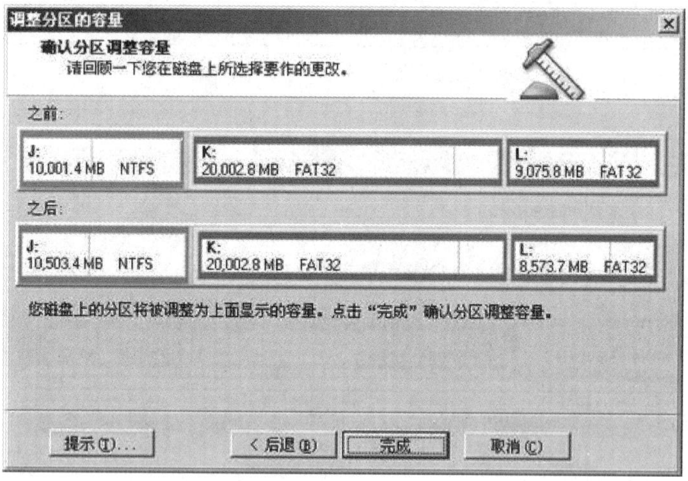

图 13-13　调整分区的容量(2)

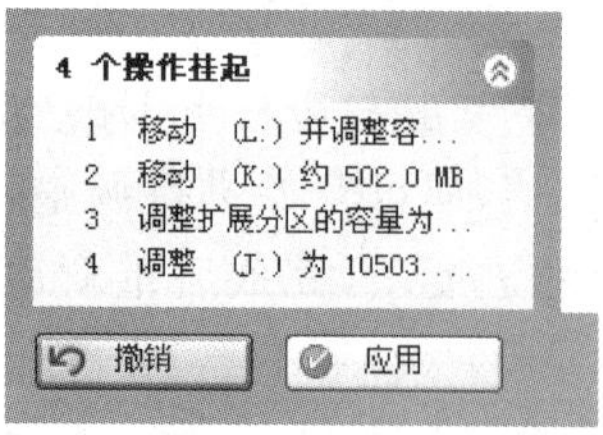

图 13-14　操作挂起

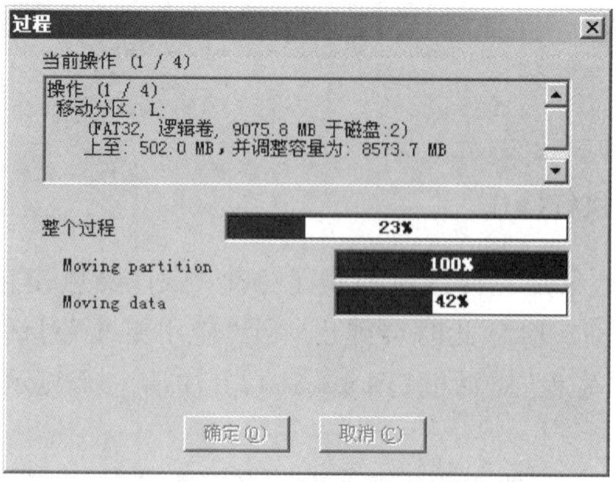

图 13-15　操作过程

13.3.2　合并、分割分区

早期的硬盘分区都比较小，已经不能适应现在的应用需求了，但可以使用PartitionMagic将两个较小的分区合并成一个大的分区。如果分区过大，也可以用PartitionMagic将它分割成几个较小的分区。这些操作除了可以通过选择左边栏中的命令并根据操作向导进行操作外，还可直接选择欲操作的分区，通过右键的快捷菜单来进行。

在PartitionMagic主界面中选中要合并的分区，然后右击，在弹出的快捷菜单中选择"合并"命令，会打开"合并邻近的分区"对话框（图13-16）。先在"合并选项"栏中选择要合并的分区，然后在"文件夹名称"处指定用于存放合并分区数据的文件夹名称（如果要把两个分区合并成为一个分区，参加合并的其中一个分区的全部内容会被存放到另一个分区的指定的文件夹下面）。最后单击"确定"按钮。

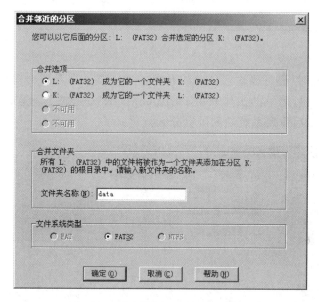

图13-16　"合并邻近的分区"对话框

分割操作与合并类似，先选择分割的分区，右击，然后在弹出的快捷菜单中选择"分割"命令，打开"分割分区"对话框（图13-17）。先在"数据"选项卡中指定好新建分区的卷标、盘符，然后移动想要存放到新分区的文件夹，可以双击左侧的文件夹把它放在新建的分区中，最后在"容量"选项卡中设定新建分区的容量。完成后单击"确定"按钮。

注意：分割分区的操作对NTFS分区无效。

13.3.3　创建新分区

硬盘上如果还有空闲的空间，或者是因为某个原因删除了某个分区，那么这部分的磁盘空间Windows是无法访问的。在PartitionMagic提供的向导帮助下，可在一个硬盘上创建分区：选中未分配的空间后单击窗口左侧的"创建分区"，在"创建分区"对话框中选择要创建的分区是"逻辑分区"还是"主分区"，一般选择逻辑分区，接着选择分区类型，PartitionMagic支持FAT16、FAT32、NTFS等多种磁盘格式，作为Windows XP用户，一般

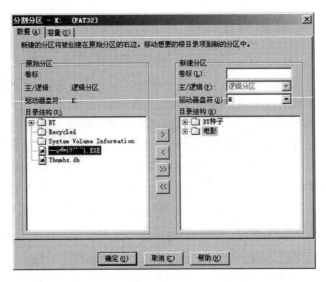

图 13-17 "分割分区"对话框

选择 NTFS 格式。同时，还可以输入分区的卷标、容量、驱动器盘符号等（图 13-18）。完成设置后单击"确定"按钮，剩下的工作就由 PartitionMagic 去完成了。返回主窗口中单击左下角的"应用"按钮，最后重启系统新的硬盘分区就建立了。

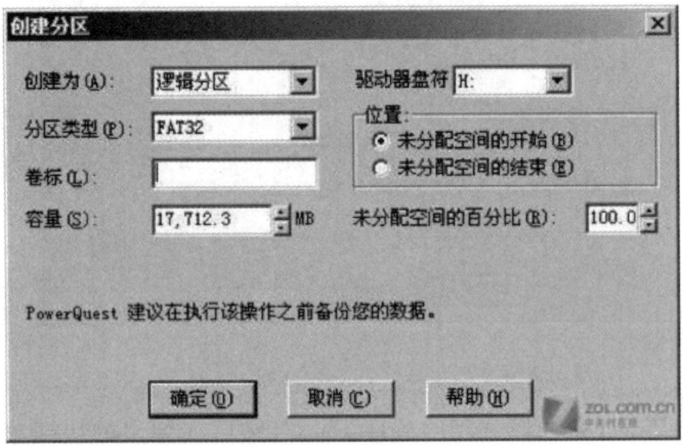

图 13-18　创建分区

注意：如果有一个新硬盘，则先将其挂接到安装有 PartitionMagic 的系统中的第二硬盘位置，再用 PartitionMagic 进行分区。

13.3.4　转换格式

分区的文件系统有多种多样的类型，如常见的 FAT16、FAT32、NTFS 等，可以使用 PartitionMagic 来实现分区格式的转换。用鼠标右键单击要转换分区的盘符，然后选择"转换"命令，会弹出"转换分区"对话框（图 13-19），在其中选择要转换的格式单击"确定"按钮即可。如果使用的是 Windows 98 之类的系统只能把 FAT16 转换为 FAT32，而对于 Windows NT/2000/XP 系统，可实现 FAT32 与 NTFS 格式之间的转换。

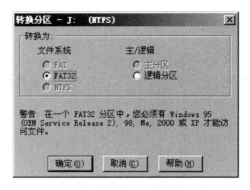

图 13-19 "转换分区"对话框

以上是 PartitionMagic 最常用的应用,除此之外,在 PartitionMagic 还可用来进行复制分区、格式化分区、隐藏分区等操作,操作方法与以上操作类似。

13.4 实训

13.4.1 实训目的

(1) 通过实验,掌握硬盘分区的方法与步骤。

(2) 通过实验,掌握硬盘格式化的方法。

(3) 通过实验,掌握扩展 DOS 分区与逻辑驱动器(逻辑盘)的关系。

13.4.2 实训内容

(1) 熟悉硬盘分区程序——Fdisk 界面。

(2) 完成硬盘分区的建立与删除。

(3) 完成逻辑盘的格式化。

13.4.3 实训过程

实训过程参照 13.1 节。

13.4.4 实训总结

分区是指对硬盘的物理存储空间进行逻辑划分,将一个较大容量的硬盘分成多个大小不等的逻辑区间。将一个大至几十甚至上百吉字节的硬盘作为一个分区来使用,不便于对文件进行管理,所以往往将一个硬盘划分成若干个分区,分区的数量和每个分区的容量大小可以由用户根据自己的需要来进行设定。

通过本次实验可以对硬盘分区进行初步体验,分区可以对硬盘进行更好的管理。本实验就是通过 Fdisk 命令对硬盘进行分区,所以通过该实验可以更好地学习 Fdisk 命令。

小结

本章讲解了硬盘的初始化,通过本章的学习,读者可以对硬盘的分区、硬盘的备份有个初步的了解。

习题

1. 什么是基本分区、扩展分区、逻辑分区、活动分区?

2. 目前常见的硬盘分区格式有哪些?

3. 何时需要对硬盘进行低级格式化?

4. 设一块硬盘容量为750GB,现对其进行分区,要求划分出 C、D、E 三个逻辑驱动器,其中,C:盘容量为150GB,D:盘与 E:盘平分剩余的空间。

5. 通过互联网查找并下载适应 Windows 7 等操作系统的硬盘分区及格式化工具,并查看使用方法。

第14章

操作系统及驱动安装

教学提示：对硬盘进行分区格式化之后，还不能对计算机进行正常的操作，还应该在计算机上安装操作系统、驱动程序及常用的应用软件，计算机才能正常运行。

教学目标：通过本章的学习，读者可以顺利地安装操作系统和相应的一些常用的软件，并对自己组装计算机的总体性能有一个基本的认识。

14.1 安装 Windows XP 操作系统

14.1.1 Windows XP 简介

Windows XP 是基于 Windows 2000 代码的产品，同时拥有一个新的用户图形界面（叫作月神 Luna），它包括一些细微的修改，其中一些看起来是从 Linux 的桌面环境诸如 KDE 中获得的灵感。带有用户图形的登录界面就是一个例子。此外，Windows XP 还引入了一个"基于人物"的用户界面，使得工具条可以访问任务的具体细节。它包括简化了的 Windows 2000 的用户安全特性，并整合了防火墙，以用来确保长期以来一直困扰微软的安全问题。

14.1.2 安装前的准备工作

1. Windows XP 操作系统的安装要求

Windows XP 的最低装配置如下所示。

CPU：Pentium 233MHz（或与之相当的 AMD 处理器）。

内存：建议使用 128MB（RAM 最小为 64MB，最大为 4GB）以上的内存。

硬盘：1.5GB 的可用硬盘空间。

显示器：CRT 显示器。

光驱：CD-ROM 或 DVD 驱动器。

其他设备：鼠标、键盘。

2. 安装前需要做的准备工作

（1）确定系统的安装方式。

① 从硬盘安装；

② 从光盘启动安装；

③ 升级安装。

(2) 设置 BIOS 参数。

① 禁止 BIOS 中的防病毒选项；

② 禁用电源管理程序；

③ 若使用软盘启动系统，应在 BIOS 中将第一启动设备设置为软驱；若从光驱启动，则将第一启动设备设置为光驱。

(3) 准备 Windows XP 的安装光盘。

(4) 安装期间，系统会询问若干问题。请务必准备好下列内容。

① Windows XP Professional CD：此 CD 位于 Windows XP 护封内。

② 产品密钥：可在 Windows XP 护封的背面找到产品密钥。

③ 钢笔或铅笔：可以记录设置及其他重要信息。

④ Internet 信息：如果计划连接 Internet，则可能需要提供其他一些信息。可以在安装过程中配置自己的设置，也可以在安装完 Windows XP 之后进行配置。如果在购买计算机时作为优惠而得到了新的 Internet 账户，或者是已经有自己的 Internet 账户，应联系 Internet 服务提供商(ISP)以获取该信息。

⑤ 网络信息：如果计算机当前已连接好网络，在运行安装程序之前，请获取下列信息。

• 计算机的名称。

• 工作组或域的名称。

• 如果计算机是某个域的成员，则还需要域用户名和密码，TCP/IP 地址(如果网络没有 DHCP 服务器)。

3. Windows XP 的安装步骤

Windows XP 的安装方法有很多种，可以在 DOS 下进行安装，也可以在其他版本的 Windows 环境下安装。在 DOS 下安装可以通过硬盘、软盘或 Windows XP 安装光盘引导计算机，进入 Windows XP 的安装程序。

Windows XP 的安装主要有"升级安装"和"全新安装"两种方式，在此以 DOS 下的全新安装为例来介绍 Windows XP 的安装。Windows XP 的安装过程大概可以分为以下 5 大部分：收集信息→动态更新→准备安装→安装 Windows→完成安装。在此过程中，用户只需对"收集信息""动态更新""准备安装""安装 Windows"的前半部分进行设置，到"安装 Windows"的后半部分及以后的环节就无须用户设置了，安装程序会自动把 Windows XP 的文件复制到计算机上，完成安装。

14.1.3　Windows XP 系统安装

Windows XP 操作系统有升级安装和全新安装两种方式。升级安装是在计算机已安装有 Windows 9x 系列操作系统的情况下，将其升级为 Windows XP。但是，由于升级安装会保留已安装操作系统的部分文件，为避免旧系统中的问题遗留到新的系统中去，建议删除旧系统，使用全新安装的方式。Windows XP 系统的具体安装过程如下。

在 DOS 下引导 Windows XP 的安装程序有两种方法：一种是用 Windows XP 的安装

光盘引导（安装光盘必须是自启动光盘）；另一种是用 Windows 98 启动盘引导进入
Windows XP 的安装程序。第一种方法较为简单，首先在 BIOS 中将第一启动设置为从光
盘启动。在此以 Windows XP 的安装光盘为例来讲述。

1. 开始安装程序

（1）在光驱中插入 Windows XP 的安装光盘，然后启动计算机，系统会转到安装界面，
开始准备安装程序所需文件，安装程序会在 Windows Setup 界面中装载相关的系统文件、
设备安装驱动程序。

（2）装载完相关的系统文件后进入如图 14-1 所示的"Windows XP 安装程序"界面，此
处有三个选项，要进行全新安装直接按 Enter 键即可。

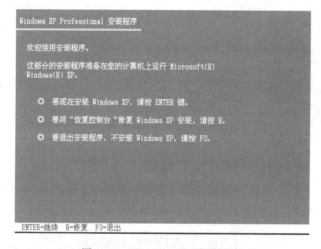

图 14-1　Windows XP 安装程序

（3）接下来安装程序进入 Windows XP 的安装协议界面，按 F8 键接受协议，安装继续
进行，如图 14-2 所示。

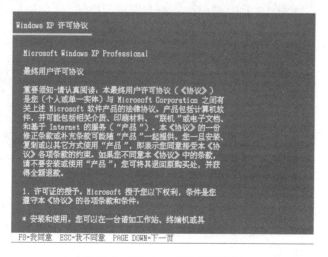

图 14-2　Windows XP 许可协议

2．选择安装分区

（1）安装向导提示安装 Windows XP 的分区，其默认为 C 盘，按 Enter 键继续安装，如图 14-3 所示。

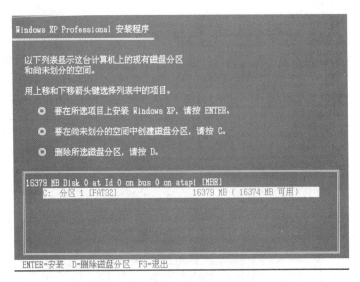

图 14-3　Windows XP 安装程序

（2）接下来安装程序进入分区类型选项界面，在此安装向导列出了相应的分区选项，用户可根据自己的实际需要选择，选择好分区类型后按 Enter 键，如图 14-4 所示。

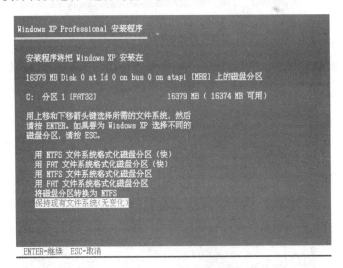

图 14-4　Windows XP 分区类型选项

（3）接着安装程序开始检查磁盘，然后格式化磁盘，并准备创建需要复制的文件列表，如图 14-5 所示。此过程完成后安装程序自动重新启动计算机，计算机启动后，进入 BIOS 将启动顺序改回从硬盘启动。

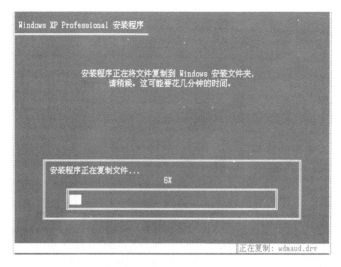

图 14-5　Windows XP 安装过程

3．安装信息设置

（1）重新启动后，安装程序便开始进行一系列的自动设置过程。接着会打开"区域和语言选项"窗口，在此选择默认设置，即"中国"和"中文（简体）"，单击"下一步"按钮。

（2）接下来要进行的工作和安装 Windows 98 很相似，填写产品密钥，输入计算机名称，再下来就是进行日期和时间、时区的设置等，这一系列的过程是"傻瓜式"安装，只需进行简单的设置然后单击"下一步"按钮即可。

4．网络设置

（1）接下来安装程序进入网络设置阶段，在"网络设置"窗口中用户可选择使用"典型设置"或者"自定义设置"方式。对于第一次安装 Windows XP 的用户来说，一般选择"典型设置"，然后单击"下一步"按钮。

（2）弹出"工作组计算机域"对话框，如果用户想使用网络，就应确定自己的计算机是否加入域或工作组。"工作组"是具有相同工作组名的一组计算机，"域"则是网络管理员定义的一组计算机。

在这里可以先不设置网络，可在系统安装完成后再进行网络设置。这一系列过程完成后，安装程序自动进行剩下的工作，即开始复制文件，文件复制完成后计算机会再次重新启动。

5．设置其他相关选项

（1）计算机重新启动后会进入一个新的引导画面，同时弹出一个对话框，提示是否让系统自动调整计算机屏幕的显示方式，单击"确定"按钮进行自动调整。

（2）最后输入刚才设置的系统管理员密码就可以进入 Windows XP 标准界面了。至此，Windows XP 操作系统的安装就全部完成了。

14.2　多操作系统安装及卸载

根据不同的需要,可以在一台机器中安装多个操作系统。

14.2.1　多操作系统的安装

1. Windows 版本间的区别

Windows 98 和 Windows Me 能够很好地支持多媒体功能,且支持的软件和硬件的种类也很多,而对计算机硬件的要求也不高,如果用户的计算机硬件配置不高,那么最好选择安装 Windows 98 操作系统。但其缺点就是不够稳定,经常会出现"死机"现象。

Windows 2000 是基于 Windows NT 的内核,非常稳定且具有强大的网络功能和管理功能,因此,常被用于商用服务器。但其缺点是在多媒体方面表现非常一般,且没有很好的硬件和软件的兼容性。

Windows XP 集以前的操作系统的优点于一身,其多媒体性能、稳定性和兼容性都非常出色,对硬件的要求也并不是太高,因此 Windows XP 应该是目前个人用户的首选。

Windows 2003 虽然具有极高的性能,但其对硬件和软件的要求还相对较高,因此还多被用于服务器市场。事实上,自 Windows 2000 开始,微软公司就已经设计好了让新版本的操作系统与旧版本的操作系统共存于同一硬盘上的模式,因此,对于那些硬件配置较高的用户,就完全可以选择使用不同的操作系统来完成不同的工作,如用 Windows 98 来玩游戏,用 Windows 2000 来建立个人站点,用 Windows XP 来进行日常办公。

2. 多操作系统共存的原理

当计算机加电并通过系统自检以后,硬盘被复位,BIOS 将主引导记录读入内存并将系统控制权交给主引导程序,主引导程序再去检查分区表寻找活动分区,找到后将系统控制权交给活动分区中的引导记录,由引导记录来装载操作系统。就 DOS 和 Windows 9x 操作系统而言,分区引导记录负责读取并执行 IO. SYS 文件,由 IO. SYS 文件来初始化系统数据,然后 Windows 就会继续进行 DOS 部分和 GUI 部分的引导和初始化工作。而对于 Windows NT 和 Windows 2000 操作系统而言,系统引导装入程序和多重引导由一个具有隐含属性的初始化文件 boot. ini 来控制。因此,在系统引导到装载操作系统的过程中,用户可以通过设置硬盘的引导次序和修改主引导记录两种方法来实现多重引导。多重引导可以分为两种情况:多硬盘多操作系统和单硬盘多操作系统。

(1) 多硬盘多操作系统。

多硬盘多操作系统是指在用户的计算机上装有多块硬盘,而每块硬盘上都装有自己的操作系统,这种状况下主要是通过 CMOS 的设置来实现多操作系统的共存。先将第一块硬盘设置为引导盘,装载第一个操作系统,再将第二块硬盘设置为引导盘,装载第二个操作系统。

(2) 单硬盘多操作系统。

在一块硬盘上安装多个操作系统是现在普遍使用的做法,要想使各操作系统之间互不影响,可以通过修改主引导程序和分区表两种方法来实现。

① 修改主引导程序。修改主引导程序的方法是:通过引导多个操作系统的工具软件将主引导记录替换成自身的引导代码,而这些代码可以选择并执行用户指定的操作系统的基本代码,从而控制计算机的引导过程。

② 修改分区表。修改分区表是指通过修改主分区第一个扇区的引导代码来实现多操作系统的共存。

3.多操作系统安装的准备工作

在安装多操作系统以前,用户应该了解下列内容:一块硬盘上可以装几个操作系统,怎样划分硬盘分区大小和如何选择硬盘分区的文件系统。

(1)一块硬盘上可以安装几个操作系统。从理论上讲,一块硬盘上可以安装多个操作系统,但由于多个操作系统安装在同一个分区上时,会造成系统的混乱,所以建议用户在安装多个操作系统时要将不同的操作系统放在不同的分区上。

(2)怎样划分硬盘分区大小。人们平常都习惯于将需要安装的应用软件按照系统默认的路径全部安装到操作系统所在的分区上,这样就使得操作系统所在的分区十分庞大,从而极大地影响了系统的效率,还会加速硬盘的老化,因此建议用户将应用软件安装在操作系统以外的分区上。下面演示一下一块 60GB 的硬盘的详细规划方案。

① 将硬盘分为 6 个区,分别为 C 盘、D 盘、E 盘、F 盘、G 盘和 H 盘。

② 安装内容:C、D、E、F、G、H 盘的安装内容分别为 Windows 98、Windows 2000、Windows XP、应用软件、多媒体软件和系统备份。

③ 各分区容量:C、D、E、F、G、H 盘的容量分别为 5GB、5GB、5GB、10GB、15GB 和 20GB。

(3)如何选择硬盘分区的文件系统。如果用户安装双操作系统,则应该选择两个操作系统都支持的文件系统,通常是 FAT32 或 NTFS;如果要安装三个操作系统,则需要保证同一个分区至少有两个操作系统可以读取。

Windows 98 以前的低版本如 Windows 98、Windows 95 等只支持 FAT 32 的文件系统,而 Windows 98 以上的版本如 Windows 2000、Windows Me、Windows NT、Windows XP 等都支持 FAT32 和 NTFS 操作系统。

4.多操作系统安装注意事项

(1)安装顺序:应遵循先安装低版本,再安装高版本的顺序。

(2)分别在不同分区中安装:要安排好硬盘分区,每个操作系统应该分配一个独立的分区,可以实现最大程度的互不干扰。

14.2.2　多操作系统的卸载

1.多操作系统卸载的共同点

(1)释放要卸载的操作系统对引导扇区的控制权,并将控制权交由其他操作系统管理。

（2）在多操作系统引导菜单中的选项中去除要卸载的操作系统选项。

（3）删除系统，释放剩余空间。

2. 卸载 Windows 多操作系统

（1）卸载多系统中的 Windows 2000/XP/2003。

要将 Windows 2000/XP/2003 从多系统中彻底删除，留下 Windows 9x/Me 系统，可以根据具体情况按以下方法操作。

① 如果多操作系统所在的安装分区都是 FAT32 分区，可以直接在 Windows 9x/Me 下删除 Windows 2000/XP/2003 的 Windows 或 Winnt、Program Files 和 Documents and Settings 目录，然后删除 C 盘中的如下文件：ntldr、ntdetect. com、boot. ini、ntbootdd. sys（如果有 SCSI 设备）和 bootfont. bin，最后用 Windows 9x/Me 启动光盘引导计算机，执行命令：“a:\sys c:”即可彻底卸载 Windows XP。

提示：另外，也可以用 Windows 98 启动盘启动计算机，运行 FORMAT 命令直接快速格式化 Windows 2000/XP/2003 所在的硬盘分区，如 A:\>FORMAT D:/Q，之后再运行“SYS C:”命令以使硬盘可引导。

② 如果 Windows 2000/XP/2003 采用的是 NTFS 分区，可以使用 Windows 98 启动盘启动计算机，运行 FDISK 命令，虽然 FDISK 也不能识别 Windows 2000/XP/2003 所在的 NTFS 分区，显示其为不明分区，但仍可以将该分区删除掉，然后重新分区即可。

（2）卸载多系统中的 Windows 9x/Me。

① 如果使用的 Windows 9x/Me 安装在除 C 盘外的其他分区，可以直接格式化 Windows 9x/Me 所在的分区。

② 如果使用的 Windows 9x/Me 安装在 C 盘，则不能格式化，只能进入 Windows 2000/XP/2000 系统，将 C 盘的 Windows、Program Files 目录及根目录下的所有 Windows 98 引导文件，包括 io. sys、msdos. sys、command. com、autoexec. bat 和 config. sys 等全部删除。要注意的是，不要删除 ntldr、ntdetect. com、boot. ini、ntbootdd. sys 和 bootfont. bin 文件。

③ 格式化或者删除 Windows 9x/Me 的文件后，要想取消双系统的启动菜单，还需要修改 boot. ini 文件，在“开始”菜单→“运行”中输入“attrib c:\boot. ini -r -s -h”并回车去掉 boot. ini 文件的系统、只读、隐藏属性，然后进入 C 盘，双击打开 boot. ini 文件，删除“multi（0）disk（0）rdisk（0）partition（2）\WINDOWS＝"Microsoft Windows 98" /fastdetect"或“multi（0）disk（0）rdisk（0）partition（2）\ WINDOWS ＝ " Microsoft Windows ME"/fastdetect"这一行并保存修改。接着在“运行”中输入“attrib c:\boot. ini ＋r ＋s ＋h”并回车设置回系统、隐藏和只读属性即大功告成。

当然，如果是单系统的话，也可以用鼠标右键单击“我的电脑”→“属性”打开“系统属性”对话框，在“高级”选项卡中单击“启动和故障恢复设置”按钮。如图 14-6 所示，设置 Windows 2000/XP/2003 为默认的操作系统，取消“显示操作系统列表的时间”前面的“√”，即可取消启动菜单。

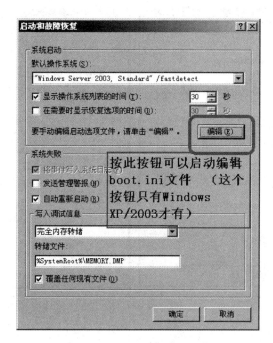

图 14-6 "启动和故障恢复"界面

14.3 安装驱动程序

一般情况下,安装 Windows XP 操作系统后,大部分硬件就已经处于正常的工作状态下。但为了可以更好地发挥显卡、声卡等设备的功能,建议用户安装最新版本的驱动程序。

14.3.1 安装即插即用设备的驱动程序

由于 Windows XP 可以识别所有即插即用设备,所以 Windows XP 中没有"从头安装"的概念,对所有设备,都是"更新"驱动程序。下面以为一款声卡"更新"(如果未能正确识别声卡,则实际上是安装)详细介绍在 Windows XP 中更新(安装)硬件驱动程序的通用方法。

(1)在桌面上,用鼠标右击"我的电脑"图标,在弹出的快捷菜单中选择"属性"命令,打开"系统属性"对话框。单击"硬件"标签,切换到"硬件"选项卡,如图 14-7 所示。

(2)单击"设备管理器"按钮,打开"设备管理器"窗口,如图 14-8 所示。

(3)展开其中的"声音、视频和游戏控制器"选项,并选中声卡选项,如图 14-8 所示。

(4)在该项上右击,从弹出的快捷菜单中选择"属性"命令,打开声卡的属性对话框,如图 14-9 所示。

(5)单击"驱动程序"标签,打开"驱动程序"选项卡,如图 14-10 所示。

(6)单击"更新驱动程序"按钮,打开"硬件更新向导"对话框,如图 14-11 所示。

(7)选中"从列表或指定位置安装(高级)"单选按钮,单击"下一步"按钮,打开"请选择您的搜索和安装选项"对话框,如图 14-12 所示。

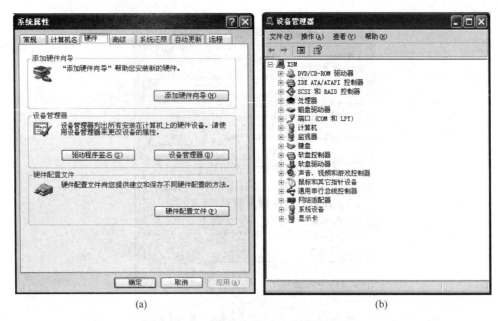

(a)　　　　　　　　　　　　　　　　(b)

图 14-7　Windows XP 驱动安装过程示例(1)

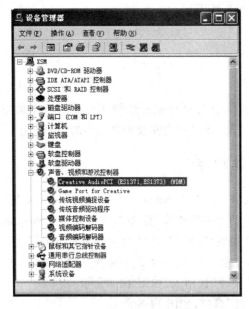

图 14-8　Windows XP 驱动安装过程示例(2)　　　图 14-9　Windows XP 驱动安装过程示例(3)

（8）选中"在这些位置上搜索最佳驱动程序"单选按钮和"搜索可移动媒体（软盘、CD-ROM…）"复选框，将驱动程序光盘或软盘插入驱动器。

（9）单击"下一步"按钮，打开"向导正在搜索，请稍候…"界面。开始从用户在上一步指定的位置搜索最新的驱动程序，如图 14-13 所示。

（10）如果用户插入的驱动程序光盘或软盘的确含有正确的驱动程序，Windows XP 将搜索到并开始驱动程序的安装工作，如图 14-14 所示。文件复制完成后，显示"完成硬件更新向导"界面。

图 14-10　Windows XP 驱动安装过程示例(4)

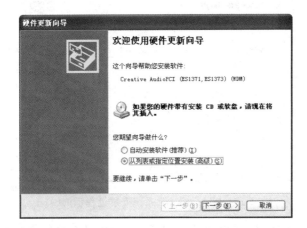

图 14-11　Windows XP 驱动安装过程示例(5)

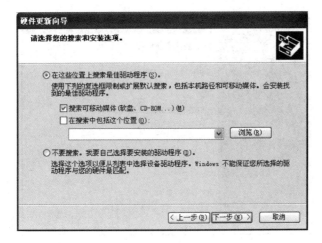

图 14-12　Windows XP 系统安装过程示例(1)

图 14-13　Windows XP 系统安装过程示例(2)

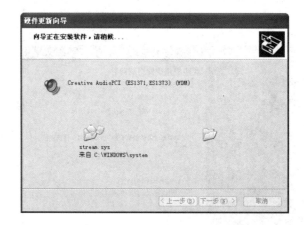

图 14-14　Windows XP 系统安装过程示例(3)

（11）单击"完成"按钮,重新启动计算机后,新的驱动程序即可正常运行,如图 14-15 所示。

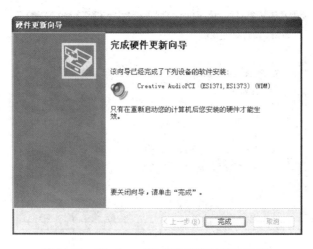

图 14-15　Windows XP 系统安装过程示例(4)

14.3.2 安装非即插即用设备的驱动程序

1. 准备工作

（1）准备好设备的驱动程序光盘或软盘。

（2）启动添加硬件向导，不要让向导检测硬件或搜索驱动程序，直接安装。

（3）参考硬件说明书，为硬件分配系统资源。

2. 安装过程

（1）利用驱动器盘中的 Setup 程序。

（2）在"设备管理器"中单击"刷新"按钮，系统会自动搜索。

（3）即插即用设备。

（4）在"打印机"文件夹中添加打印机。

（5）利用 Windows Update 从 Internet 上下载的驱动程序。

14.3.3 驱动程序的卸载

驱动程序的卸载非常简单，其具体步骤如下。

用鼠标右键单击"我的电脑"，在弹出的快捷菜单中选择"属性"命令，弹出"系统属性"对话框。在"系统属性"对话框中打开"硬件"选项卡，单击"设备管理器"按钮，打开"设备管理器"窗口。在该窗口中用鼠标右键单击要卸载驱动器的硬件设备，在弹出的快捷菜单中选择"卸载"命令，系统即可自动卸载该设备，如图 14-16 所示。

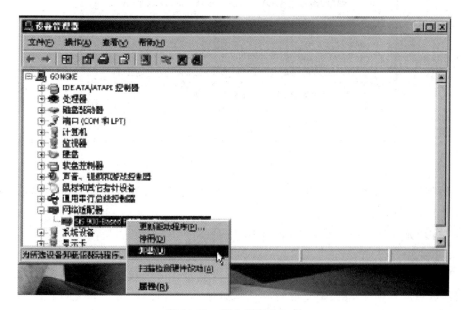

图 14-16 驱动程序的卸载

14.4　应用软件的安装与卸载

14.4.1　应用软件的安装

正确安装软件是让计算机发挥作用的第一步。对于计算机初学者来说，独立完成软件的安装还是有些许困难的。对于 Windows 平台上的应用程序来说，它们的安装过程其实是很标准化的，也就是几乎所有的 Windows 应用程序的安装过程都是非常相似的。所以本节以目前国内使用广泛的压缩软件 WinRAR 的安装为例，来向各位读者详细介绍软件安装的过程。

1. 常用压缩软件的安装

1）安装方法

（1）双击打开软件所在的文件夹，找到安装文件，双击该文件，开始安装。在弹出的窗口中，单击"浏览"按钮可以选择安装目录，建议采用默认安装目录，即左面显示的"C:\Program Files\WinRAR"。单击"安装"按钮，开始安装，如图 14-17 所示。

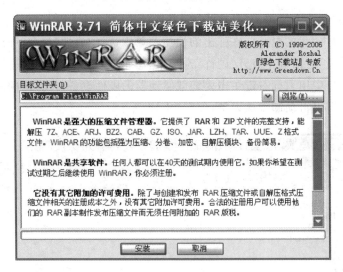

图 14-17　安装界面

（2）等待安装过程结束。关闭弹出的文本"汉化说明.txt"，在设置窗口中单击"确定"按钮，如图 14-18 所示。

（3）单击"完成"按钮，结束安装，如图 14-19 所示。

2）简单使用介绍

用 WinRAR 压缩文件可以减少文件大小。当需要在一个较小的磁盘空间储存文件时（如一张软盘只能容纳 1.38MB 大小的文件），就要用 WinRAR 来压缩文件；用 WinRAR 可以将多个文件或文件夹压缩成一个压缩文件。例如，你想将多个文件通过 QQ 等联络工具传送给好友时，或者将多个文件邮寄给朋友时，就需要用 WinRAR 来将这些文件压缩成

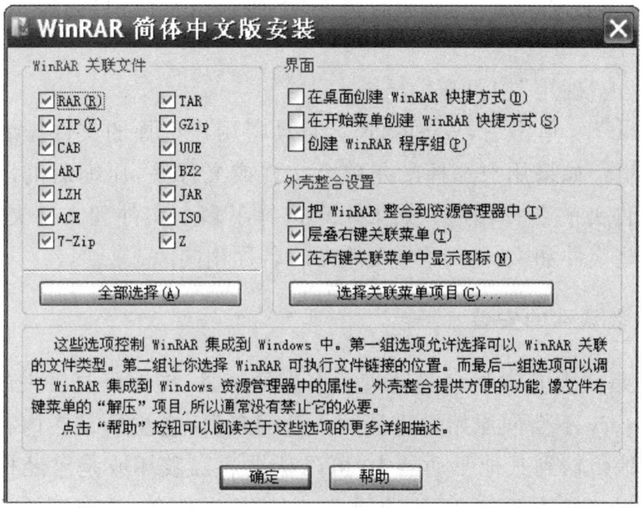

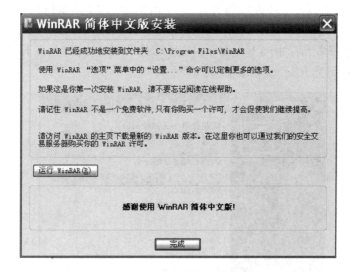

图 14-18 软件安装界面

图 14-19 安装完成界面

一个压缩文件。这样,不仅可以减小文件的大小,传送的成功率也较高。下面就来看看如何应用 WinRAR 压缩文件。

单击要压缩的文件或文件夹,或者框选要压缩的多个文件或文件夹,或者按住 Ctrl 键(键盘的左下角)分别单击选择要压缩的多个文件和文件夹,选中后单击右键弹出右键菜单。

一般使用到前面两个功能。

添加到档案文件…:单击后,弹出"档案文件名字和参数"窗口。如果希望对压缩的文件有更详细的设置,就选择这种方式。下面是一些常用设置。

在"常规"选项卡中,单击"浏览"按钮,可以选择压缩后压缩文件所在的文件夹,选择后在"档案文件名"下面的文本框内显示。如果不选择,压缩文件就会自动存放在当前文件夹。在档案文件类型中,还可以选择压缩文件是 ***.rar 类型,还是 ***.zip 类型。

单击打开"文件"选项卡,对要压缩的文件进行设置。单击"浏览"按钮可以在已经选择的文件中,加入其他的文件。在"要添加的文件"下面的文本框中,会显示出选择了的文件,多个文件用空格隔开。

设置结束后,单击"确定"按钮开始压缩。

添加到"∗∗∗.rar":单击后,WinRAR会自动将用户选择的文件压缩成一个压缩文件保存在当前文件夹里。如果用户选择的是单个文件或文件夹,压缩后的压缩文件的名称就会和这个文件或文件夹的名称相同;如果用户选择了多个文件和文件夹,压缩后的压缩文件的名称就会和这些文件和文件夹所在文件夹的名称相同。

2. 常用数据恢复软件的安装

EasyRecovery是威力非常强大的硬盘数据恢复工具,能够恢复丢失的数据以及重建文件系统。EasyRecovery不会向原始驱动器写入任何东西,它主要是在内存中重建文件分区表使数据能够安全地传输到其他驱动器中,可以从被病毒破坏或是已经格式化的硬盘中恢复数据。该软件可以恢复大于8.4GB的硬盘,支持长文件名,被破坏的硬盘中像丢失的引导记录、BIOS参数数据块、分区表、FAT表、引导区都可以由它来进行恢复。

本节以EasyRecovery1安装为例介绍在Windows下面是如何安装该软件的,安装EasyRecovery的步骤如下所述。

(1) 找到下载或者光盘中的EasyRecovery1软件的安装位置,一直下一步安装好软件,直到单击"完成"按钮完成安装,如图14-20所示。

图14-20　开始安装界面

(2) 选择接受安装协议,继续下一步安装,如图14-21所示。

(3) 选择安装路径,然后单击"下一步"按钮,如图14-22所示。

(4) 安装完成,单击"完成"按钮结束软件安装,如图14-23所示。

14.4.2　应用软件的卸载

随着计算机的使用,有一些软件版本会过时或者出现故障,这时就需要对其进行更新或者卸载,在卸载应用软件时一定要考虑好,因为一旦卸载就不能恢复。所有应用软件的卸载过程都差不多,在此就以Photoshop CS为例来介绍应用软件的卸载。

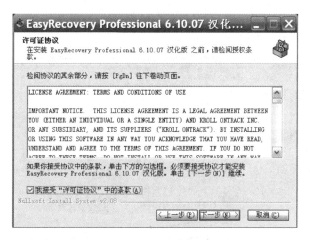

图 14-21　协议接受界面

图 14-22　路径选择界面

图 14-23　安装结束界面

（1）在"开始"菜单中选择"设置"→"控制面板"命令，打开"控制面板"窗口，在此处选择"添加/删除程序"选项，如图 14-24 所示。

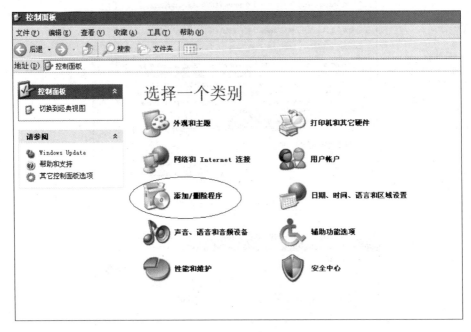

图 14-24　选择"添加/删除程序"选项

（2）弹出"添加或删除程序"对话框，在此对话框中可以看见计算机中安装的所有程序，选择想要删除的程序，然后单击"更改/删除"按钮，如图 14-25 所示。

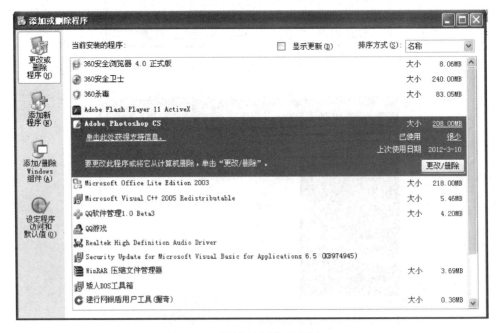

图 14-25　"添加或删除程序"窗口

（3）系统弹出"确认卸载"提示框，如果确认卸载，单击"确定"按钮，开始卸载；否则，单击"取消"按钮即可放弃卸载，如图14-26所示。

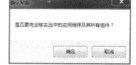

（4）弹出如图14-27所示的"卸载用户预置"对话框，在"选择安装程序应当如何处理您的用户预置"项中有两个选项可供选择，一个是"保留该计算机上的所有用户预置"，另一个是"从该计算机上移去所有的用户预置"，在此选中第二个单选按钮，然后单击"下一步"按钮。

图14-26　"确认卸载"提示框

（5）接下来系统就会开始删除该程序，在删除完成后会自动弹出如图14-28所示的"卸载完成"对话框。

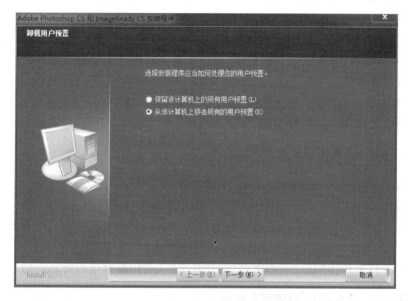

图14-27　"卸载用户预置"对话框

图14-28　"卸载完成"对话框

至此,Photoshop CS 的卸载全部完成,用户如需卸载其他应用软件,可参考此过程。

14.5　维护及常见故障分析

如果计算机的操作系统或者软件故障时常出现,会严重影响正常工作。在此针对常见的故障现象进行分析,并给出行之有效的解决办法。

1. Windows 2000 和 Windows XP 自动程序出错

故障现象:系统启动过程中提示程序运行错误,然后自动重启,但多次重启后仍无法进入系统。

故障分析:在 Windows 2000 和 Windows XP 的系统默认设置下,如果启动过程中有某个程序运行出现错误,系统就会再次启动,以便重新加载程序。如果程序存在比较严重的问题,就会造成反复重启。

解决办法:启动时按 F8 键→选择"安全模式"→在系统中进入"控制面板"→"系统"→"高级"→选择"启动和故障恢复",取消选中"系统失败"选项区中的"自动重新启动"复选框。

2. Windows XP 不能自动关机

故障现象:Windows XP 有时候不能自动关闭计算机。

故障分析:安装完 Windows XP 之后,有些计算机在单击关闭之后并不能自动关闭,而需要像以前的 AT 电源一样手动关闭。这主要是 Windows XP 未启用高级电源管理所致。

解决方法:单击"开始"→"控制面板"→"性能和维护"→"电源选项",在打开的"电源选项属性设置"窗口中单击"高级电源管理"选项并选中"启用高级电源管理支持"复选框。

3. 出现"现在正在关机"画面而无反应

故障现象:计算机在关机时出现"现在正在关机"并保持此画面,此后再无反应,热启动无效。

故障分析:Windows 98 出现关机故障,可能的原因有很多,一般而言,处理 Windows 98 的关机故障可以按下面的步骤进行:先用 Microsoft 系统配置工具 Msconfig.exe 检查有哪些程序正在运行,对系统进行干净引导(加载最少的驱动程序并在启动时不运行启动组中的任何程序)。如果干净引导可以解决问题,可再利用系统配置工具逐一启用相关程序,以确定引起不能正常关机的程序。此外,显卡或声卡等设备的驱动程序有问题,也是引起关机故障的常见原因。

解决方法:选择"控制面板"→"系统"→"设备管理器"选项卡,禁用所有设备,然后重新引导系统,如果问题解决,再逐个启用被禁用的设备,找出有问题的那个硬件。通过上述步骤,确定了是某一个硬件引起非正常关机,应与该设备的代理商联系,以更新驱动程序或固件(Firmware)。

4. 分辨率设置不当引起的黑屏故障

故障现象:一台计算机,在 Windows 98 下将分辨率设为 1024 像素×768 像素、256 色时,在屏幕切换时黑屏无任何显示,显示器指示灯变为桔黄色。

故障排除:启用安全模式,在进入 Windows 98 后,选择显示器的属性,将分辨率设为 800 像素×600 像素、64 色后,再重新启动后可以正常进入 Windows 98。在 Windows 9x 下,分辨率设置不当也会出现此类似情况,这时可在 DOS 状态下启动 Setup,将显示方式设为 VGA 方式后进入 Windows 界面,然后再选择正确的显示模式。因为显示器的显示模式除了与显卡的内存容量有关系外,还和显示器、显卡支持的刷新率有关。

5. 主引导程序引起的启动故障

故障现象:计算机不能从硬盘启动,但从软驱及光驱启动可以对硬盘进行读写。

故障排除:这样的情况一般是主引导程序损坏而引起的启动故障。主引导程序位于硬盘的主引导扇区,主要用于检测硬盘分区的正确性,并确定活动分区,负责把引导权移交给活动分区的操作系统。此段程序损坏将无法从硬盘引导,但从软驱或光驱启动之后可对硬盘进行读写。修复此故障的方法较为简单,使用 Fdisk 最为方便,当带参数/mbr 运行时,将直接更换(重写)硬盘的主引导程序。虽然操作系统版本不断更新,但硬盘的主引导程序一直没有变化,从 DOS 3.x 到 Windows 9x 的操作系统,只要找到一种 DOS 引导盘启动系统并运行 Fdisk 程序即可修复。

14.6 实训

14.6.1 实训目的

通过对操作系统 Windows XP 的一系列设置,实现对 Windows XP 系统的优化。

14.6.2 实训内容

(1) 通过控制面板进行优化。
(2) 优化系统性能。
(3) 优化系统还原功能。

14.6.3 实训过程

Windows XP 操作系统具有很高的稳定性和诸多人性化的设计,使用简便快捷,但在长时间使用后,也会出现"系统垃圾",系统的速度会变慢,这时就需要对系统进行优化,本节实训将介绍如何对 Windows XP 系统进行优化。

1. 通过控制面板进行优化

通过控制面板对 Windows XP 进行优化是最为简单有效的方法。

在控制面板中优化"系统属性"设置,系统属性设置包括"常规""网络标识""硬件""用户配置文件"和"高级"5 个选项卡,在此主要对"硬件"项进行优化。"硬件"选项卡优化的具体方法如下。

（1）用鼠标右键单击"我的电脑"图标，在弹出的快捷菜单中选择"属性"命令，打开"系统属性"窗口，然后打开"系统属性"窗口中的"硬件"选项卡，再单击"设备管理器"按钮打开"设备管理器"窗口，如图 14-29 所示。

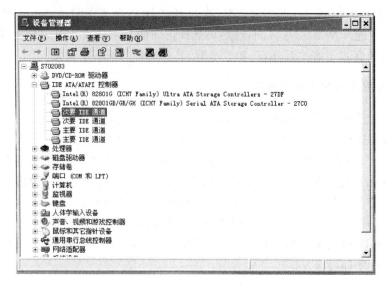

图 14-29　"设备管理器"界面

（2）在"设备管理器"窗口中单击"IDE ATA/ATAPI 控制器"项，展开此目录，然后双击打开"次要 IDE 通道"项，弹出"次要 IDE 通道属性"对话框，打开"高级设置"选项卡，如图 14-30 所示。

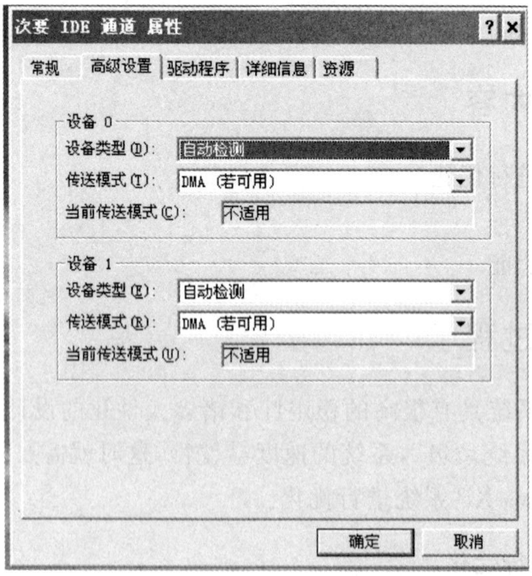

图 14-30　"高级设置"选项卡

如果用户的所有驱动器都支持 DMA（硬盘或光驱对 UDMA33/66 的支持），而 Windows XP 又没有自动检测出来，则可在相应设备的"传输模式"中选择 DMA 选项，这样可以加强所在驱动器的数据传输速度。另外，如果确信在某一 IDE 口上没有连接任何设备时,应将相应设备的设备类型改为"无",这样可以使系统在启动时不去检测这个端口的设备,以加快启动速度。

（3）用上面同样的方法展开"磁盘驱动器"选项,在打开的下拉目录中双击磁盘子目录,弹出"磁盘属性"对话框,然后打开"策略"选项卡,在"策略"选项卡中选中"启用磁盘上的写入缓存"复选框,如图14-31所示。该设置为硬盘的写入操作提供高速缓存,可以提高磁盘的写入性能。

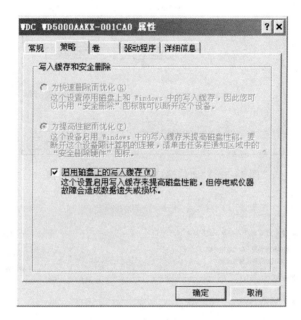

图 14-31　磁盘属性对话框

注意：在启动写入缓存后,如果系统非正常关机,就会增大磁盘物理损坏与丢失数据的可能性。

（4）将外置 Modem 接在 COM2 通信端口,因为 COM2 优先级高于 COM1。其做法是首先展开"端口（COM 和 LPT）",然后双击目录下面的"通信端口（COM2）"选项,弹出"通信端口（COM2）属性"对话框,如图14-32所示,打开"端口设置"选项卡,将"每秒位数"设为最高 128 000,以确定计算机通过此端口阐述数据的最大速率。将流量控制设为"硬件",硬件流量（RTS/CTS）控制有利于二进制传输,而软件流量（XON/XOFF）控制只适于传输文本且比硬件流慢。有时将流量设为"无",可能会有更好的效果,视设备而定。

单击"端口设置"窗口中的"高级"按钮,弹出"COM2 的高级设置"对话框,如图14-33所示,在此启用 FIFO（先入先出）缓冲区并将接收缓冲区与传输缓冲区都设到最高。一般如果不出现数据丢失等问题,FIFO 缓冲区能提高 Modem 的性能。类似的方法还可以用于在Windows XP 中优化其他的硬件,使得各个硬件发挥其最佳性能。

2．优化系统性能

优化系统属性的方法如下。

（1）用鼠标右键单击"我的电脑",在弹出的快捷菜单中选择"属性"命令,弹出"系统属性"对话框。然后在"系统属性"对话框中打开"高级"选项卡,如图14-34所示。

图 14-32　"通信端口(COM1)属性"对话框

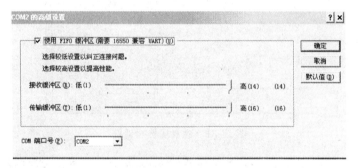

图 14-33　"COM2 的高级设置"对话框

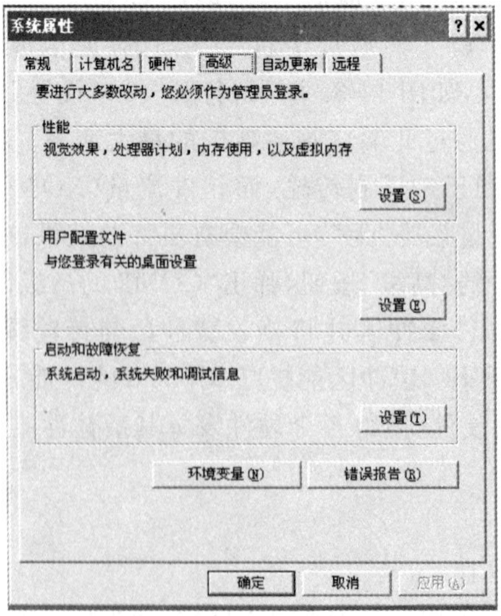

图 14-34　"高级"选项卡

（2）在图 14-34 中单击"性能"区域中的"设置"按钮弹出"性能选项"对话框，打开"视觉效果"选项卡，选中"调整为最佳外观"单选按钮，关闭所有的视觉效果，这样可以节省系统资源。

然后在"性能选项"对话框中打开"高级"选项卡，在"处理器计划"和"内存使用"区域中均选中"程序"单选按钮，这样系统会分配给前台应用程序更多资源，使其运行的速度更快，如图 14-35 所示。

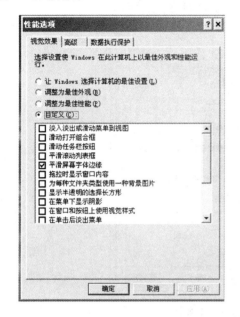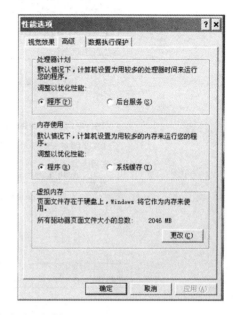

图 14-35 "性能选项"对话框

（3）单击"虚拟内存"区域中的"更改"按钮，弹出"虚拟内存"对话框，将虚拟内存值设为物理内存的 2.5 倍，且最大值和最小值相等。例如，物理内存为 128MB，则虚拟内存的值就是 320，如图 14-36 所示。

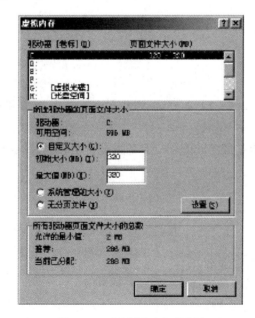

图 14-36 "虚拟内存"对话框

（4）在如图 14-34 所示的"系统属性"对话框中打开"自动更新"选项卡，选中"关闭自动更新"单选按钮，如图 14-37 所示。

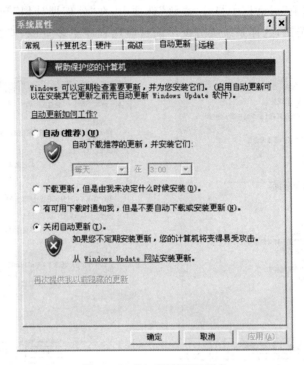

图 14-37　"自动更新"选项卡

14.6.4　实训总结

通过学习 Windows XP 的各种系统设置，知道如何去优化 Windows XP，从而达到更好地维护系统的目的。

小结

本章主要介绍了 Windows XP 的安装、卸载和设置方法，计算机硬件驱动程序和应用程序的安装方法。

通过本章学习读者应掌握 Windows XP 的安装方法，掌握计算机硬件驱动程序和应用程序的安装与卸载的方法。

习题

1．简述操作系统的安装步骤。

2．简述多操作系统共存的原理。

3．多操作系统安装应注意哪些事项？

4. 在哪些情况下需要重新安装操作系统？

5. 简述驱动程序的安装及卸载。

6. 动手安装 Microsoft Office 2003 应用软件。

7. 通过互联网查看启动软件的制作方法，制作一个适合自己使用的 USB 安装启动工具并附带相应的工具软件。

第15章

计算机的维护

教学提示：计算机的硬件及软件都装好了之后，还应该在日常的使用中对其进行维护，才能使其工作在正常的状态下。本章将对计算机的日常维护、系统的维护和优化以及计算机病毒等进行介绍。

教学目标：对于计算机的日常维护是使用计算机的基础，应该掌握。应该定期地对计算机系统进行清理和维护使其工作在最佳工作状态。而系统的维护和优化以及计算机病毒是人们非常关心的问题，应该重点掌握。

15.1 计算机日常维护

计算机硬件是运行各种软件的基础，一旦出现故障便会影响正常的工作。计算机的日常维护是针对计算机硬件和软件进行的操作，主要包括日常清理、保养等工作。而软件故障在计算机故障中占有很大的比例，特别是频繁地安装和卸载软件，对软件系统的影响非常大，因此需要经常对系统进行维护。

15.1.1 主机的维护

1. 电源的维护

电源的主要功能是向计算机中各个部件提供±5V 和±12V 的直流电。另外，它还向系统提供一个±5V 的电源状态信号，该信号表明电源状态正常，同时供给主机用来产生硬件复位信号 Reset，使系统硬件复位可以正常启动。

计算机开关电源是整个主机的"动力"源。虽然功率只有 $200\sim350\mathrm{W}$，但是由于输出电压低，输出电流比较大，因此其中的功率开关管发热量十分大。除了功率晶体管加装散热片外，还需要用风扇把电源内的热量抽出。在风扇向外抽风时，电源盒内出现负压，使得电源盒内的各个部分吸附了大量灰尘，特别是风扇的叶片上更容易堆积灰尘。功率晶体管和散热片上堆积的灰尘将影响散热，风扇叶片上的灰尘将增加风扇的负载，降低风扇转速，也将影响散热效果。

电源的维护除了除尘之外，还应该为风扇加润滑油，具体操作如下。

(1) 拆卸电源盒：电源盒一般是用螺丝固定在机箱后侧的金属板上，拆卸电源时从机箱后侧拧下固定螺丝，即可取下电源。有些机箱内部还有电源固定螺丝，也应当取下。电源向主机各个部分供电的电源线也应该取下。

（2）打开电源盒：电源盒由薄铁皮构成，一般是凸形上盖扣在凹形底盖上用螺丝固定，取下固定螺丝，将上盖从两侧向外推，即可取出上盖。

（3）电路板及散热片除尘：取下电源上盖后即可用吸尘器或毛刷进行除尘。

（4）风扇除尘：电源风扇的四角是用螺丝固定在电源的金属外壳上，为风扇除尘时先卸下这4颗螺丝，取下风扇即可用吸尘器或毛刷进行除尘，风扇也可以用较干的湿布擦拭，但是要注意不要使水进入风扇转轴或线圈中。

（5）风扇加油：风扇使用一两年后，转动的声音明显增大，大多是由于轴承润滑不良所造成的。为风扇加油时先用小刀揭开风扇正面的不干胶商标，可看到风扇前轴承（国产的还有一橡胶盖，需撬下才能看到），在轴的顶端有一卡环，用镊子将卡环口分开，然后将其取下，再分别取下金属垫圈、塑料垫圈；用手捏住风叶往外拉，拉出电机风叶连同转子，此时前后轴承都一目了然。将钟表油分别在前后轴承的内外圈之间滴上两三滴（油要浸入轴承内），重新将轴插入轴承内，装上塑料垫圈、金属垫圈、卡环，贴上不干胶商标，再把风扇装入电源盒。长期未润滑的轴承加油后转动声音将明显减少。

2．CPU 的维护

CPU 是计算机中的一个超大规模集成电路芯片，一般来说它本身是不容易被损坏的，对 CPU 的维护主要注意散热就可以了。如果 CPU 不能很好地散热，就有可能引起系统运行不正常、机器无缘无故重新启动、死机等故障。另外，在气候比较干燥的季节，特别是冬季，人体上会积聚大量静电，所以不要用手直接接触正在运行的 CPU。要想延长 CPU 的使用寿命，保证计算机正常、稳定地完成日常的工作，首先要保证 CPU 工作在正常的频率下。通过超频来提高计算机的性能是不可取的，如果一次超的太高，会容易出现烧坏 CPU 的意外。另外，如果 CPU 超频太高也容易产生 CPU 电压在加压的时候不能控制的现象，这时当电压的范围超过 10% 的时候，就会对 CPU 造成很大的伤害。只因增加了 CPU 的内核电压，就直接增加了内核电流，这种电流的增加会产生电子迁移现象，从而缩短 CPU 的寿命，甚至导致 CPU 内伤而烧毁。

要解决 CPU 的散热问题，可以通过不要超频太高（从维护角度来讲，最好不超频），以及采用更良好的散热措施的方法。其中，散热措施可以为 CPU 安装一个强劲的风扇，最好能够安装机箱风扇，让机箱风扇与电源风扇形成对流，使主机能够得到更良好的通风环境。另外，由于 CPU 风扇与风扇下面的散热片是负责通风散热工作的，要不断旋转使平静的空气形成风，因此对于空气中的灰尘也接触得较多，这样容易在风扇与散热片上囤积灰尘影响风扇的转速使散热不佳。所以使用一段时间后，要及时清除 CPU 风扇与散热片上的灰尘。除上述外，对于 CPU 的维护还需要将 BIOS 的参数设置正确，不要在操作系统上同时运行太多的应用程序，导致系统繁忙。这是因为 BIOS 参数设置不正确、同时运行太多应用程序的话，会容易导致 CPU 工作不正常或工作量过大，从而使 CPU 在运行过程中产生大量热量，这样就加快了 CPU 的损耗，也容易导致死机现象的出现。

3．主板维护

主板在计算机中的重要作用是不容忽视的，主板的性能好坏在一定程度上决定了计算机的性能，有很多计算机硬件故障都是因为计算机的主板与其他部件接触不良或主板损坏所产生的,做好主板的日常维护,一方面可以延长计算机的使用寿命,更主要的是可以保证计算机的正常运行,完成日常的工作。计算机主板的日常维护主要应该做到的是防尘和防潮,CPU、内存条、显示卡等重要部件都是插在主机板上,如果灰尘过多的话,就有可能使主板与各部件之间接触不良,产生这样那样的故障。如果环境太潮湿的话,主板很容易变形而产生接触不良等故障,影响正常使用。另外,在组装计算机时,固定主板的螺丝不要拧得太紧,各个螺丝都应该用同样的力度,如果拧得太紧的话也容易使主板产生形变。

4.内存的维护

这里的内存是指 RAM 随机存储器,因为只读存储器 ROM 是固化在主板上的,一般不会出问题。对内存的维护,应注意以下几点。

(1)静电是内存的最大威胁。因人体或某些物品上带的静电都有可能将内存的芯片击穿损坏,所以在拿取内存条时应尽量用柔软防静电的物品包裹,当需要用手接触内存条时一定要先摸一下导电体,将手上的静电释放掉。

(2)潮湿的环境会导致连线的腐蚀或脱落,对内存产生损坏,所以要注意机房内的湿度。

(3)内存长时间持续高温,有可能导致内存上的元器件损坏,所以一定要注意机箱内的散热。

(4)运输过程中要避免振动和碰撞,以免内存条受损或报废。

(5)元器件的反复热胀冷缩,可能会导致接触不良。尽量避免频繁开关机。

5.硬盘的维护

硬盘的维护与保养应该注意以下几个问题。

(1)及时备份数据。对硬盘中重要的文件,特别是应用软件的数据文件要按一定的方法进行备份,以免在发生硬件故障、软件故障或误操作等情况下造成无法挽回的损失。

(2)禁止随意在存有重要数据的硬盘分区中运行游戏软件或使用未经检测的软盘或光盘。

(3)防病毒。养成定期检测及清除病毒的习惯。

(4)保持环境清洁。虽然硬盘是密封的,仅以带有超精过滤的呼吸孔与外界相通,盘片可以在普通无净化的室内环境中工作,但如果环境中的灰尘太多,会被吸附到印刷线路板的表边和主轴电机的内部,也会堵塞呼吸过滤器。

(5)减少振动和冲击。严禁工作或刚关机时搬动机器,以免磁头与盘片产生撞击而擦伤盘片表面的磁性层。

(6)拆装硬盘时要注意防止静电。

(7)禁止随意在硬盘中安装软件、删除文件及对硬件进行初始化操作。

(8)及时删除不再使用的文件和临时文件等。

(9)及时收回丢失的簇。因为当一个程序的执行被非正常中止时,可能会引起某些临时文件没有得到正常的保存或删除,结果造成文件分配单位的丢失。这样日积月累,丢失的簇会占据不小的硬盘空间。该问题的解决方法是及时删除硬盘上那些没用的临时文件。

(10)减少文件碎片。文件碎片是指文件存放在不相邻的簇上。减少文件碎片的方法是：在安装软件前先清理硬盘，并使用碎片整理程序清除原有的文件碎片，以保证新安装的软件基本上没有碎片。

6. 软驱的维护

对于软盘和软驱的日常维护，需要注意以下几点。

（1）不能用手或其他物品直接接触磁盘介质表面，否则会造成介质表面擦伤。

（2）软盘不能在阳光下暴晒，防止温度过高，使软盘片变形而不能正常存取数据。

（3）当软盘驱动器指示灯亮时，切不可打开此驱动器门或从驱动器中取出软盘。

（4）软磁盘容易受杂散磁场的干扰和其他原因造成退磁而使信息消失，一些要长期保存重要记录的磁盘要定期进行一次复制。

7. 光驱的维护

光盘的容量大、成本低、使用简单，已成为计算机中最重要的外存储介质。光驱的使用寿命一般比较短，出现问题的可能性比较大，所以光盘和光驱的维护是非常有必要的。对于光盘和光驱的维护，可以注意以下几点。

（1）选购的主机箱最好带有光驱的防尘门，选择的光驱最好是那种具有自动清洁激光头功能的光驱（这种光驱在取出光盘时可以自动清洗激光头）。

（2）不要使用变形的光盘。因为光盘在光驱中高速旋转，激光束照射在光盘上，通过反射光束的强度将数据检出，在这一过程中，激光头不与光盘形成直角，并不会损伤光盘。但是光盘上的污垢太多或变形过大会使激光束聚集不良，影响激光头的定位精度，严重时会造成光驱的机械损伤。

（3）尽量不用或少用光驱清洗盘。因为这些光盘的盘面大多数是由几束小毛刷构成。工作时，光盘以极高的速度让小毛刷从激光头聚焦透镜上扫过，很容易造成透镜位移变形。由于透镜是由细金属丝或弹性线圈悬空固定并与聚焦线圈相连，稍有位移变形或脏污就会造成光驱不能读盘。

（4）在选购光盘时，应尽量挑选盘面光洁度好、无划伤的盘。

（5）保持光盘表面清洁。因为光盘使用时间长了，表面会附着一些灰尘和杂质，虽然光驱采取非接触式读取光盘中的数据，光盘上的灰尘不影响数据读取，但灰尘在光驱中沉积过多，会影响光驱的机械性能和激光定位精度，造成光盘的数据无法读取，所以要经常用干燥、洁净、不掉屑的软布擦拭盘面。擦拭时，应从中心开始沿径向朝外轻轻擦拭，切勿绕着圆周擦拭，因为这样擦拭可能会造成同一轨道内相连的一系列数据损坏，使光盘无法读取。而对表面积聚污物严重的光盘，则必须加以清洗。清洗时，可以先将光盘放入清水中，加入少量中性清洁剂，注意不要使用有机溶剂清洗。

（6）由于现在一些光驱托盘很浅，如果光盘未放好就进舱，容易造成光驱门机械错齿而卡死。因此放置光盘时，应尽量把光盘放在光驱托架中并使其平稳。

（7）放光盘时，不要用手去触摸光盘的数据存放面。

（8）不要在光盘上贴标签。因为光盘上面的标签会使光盘在高速旋转时失去平衡，或者使光盘在光驱中翘起变形，甚至会发生胶粘剂渗透保护膜而损坏光盘表面。

8．板卡插拔的注意事项

组成计算机的各种板卡一般采用"即插即用"(Plug And Play)技术,有时可能会因为插槽和板卡引脚的接触不良或板卡本身有问题等原因发生故障,在插拔板卡时应注意以下几点。

（1）插拔板卡前首先要切断电源,不可带电操作。

（2）要注意消除身体上的静电,避免击穿芯片。

（3）在插拔板卡时要注意板卡的引脚与主板插槽的接触点,要垂直插拔,不要晃动或用其他工具,也不要用蛮力。

15.1.2　外设的维护

1．键盘的维护

（1）由于键盘上几乎所有键的功能都可以进行重新设置,因此每个键的功能不一定都与键帽上的名称相符,使用时一定要根据所用的软件的规定来弄清各键的作用。

（2）应注意保持键盘的清洁。键盘一旦有脏迹或油污,应当及时清洗。清洗时可用柔软的湿布沾上少量的清洗液进行擦除,然后再用干净而柔软的湿布擦净。清洗应在断电的情况下进行,不可用酒精来清洗键盘。

（3）当有必要拆卸键盘时,应先关掉电源,再拔下与主机连接的电缆插头,然后再进行拆卸。

2．鼠标的维护

在所有的计算机配件中,鼠标最容易出故障。鼠标分为光鼠标和机械鼠标。

（1）避免摔碰鼠标和强力拉拽导线。

（2）单击鼠标时不要用力过度,以免损坏弹性开关。

（3）最好配一个专用的鼠标垫,既可以大大减少污垢通过橡皮球进入鼠标中的机会,又增加了橡皮球与鼠标垫之间的磨擦力,如果是光电鼠标,还可起到减振作用,保护光电检测元件。

（4）使用光电鼠标时,要注意保持感光板的清洁使其处于更好的感光状态,避免污垢附着在光二极管和光敏三极管上,遮挡光线。

3．显示器的维护

显示器如使用不当,不仅性能会快速下降,而且寿命也会大大缩短,甚至在使用两三年后就会报废,因此,一定要注意显示器的日常维护,显示器在日常维护时应注意以下几点。

1）不要经常性地开关显示器

不要太频繁地开关显示器,开和关之间最好间隔一两分钟,开、关太快,容易使显示器内部瞬间产生高电压,使电流过大而将显像管烧毁。

2）做好防尘工作

显示器内部的高压高达 10～30kV,这么高的电压极易吸引空气中的灰尘,如果控制电路板吸附太多灰尘的话,将会影响电子元器件的热量散发,使元器件温度上升烧坏元件。

3）防潮

长时间不用的显示器要定期通电工作一段时间,让显示器工作时产生的热量将机内的潮气驱逐出去。

4）防磁场干扰

电磁场的干扰会使电路出现不该有的电压和电流,不要在放置计算机的房间摆放强磁场性物质（如收音机等）,多媒体音箱必须选用防磁效果好的且要尽量远离显示器。

5）防强光

强光会使屏幕反光而造成画面昏暗不清,在工作的时候面对显示器极易伤害眼睛,还会加速显像管荧光粉的老化,降低发光效率,缩短显示器的使用寿命。

6）清扫显示器

由于显示器的荧光屏带有静电,所以很容易吸尘。在对显示器除尘时,必须拔下电源线和信号电缆线。定期用湿布从屏幕中心螺旋式地向外旋转擦拭,去掉屏幕上的灰尘。经常清除机壳上的灰尘和污垢,保持外观清洁和美观。每年对显示器内部除尘,以避免由于灰尘引起的打火和其他损坏。清除机内灰尘时,可用吸尘器或软毛刷等工具。

4.调制解调器的维护

对于外置调制解调器在日常维护时应注意以下几点。

（1）防止电压不稳定造成的损害,在计算机关机后,一定要记住关掉电源。

（2）在雷雨天应暂停使用,拔掉电话线,关闭电源以免遭到雷击。

内置调制解调器由于安装在机箱内部,所以应注意以下两个问题。

（1）要有好的电源。内置调制解调器是采用主板上的插槽供电的,所以好的电源与内置调制解调器得到的电压是否稳定有着直接关系。

（2）注意散热。机箱内温度的上升会让内置调制解调器上的半导体元件工作不稳定,从而更容易掉线。平时内置调制解调器使用时间长了容易掉线、夏天比冬天容易掉线,就是这个原因,所以有条件的话最好给机箱安装一个前置风扇。

5.打印机的维护

无论是针式打印机、激光打印机还是喷墨打印机,都应注意保持室内环境的防潮、防尘。

（1）针式打印机的维护。

① 打印机工作台必须平稳无振动。应注意不要在打印机上放置物品,以免掉进机器内部。

② 应定期用软布擦拭导轨及传动系统,并保持机箱内的清洁。

③ 注意保持打印机的打印头清洁,定期清洗打印头。

④ 注意及时更换色带。经常注意色带的磨损情况,应及时予以更换。

⑤ 要注意打印头与字辊之间的间距,打印头与字辊的间距可以通过调整杆来调整。距离太大时,打印针工作距离加大,会减慢打印针复位速度,使伸出的打印针还没有来得及收回就被运行的色带挂伤,造成断针。而如果间距太小,打印头则会顶着色带和打印纸,针被堵住伸不出来,会使电磁线圈因温度过高而烧毁。

⑥ 现在的打印机大多都有一个热敏电阻,打印头过热时,打印机会自动停止打印,这不是故障。一般情况下,只需要等打印机的温度恢复正常时即可开始工作。

⑦ 注意不要在带电情况下任意转动手动走纸旋钮和拔插打印机电缆线。打印时一定要把打印纸装正,否则打印较长的文件时,纸会走偏,此时千万不能强行调整,否则会把打印针拉断,应该先脱机再进行调整。万一卡纸时,不要强行拉出或按进/退纸按钮,以免损坏部件。

⑧ 切忌带电拔插打印机电缆线,否则会造成接口电路集成块的输入端产生一个突发的冲击电流,电流过大时会烧坏集成电路。

(2) 喷墨打印机的维护。

① 打印机必须放在一个平稳的水平面上,避免振动和摇摆。

② 在打印机的前端最好不要放置其他物品,留出足够的空间以使打印机顺利出纸。

③ 电源指示灯或联机指示灯闪烁期间(打开电源开关后)不要进行任何操作,因为这时打印机正在预热,只能等到预热完成后指示灯不再闪烁时方可进行操作。

④ 在正式打印之前,一定要根据纸张的类型、厚度以及送纸方式等情况,调整好打印机的纸介质调整杆的位置。

⑤ 必须注意正确使用和维护打印头。打印机在初始位置时,通常是处于机械锁定状态。这时不能用手强行用力移动打印头,否则会造成打印机机械部件的损坏。不要人为地移动打印头来更换墨盒,以免发生故障,从而损坏打印机。

⑥ 使用时不要带电拔插打印电缆,否则会损坏打印机的打印口以及计算机的并行口,甚至会击穿计算机主板。

⑦ 在安装或更换打印机时,要注意取下打印头的保护胶带,并一定要将打印头的墨水盒安装到位。

⑧ 打印机使用了一段时间后,如果字迹不清或出现了纹状等缺陷,可能是打印头脏了,这时可以利用打印机的自动清洗功能来清洗打印头。

⑨ 墨盒没有用完时最好不要取下,以免造成墨水的浪费。

⑩ 各厂家生产的喷墨打印机所用墨盒一般不通用,更换墨盒时应尽量选用本机厂家的产品,否则极易造成打印喷嘴堵塞。

(3) 激光打印机的维护。

① 部分激光打印机使用可更换的墨盒,墨盒中装有墨粉、硒鼓。

② 激光打印机最常见的故障就是卡纸。此时控制面板上的指示灯会发亮,并向计算机返回一个报警信号。该故障只需要打开打印机上盖,取出被卡住的纸张即可,但要注意,必须按进纸方向取纸,如果经常卡纸,就应检查进纸通道。

③ 激光打印机的纸张与复印机的纸完全通用,注意不要选太光滑或表面有纹路的纸张,因为这类纸打印出的清晰度差。

④ 激光打印机内部电晕丝上的电压高达6kV,所以不要随便接触,以免造成伤害。显影辊在打印机出纸通道的尽头,正常操作时不能去触摸辊,以免烫伤。

⑤ 多数激光打印机的墨粉都不通用,因此更换的墨粉型号最好与原装的型号一致。如果选型不当,墨粉会粘在辊上,引发其他故障。

⑥ 打印机中的激光很危险,能伤害眼睛,在正常打印时,切不可用眼睛窥视打印机

内部。

6. 扫描仪的维护

（1）扫描仪要摆放在平整、振动较小的地方，这样当步进电机工作时不会有额外的负荷，可以保证达到理想的垂直分辨率。

（2）保持扫描仪玻璃的干净，它关系到扫描仪的精度和识别率，发现玻璃上有灰尘时，应当及时清理。

（3）把要扫描的图像摆放在起始线的中央，这样可以最大限度地减少由于光学透镜导致失真。

（4）不宜用超过扫描仪光学分辨率的精度进行扫描，因为这样做不但对输出效果的改善并不明显，还会大量消耗计算机的资源。

（5）保存图像要选用 JPG 格式，压缩比为原图像大小的 $75\%\sim85\%$，过小会严重丢失图像的信息，出现失真。

（6）防高温、防尘、防湿、防振荡、防倾斜。

7. 数码相机的维护

1）使用前检查

使用前要检查镜头上是否有灰尘，即使有小小的灰尘都有可能最终导致暗区，应该用专用的镜头纸轻轻擦去灰尘。另外，检查电池有没有安好，存储卡是否就绪，一切都没有问题了再开机。

2）正确操作相机

在拍摄过程中应严格按照说明书上的指示进行操作。在保存相片的时候，不要打开或拔出存储卡，这样容易导致存储卡被损坏，最好不要用相机背部的 LCD 显示屏来取景，这样可以尽量节省电池。在使用过程中要轻拿轻放，尤其是相机镜头、LCD 显示屏等敏感部件更要保护好。

3）用后妥善保存

相机不用的时候要将电池取出放在相机包内，置于通风干燥处。

4）经常清洁相机

机身的灰尘可以用毛刷来清除，也可以用眼镜布或绒布来擦拭；镜头上的灰尘则可以用大型橡皮球吹去，用镜头纸擦拭橡皮球吹不去的污垢和汗渍等。

8. UPS 的维护

UPS 主要用于市电不稳定或经常停电的地方，它能在市电电压波动过大的时候保护计算机，还能在市电断电的情况下继续供电，故称为现代办公设备的保护神。它的工作是否正常直接影响计算机的工作，因此需要正确地使用并建立一套严格的维护制度。经验表明，由于维护水平不同，其故障率和寿命也不大相同。一般说来应注意以下一些问题。

（1）有一个较好的工作环境，在工作温度、相对湿度、通风、清洁度等方面给予必要的保证，这样可减少 UPS 的故障率。

（2）应尽量减少开关次数，因为频繁的开关会在电路中产生频繁的电压、电流冲击，可能造成一些器件损坏。

（3）UPS 工作在市电时，电源指示（绿）灯亮，一旦电压低于 170V 或断电时，UPS 转为逆变器供电方式，同时蜂鸣器和红灯以一定的时间间隔鸣叫和闪烁，随着时间增加，电池电压降低，鸣叫和闪烁加快，催促用户准备关机。当出现长鸣或停止闪烁时，应立即关机，查找原因，否则可能导致机内蓄电池损坏。

（4）一般来说，UPS 对市电要求不高。可在电压 180～260V 范围内工作，输出稳定在 210～230V，且具有很好的抗干扰性，故不必再另加稳压电源。

（5）一次全负荷放电完毕，按规定一般要充电 8 小时以上，以确保下一次 UPS 逆变供电时可靠工作。

（6）当 UPS 长期不用时，应每隔两个月左右开机一次，使其充分充电，然后在逆变器供电状态下放电 2～3min，使电池激活，以延长其使用寿命。

15.2　计算机系统的优化

系统优化主要在于以下几个方面。

（1）充分发挥现有计算机的性能，挖掘其潜在的能力。

（2）能够给系统优化和个性化。Windows 在各方面都需要优化，删除不需要的垃圾文件和注册表键值，能够加快系统的运行速度，减少程序出错的可能。个性化的设置是一种体现与众不同的艺术，让用户形成特定的环境操作运行。

（3）保护系统的安全，使其长期稳定运行。有了优化还需要保护，如果计算机经常上网和安装程序，会使系统变得不安全而且很不稳定，没有保护就会增加被攻击和破坏而瘫痪的概率。特别是在上网的过程中，有木马、黑客的威胁，所以在现有系统中加上一道安全的锁，是非常有必要的。

15.2.1　优化 Windows 系统

要达到优化的目的，其途径不外乎两个：硬件优化与软件优化。但是由于软硬件之间的相互依赖关系，两者之间的优化又密不可分。

硬件优化的前提是在现有的计算机上结合软件进行优化，使硬件的性能能够得到充分的发挥，如 CMOS 的优化、硬盘的优化等。也可以用系统软件来优化。

软件优化是结合硬件来优化，它的核心内容是注册表的优化。注册表是 Windows 的灵魂，从系统高速缓存的大小、右键快捷菜单的项目内容，到自动运行的应用、打开或禁止开机画面以及互联网的关键参数，甚至是隐藏某一个驱动器，一切软件都是围绕注册表来进行的，包括用系统优化工具来优化也是如此。

1. 优化 CMOS

（1）提高启动速度。

① 在开机进入 CMOS 设置界面后，选择 Advanced BIOS Features 菜单，把其中的 Quick Power On Selt Test 选项值设为 Enabled，用来简化计算机刚开机 BIOS 自检（POST）

的方式与次数，让 BIOS 自检过程所需时间缩短。必要时当 BIOS 进行自检时，可按 Esc 键跳过自检程序，直接进入引导程序。

② 在 First Boot Device 选项中，把选项值设置为 HDD。该设置的作用是首先检测硬盘启动，减少系统自检后引导设备检测时间。

③ 在 Boot Up Floppy Seek 选项中，把选项值设置为 Disabled。该设置的作用是开机时不测试软驱，前提是为软驱设置正确。

（2）提高运行速度。

① 使计算机在高速状态中运行。System Boot Up Speed 选项值设置为 High，或者 CPU Fast String 设置为 Enable。

② 设置高速缓冲 Cache。

开启 CPU 内部 Cache 性能设置：Internal Cache＝Enable。

开启主板的二级 Cache 性能设置：External Cache＝Enable。

③ 使用主板 BIOS 映射内存：System BIOS Shadow＝Enable。

④ 设置扩展卡 ROM 的映射内存：C8000-CBFFF TO DC000-DFFF 16KB，Shadow＝Enable。

（3）提高显示速度。

设置显卡映射内存以提高显示速度：Video BIOS Shadow＝Enable。

（4）提高键盘速度。

① 通过 CMOS 调整键速：Spermatic Rate(char/sec)＝N，可选择 15、20、30 等值，即每秒的按键重复次数。

② 通过 BIOS 调整功能调整键速。利用键盘中断 INT16H 具有设置键盘速率和延迟时间的功能，直接修改键盘的反应速度。

③ 提高存取速度。

- 设置主板 BIOS 缓冲内存：System BIOS Cacheable＝Enable。
- 设置内存隐含刷新方式：Hidden Refresh＝Enable。
- 设置内存高速刷新方式：High Refresh＝Enable。
- 调整 DRAM 和 SRAM 的读写周期定时等待个数，具体设置选项为：DRAM Read (Write) Timing 或 Memory Read (Write) Wait State 设定值；SRAM Read (Write) Timing 或 Cache Read(Write) Timing 或 Cache Read (Write)设定值。
- 设置硬盘数据传输块的扇区数：IDE HDD Block Mode Sectore＝HDD MAX。
- 采用 UDMA 技术：IDE Ultra DMA Mode＝Auto。

2. 优化硬盘的读盘速度

Windows 启动时，要从硬盘读取大量的数据，所以提高读写硬盘的速度是相当重要的，可采取的方法如下。

（1）在安装时尽量采用 NTFS 格式。

（2）现在的主板基本都支持 Ultra DMA 100，如果是 Intel 芯片组的主板，可以通过安装 Intel Application Accelerator 程序来打开硬盘的 DMA，使硬盘的读写速率大幅度提高，并能够提高系统的多任务处理能力，减少因 CPU 利用率太高而死机的次数。

(3) 经常使用 Windows 的系统工具中的磁盘碎片整理程序整理硬盘。

3. 优化 Windows 系统

1) 手工优化 Windows

(1) 优化虚拟内存

方法是右击"我的计算机",选择"属性"→"高级"→"性能选项"→"更改"来设置虚拟内存的初始值和最大值。将初始值设置为机器内存的 2.5 倍,最大值设置成所需的最大尺寸(当然不能超过硬盘的可用空间)。

(2) 加快启动和故障恢复

在"我的计算机"→"属性"→"高级"→"启动和故障恢复"中选中系统启动时默认的操作系统,不选"显示操作列表"。这样在装有多操作系统的情况下,启动时就不会显示多系统而直接启动选定的操作系统。

(3) 安全日志已满时的处理

安全日志已满时,Windows 将停止响应并显示"审核失败"消息,如要恢复它必须清除安全日志。方法是:重新启动以管理员身份登录,单击"开始"→"设置"→"控制面板"→"管理工具"→"事件查看器",右击"安全日志"选择"属性",在弹出的窗口中单击"改写久于 n 天的事件"。

(4) 优化电源管理

选择"最小电源管理"方案来节省电能。在"设置"→"控制面板"→"电源选项"→"电源使用方案"中选择"最小电源管理"方案,"1 分钟之后"关闭显示器、"3 分钟之后"关闭硬盘、系统休眠选择"从不"。这样超过一分钟不用键盘和鼠标,系统就会自动关闭显示器、硬盘以节省电能,只要按一下键盘或鼠标系统又恢复原状。

(5) 桌面和"开始"菜单的优化

关于文件夹系统默认使用 Web 视图,即左边有个信息栏显示选择的文件信息,如果是图片文件将显示图片的缩略图。该窗口虽然华美,但既费内存又费时间,开启它会降低系统性能。关闭的方法是,打开"我的计算机"→"工具"→"文件夹选项",在"Web 视图"中选择"使用 Windows 传统风格的文件夹"。

为了提高效率可以在控制面板的"显示/效果"中把视觉效果改为"滚动效果",不要设置墙纸,因为墙纸会占用大量内存,增加启动时调图时间,也不要设置屏幕保护方式。去掉任务栏左侧的图标,方法是鼠标右击该图标,在弹出菜单中选择删除功能即可。取消任务栏中的快速启动栏,方法是鼠标右击任务栏空白处,选择工具栏去掉"快速启动"前的勾。

(6) 优化配置网络

Windows 允许网络适配器使用一种以上协议,对只上 Internet 的适配器应只安装 TCP/IP。要检查每个适配器,去掉不用的协议,这样可以提高连接速度。

(7) 减轻启动时任务

删除"开始"菜单中的"程序/启动"中的所有项目,然后在注册表 HLEY_LOCAL_MACHINE\Software\Microsoft\Windows\Current Version 的子项 Run、Run Services、Run Services Once、Run Once 和 Run Once Ex(一次性的自启动功能,表示只运行一次)下删除列出的所有应用程序(只保留 SysTray.exe 程序),这样保证只启动 SysTray.exe 这一

个程序,减轻启动任务,加速了启动过程。

(8) 清除注册表垃圾

安装一个软件注册表就要相应地增加一些项。当软件被删除以后,有些软件的注册信息还存在注册表中,长期下去将在注册表中形成大量的垃圾,而在启动时注册表是要被调入内存的,其庞大的垃圾将既占内存又费时,所以要彻底清除这些垃圾。

(9) 清除配色方案和屏幕保护程序

在 HKEY_CURRENT_USER\Control Pane\Appearance\Schemes 中,有系统自带的各种配色方案,对应显示在"控制面板"窗口中的"显示"→"属性"→"外观"→"窗口配色方案"下拉列表中,将不用的配色方案删除,一般只保留"Windows 默认"一项即可。

(10) 暂时禁用不需要的外设

暂时禁用一些外设可减少系统启动时要调入的外设驱动程序数量,因而使启动速度加快。方法是打开"我的计算机"→"属性"→"硬件"→"设备管理器",选中要停用的外设单击"停用"按钮,重新启用时单击"启用"按钮。

2) 用系统优化工具优化

(1) 磁盘缓存。提供磁盘最小缓存、磁盘最大缓存以及缓冲区读写单元大小优化;缩小按 Ctrl+Alt+Delete 组合键关闭无响应程序的等待时间;优化页面、DMA 通道的缓冲区、堆栈和断点值;缩短应用程序出错的等待响应时间;优化队列缓冲区;优化虚拟内存;协调虚拟机工作;快速关机;内存整理等。

(2) 菜单速度。优化"开始"菜单和菜单运行的速度;加速 Windows 刷新率;关闭菜单动画效果;关闭"开始"菜单动画提示等功能。

(3) 文件系统。提供文件系统类型优化;光驱速度优化;优化交换文件和多媒体应用程序;优化 NTFS 文件系统等。

(4) 网络优化。主要针对 Windows 的各种网络参数进行优化,同时提供了快猫加鞭(自动优化)和域名解析的功能。

(5) 开机速度。Windows 启动信息停留时间,Windows 默认启动顺序(主要针对多操作系统),开机自动运行的程序选择等。

(6) 系统安全。防止匿名用户按 Esc 键登录,退出系统或注销用户时自动清理文档历史记录,禁止光盘自动运行,进程、黑客和病毒程序扫描及免疫,与系统及网络有关的附加工具等。

(7) 后台服务。停用一些系统后台自动运行的服务可以节省不必要的系统资源开销。

3) 用超级兔子魔法设置进行优化

超级兔子魔法设置软件是一个系统设置软件,完整的超级兔子软件包括以下 6 个软件:超级兔子魔法设置,超级兔子软件优化,超级兔子注册表优化,超级兔子修理专家,超级兔子 IE 保护器和超级兔子内存整理。

超级兔子魔法设置共有三类工具:魔法设置,兔子软件和系统软件。其中,兔子软件包括软件优化、注册表优化、修理专家、IE 保护器和内存整理等相当实用的软件;系统软件包含系统信息、计算机管理和注册表编辑器等。在魔法设置里共有 20 个图标,分别代表 20 种类别。进入每个功能可以修改所有想要改的设置。

4．计算机硬件的升级

升级板卡等部件和相应的驱动程序、主板 BIOS、显卡 BIOS 等来提高计算机的性能。

5．超频设置

超频的最大问题是解决散热问题，要正确使用散热片、导热硅脂和风扇。CPU 的超频方法可以采用主板 DIP 跳线设定或对于免跳线主板 CPU 的 Award BIOS 设置。

15.2.2　使用 Windows 自带的磁盘清理程序

在计算机的使用过程中，安装或卸载程序、新建或删除文件以及浏览网页等操作会产生大量的垃圾文件和临时文件，会占用大量的系统资源和磁盘空间。可使用 Windows 自带的磁盘清理程序将其删除。

磁盘清理的操作方法是：打开"我的计算机"窗口，在需要进行磁盘清理的盘符上单击鼠标右键，在弹出的快捷菜单中选择"属性"命令，再单击"磁盘清理"按钮，系统会自动查找所选磁盘上的垃圾文件和临时文件并显示可以删除的垃圾文件和临时文件列表。在"要删除的文件"列表框中选择要删除的文件类型，单击"确定"按钮，打开删除提示对话框，单击"是"按钮即可进行清理操作。

在计算机的使用过程中，经常会进行文件的复制、粘贴、删除和移动操作，会在硬盘中形成不连续的存储碎片，从而降低磁盘的读写效率。使用 Windows 提供的磁盘碎片整理程序可以对这些碎片整理，使其变为连续的存储区域，以提高系统对磁盘的访问效率。

磁盘碎片整理的操作方法是：打开"我的计算机"窗口，在需要进行磁盘清理的盘符上单击鼠标右键，在弹出的快捷菜单中选择"属性"命令，打开"工具"选项卡，单击"开始整理"按钮，再单击"碎片整理"按钮，系统开始对该磁盘进行分析，然后自动进行碎片整理并显示整理前后的磁盘使用量及进度，整理完毕后单击"关闭"按钮。

15.3　Windows 优化大师简介

Windows 优化大师是一款功能强大的系统辅助软件，它提供了全面有效且简便安全的系统检测、系统优化、系统清理、系统维护 4 大功能模块及数个附加的工具软件。使用 Windows 优化大师，能够有效地帮助用户了解自己的计算机软硬件信息；简化操作系统设置步骤；提升计算机运行效率；清理系统运行时产生的垃圾；修复系统故障及安全漏洞；维护系统的正常运转。

15.3.1　优化大师界面说明

Windows 优化大师的操作界面见图 15-1。

1．模块选择

Windows 优化大师包括系统检测、系统优化、系统清理和系统维护 4 大功能模块。

2．功能选择

Windows 优化大师 4 大功能模块下的具体小模块实现各模块的功能选择。

3．功能按钮

实现各个功能选择模块中具有功能按钮，方便用户操作。

4．信息与功能应用显示区

当选择到具体功能模块时，这里就会出现详细的模块信息，根据功能模块的不同该区域会出现不同的信息内容。

15.3.2　系统检测

系统测试工具软件可以对计算机的 CPU、主板、硬盘、显卡等硬件进行检测，并给出同型号其他产品的参数比较，部分测试软件还可以检测出硬件的真伪性。Windows 优化大师不仅具有系统优化的功能，而且也具有系统检测的功能。

系统检测的操作界面见图 15-1。

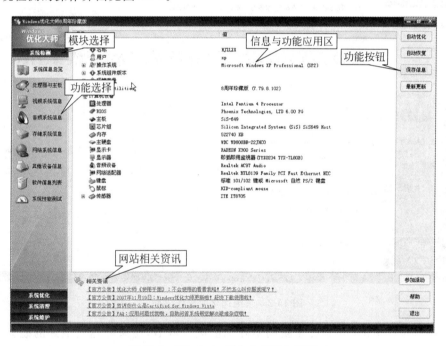

图 15-1　Windows 优化大师操作界面

（1）系统信息总览：检测 Windows 操作系统的一些情况，同时显示系统的主要硬件设备列表。可以根据需要找出计算机硬件设备的信息，如果需要更详细的信息，可到其中的具体功能模块中查找。

（2）处理器与主板：检测计算机的 CPU、BIOS、主板（包括芯片组、主板插槽、接口等）、系统制造商、芯片、总线、设备等。

（3）视频系统信息：检测用户的显卡和显示器。

（4）音频系统信息：检测 Wave 输入输出设备，MIDI 输入输出设备、音频附加设备和混音设备。

（5）存储系统信息：检测系统的内存、硬盘和光驱的信息。

（6）其他设备信息：检测键盘、鼠标、USB 控制器、打印机、即插即用设备的信息。

（7）网络系统信息：检测局域网和广域网的信息。

（8）软件信息列表：检测计算机中安装了的软件。

（9）系统性能测试：通过对系统的 CPU/内存速度、显卡/内存速度、硬盘性能进行测试后进行评分。为了方便比较，Windows 优化大师提供了多种配置供用户参考。

15.3.3　系统优化

系统优化的操作界面见图 15-2。

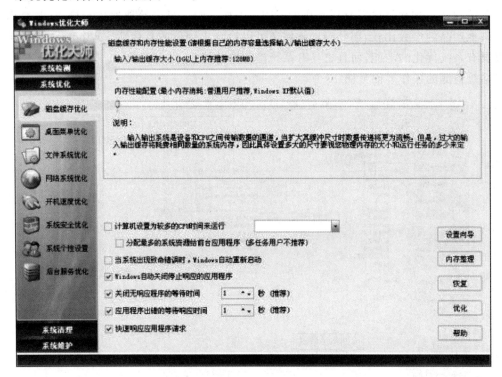

图 15-2　系统优化的操作界面

（1）磁盘缓存优化：可根据本机的实际性能进行调节，使系统达到最好的磁盘缓存和内存工作状态，调整完成后单击"优化"按钮，保存设置。

（2）桌面菜单优化：可以根据使用计算机的情况做出选择，可以选择"最佳外观设置"，也可以选择"最高性能设置"。

（3）文件系统优化：帮助用户完成对文件系统的优化设置。

（4）网络系统优化：根据用户的上网方式自动设置最大传输单元大小、传输单元内的最大数据段大小、传输单元缓冲区大小。

（5）开机速度优化：Windows 优化大师对于开机速度的优化主要通过减少引导信息停留时间和取消不必要的开机自运行程序来提高计算机的启动速度。

（6）系统安全优化：为了弥补 Windows 系统安全性的不足，Windows 优化大师为用户提供了增强系统安全的一些措施。

（7）系统个性设置：由右键设置、桌面设置、其他设置三个部分组成。

（8）后台服务优化：服务是一种应用程序类型，它在后台运行，并且每个服务都有特定的权限。根据服务的启动类型，可以分为"自动""手动"和"禁用"三种。

15.3.4　系统清理

系统清理的操作界面见图 15-3。

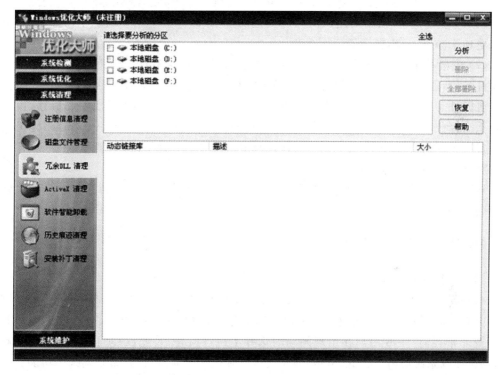

图 15-3　系统清理的操作界面

（1）注册信息清理：注册表是 Windows 操作系统、硬件设备以及应用程序得以正常运行和保存设置的一个树状分层结构的数据库系统。它记录了计算机的硬件配置和用户安装在机器上的软件信息。

一些应用程序在删除后，没有删除注册表中的相关信息，导致注册表越来越臃肿。日积月累，这些冗余信息不仅影响了注册表本身的存取效率，还会导致系统整体性能的降低。因此，Windows 优化大师向用户提供了注册表清理的功能。

（2）磁盘文件管理：提供硬盘信息、清理垃圾文件、目录统计和文件恢复等功能。

（3）冗余 DLL 清理：动态链接库（Dynamic Link Library，DLL）是一个可以被其他应用程序共享的程序模块，其中封装了一些可以被共享的程序或资源。它和可执行文件非常类似,区别在于动态链接库中虽然包含可执行代码却不能单独执行,而应由应用程序直接或间接调用。一部分软件在卸载后,并没有将安装的动态链接库文件从系统中也进行相应的删除。随着用户安装/卸载的程序越来越多,硬盘上可能会有冗余的动态链接库存在。因此,Windows 优化大师向用户提供了冗余动态链接库(DLL)清理的功能。

(4)ActiveX 清理:由于越来越多的应用程序开始使用 ActiveX/COM 组件来扩展自身的业务逻辑、事务处理和应用服务的范围,因此,系统中安装的 ActiveX/COM 组件越来越多,而很多应用程序在卸载时没有同时删除这些组件,因此,Windows 优化大师向使用者提供了 ActiveX/COM 组件的清理功能。

(5)软件智能卸载:能够自动分析指定软件在硬盘中关联的文件以及在注册表中登记的相关信息,并在压缩备份后予以清除。用户在卸载完毕后如果需要重新使用或碰到问题可以随时从 Windows 优化大师自带的备份与恢复管理器中将已经卸载的软件恢复。

(6)历史痕迹清理:帮助用户清除历史记录,一方面保护了用户的隐私,另一方面也使系统更加干净,进一步提高了运行速度。

(7)安装补丁清理:使用 Windows Installer 制作的安装程序会在用户的磁盘中添加安装文件备份,通常用于日后的软件设置、补丁安装等。如果在安装开始的时候单击了取消操作或者因补丁安装条件不足而导致安装失败,Windows Installer 将退出安装流程,但是会遗留上次释放的安装文件。如果用户再次运行同一个安装程序,Windows Installer 又会重新生成一个新的文件,而不会利用上一次已释放的文件。如此下来,安装程序第一次产生的文件将永远被残留在磁盘上。

Windows 优化大师向用户提供了安装补丁清理功能,帮助用户清除掉这些残留文件或注册表中的残留信息。

15.3.5　系统维护

系统维护的操作界面见图 15-4。

(1)系统磁盘医生:由于死机、非正常关机等原因,Windows 可能会出现一些系统故障。通常是在启动时发现此类问题后要求用户确定是否运行 Chkdsk 进行检查,同时由于开机的检查非常耗时,一些用户在出现问题时选择了跳过检查,长此以往问题可能会越来越严重,甚至导致系统崩溃。为此,Windows 优化大师向用户提供了系统磁盘医生功能。它不仅能帮助用户检查和修复由于系统死机、非正常关机等原因引起的文件分配表、目录结构、文件系统等系统故障,还能自动快速检测系统是否需要做以上的检查工作,以帮助用户节约大量的时间。

(2)磁盘碎片整理:Windows 优化大师提供的磁盘碎片整理模块可以分析本地卷、整理合并碎片文件和文件夹,以便每个文件或文件夹都可以占用卷上单独而连续的磁盘空间。

(3)驱动智能备份:驱动程序是一个小型的系统级程序,它能够使特定的硬件和软件与操作系统建立联系,让操作系统能够正常运行并启用该设备。由此可知,驱动程序就像系统上的其他文件一样,可能会受到破坏而导致运行不正常。日常工作中,在重装操作系统前,可能会因为找不到网卡或调制解调器驱动程序,担心无法安装网络设备而不敢轻易动手。为此,Windows 优化大师提供了驱动智能备份的功能。

(4)其他设置选项:包含禁止/取消指定的 ActiveX 插件安装和系统文件备份与恢复

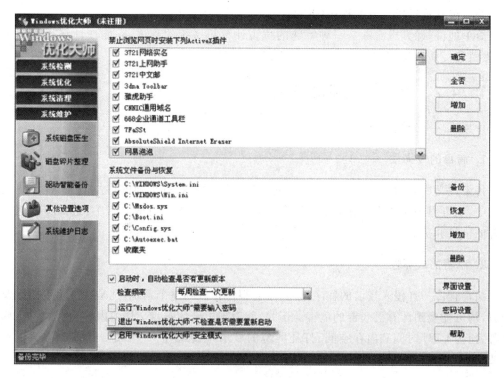

图 15-4　系统维护的操作界面

功能。

（5）系统维护日志：记录以前所进行的优化设置的记录，方便查看过去的记录。单击"清空"，可清空记录列表。

15.4　计算机病毒

病毒不是来源于突发或偶然的原因，在计算机的外存和内存中产生一些乱码或随机指令，但这些代码是无序和混乱的。病毒则是一种比较完美的、严谨的代码，按照严格的秩序组织起来，与所在的系统网络环境相适应和配合。病毒不会偶然形成，并且需要一定的长度，这个基本长度从概率上来讲是不可能通过随机代码产生的。

病毒是人为的特制程序。现在流行的病毒都是人为编写的，多数病毒可以找到作者信息和产地信息。通过大量的资料分析统计来看，病毒产生的原因是：一些天才的程序员为了表现和证明自己的能力，或出于对上司的不满、好奇、报复、得到控制口令等个人目的，而编写的具有破坏性的计算机程序。当然，也有因政治、军事、宗教、民族、专利等方面的需求而专门编写的病毒，其中也包括一些病毒研究机构和黑客的测试病毒。

15.4.1　计算机病毒的定义

计算机病毒在《中华人民共和国计算机信息系统安全保护条例》中被明确定义，"指编制或者在计算机程序中插入的破坏计算机功能或者破坏数据，影响计算机使用并且能够自我复制的一组计算机指令或者程序代码"。

简单地说,计算机病毒是一种特殊的危害计算机系统的程序,它能在计算机系统中驻留、繁殖和传播,它具有类似于生物学中病毒的某些特征。

15.4.2　计算机病毒的特征

计算机病毒一般具有如下特征。

1．病毒的传染性

传染性是所有病毒程序都具有的共同特性。源病毒具有很强的再生能力,在系统运行过程中,病毒程序通过修改磁盘扇区信息或文件内容,并把自身嵌入其中,进而不断地进行病毒的传染和扩散。

2．病毒的破坏性

病毒程序一旦侵入当前的程序体内,就会很快扩散到整个系统,凡是软件手段能触及的地方,均可能受到计算机病毒的危害。于是,就表现出破坏磁盘文件的内容、删除数据、修改文件、抢占 CPU 时间和内存空间、打乱屏幕的显示,从而中断一个大型计算中心的正常工作或使一个计算机网络系统瘫痪,甚至造成灾难性的后果。

3．病毒的隐蔽性

计算机病毒的隐蔽性表现在两方面:一是传染的隐蔽性,大多数病毒在进行传染时速度极快,一般没有外部表现,不易被人发现;二是病毒存在的隐蔽性,病毒程序大多潜伏在正常的程序之中,在其发作或产生破坏作用之前,一般不易被察觉和发现,而一旦发作,往往已经给计算机系统造成了不同程度的破坏。

4．病毒的潜伏性

病毒具有依附其他媒体而寄生的能力。病毒侵入系统后,一般不立即发作,它可以在几周、几个月或更长时间内,在系统的备份设备内复制和传染病毒程序而不被发现,在满足激发条件时才发作。

5．病毒的可激发性

等满足一定的条件时,通过外界刺激可使病毒程序活跃起来。激发是一种条件控制,由病毒炮制者设定,如在某个时间或日期、特定的用户标识符的出现、特定文件的出现或使用、一个文件使用的次数等。病毒程序在运行时,每次都要检测发作条件,在条件得到满足时,病毒体将激活并对正常程序发起攻击。

15.4.3　计算机病毒的分类

计算机病毒的种类很多,据资料统计,目前已发现的计算机病毒约有数万种,而且极易生成许多新的变种病毒。对于计算机病毒可以从不同的角度进行分类。

1. 病毒入侵的途径

根据入侵的途径，计算机病毒可分为以下几类。

（1）源码型病毒（Source Code Viruses）：该病毒在源程序被编译之前，插入到FORTRAN、COBOL、Pascal、C 等语言编写的源程序中。由于编制这类病毒程序的难度较大，且受病毒程序感染的程序对象有一定的限制，故此类病毒较为少见。

（2）入侵型病毒（Instrucsive Viruses）：该病毒一般是针对某些特定程序而写的，它是把病毒程序的一部分插入到主程序。它一旦侵入到某个程序中，若不破坏主程序就难以除掉病毒程序，此类病毒也较难编写。

（3）操作系统型病毒（Operating System Viruses）：该病毒试图加入或替代部分操作系统进行工作。它能将正常 DOS 等系统盘上的引导程序搬移到其他扇区，使自身占据磁盘引导扇区，在 DOS 等启动时，病毒乘机进入计算机内存，使系统处于带毒状态，造成病毒程序对系统持续不断的传染和攻击。常见的"小球""大麻"等病毒均属此类。

（4）外壳型病毒（Shell Viruses）：该病毒常隐藏在主程序的首尾，一般情况下对原来的程序不做修改。由于这种病毒易于编制，大约有半数以上的病毒是采用这种方式传播的。这种病毒也容易检测和清除，只要检测可执行文件的大小便可发现它们，采用简单覆盖方法即可清除。

以上所述的外壳型、入侵型和源码型病毒均属文件型病毒，它们攻击的对象是文件。目前，出现最多的病毒是操作系统型和外壳型，其中，外壳型病毒更为多见。

2. 病毒破坏程度

根据破坏程度，计算机病毒可分为如下两类。

（1）良性病毒：良性病毒只对系统的正常工作进行某些干扰，不破坏磁盘数据和文件，如"小球"病毒。

（2）恶性病毒：恶性病毒的危害性很大，它一旦发作，就会删除和破坏磁盘数据和文件内容，使系统处于瘫痪状态，如"黑色星期五"病毒。

3. 病毒攻击的机型

根据攻击的机型，计算机病毒可分为如下几类。

（1）攻击微型计算机的病毒：此类病毒是目前世界上存在最广泛的计算机病毒，大约有四千多种。

（2）攻击小型计算机的病毒：小型计算机的应用范围极为广泛，它既可以作为计算机网络的结点机，也可以作为网络的主机。自 1988 年 11 月 Internet 受到 Worm（蠕虫）病毒攻击后，人们开始重视病毒对小型计算机的进攻。

（3）攻击工作站的病毒。

（4）攻击大型计算机的病毒目前还没发现，但很难肯定计算机病毒不会对大型计算机进行攻击。

4. 攻击的系统

根据攻击的系统,计算机病毒可分为如下几类。

(1) 攻击 DOS 系统的病毒。

(2) 攻击 Windows 系统的病毒。

(3) 攻击 UNIX 系统的病毒。

(4) 攻击 OS/2 系统的病毒。

15.4.4　计算机病毒的传播途径与表现形式

计算机病毒主要是通过一个从磁盘装入的带病毒的程序,或者通过一个从网络通信交换的带病毒的程序侵入系统的。计算机用户共享软件或使用来历不明的软件是病毒传播的主要途径,尤其是个人计算机采用开放式系统,计算机病毒很容易在其间传播。更严重的是,在网络上大家共享服务器上的软件,一旦病毒通过任何一台工作站侵入服务器,那么另一工作站调用并执行服务器上的带病毒的程序时,病毒就传播出去了。另外,电子布告栏(BBS)也是病毒传播的一种途径,其感染与网络的情况相似。计算机病毒激发后,就可能进行破坏活动,轻者干扰屏幕显示,降低计算机运行速度;重者使计算机软硬盘文件和数据被肆意篡改或全部丢失,甚至使整个计算机系统瘫痪。计算机感染病毒后,比较常见的表现形式主要有以下几种。

(1) 机器不能正常启动。加电后机器根本不能启动,或者可以启动,但所需的时间比原来的启动时间变长了,有时会突然出现黑屏现象。

(2) 运行速度降低。如果发现在运行某个程序时,读取数据的时间比原来长,存文件或调文件的时间都增加了,那就可能是由于病毒造成的。

(3) 磁盘空间迅速变小。由于病毒程序要进驻内存,而且又能繁殖,因此会使内存空间变小甚至变为 0,用户什么信息也进不去。

(4) 在没有进行任何操作时,硬盘不停地读盘。

(5) Windows 运行时内存不足,磁盘空间迅速变小,程序都无法使用,不能正常引导系统,文件的内容被无故修改,出现不能识别的文件。

(6) 文件内容和长度有所改变。一个文件存入磁盘后,本来它的长度和内容都不会改变,可是由于病毒的干扰,文件长度可能改变,文件内容也可能出现乱码,有时文件内容无法显示或显示后又消失了。

(7) 经常出现"死机"现象。正常的操作是不会造成死机现象的,即使是初学者,命令输入不对也不会死机。如果机器经常死机,那可能是由于系统被病毒感染了。

(8) 屏幕出现异常信息,例如,突然重新启动计算机,或出现一个提示框,提示计算机即将关闭。

(9) 屏幕上的字符脱落,屏幕上显示异常提示信息,屏幕上出现异常图形,显示信息消失。

(10) 外部设备工作异常。因为外部设备受系统的控制,如果机器中有病毒,外部设备在工作时可能会出现一些异常情况,出现一些用理论或经验说不清道不明的现象。

总之,机器在运行中,凡出现无法解释的非正常现象,就很可能是感染了病毒,应及时检测和消除病毒。

15.4.5　计算机病毒的预防方法

1．预防病毒的传播

计算机病毒应以预防为主，而预防计算机病毒，主要是堵塞病毒的传播途径。为了防止病毒的传播，可以采取的措施如下。

（1）管理上应制定出严格的规章制度。

① 系统软盘应指定专用，并有写保护。有硬盘的机器，一律从硬盘启动，不用软盘启动。

② 严禁在工作机器上进行游戏，有很多游戏软件为了防止拷贝，使用了一些加密手段，并带有病毒，作为对非法拷贝者的惩罚。

③ 凡不需要再写入数据或不再修改的软盘，都应采取写保护。

④ 在系统中不应使用来历不明的软盘，对交换的软件或数据文件，使用前必须先检查，确定无病毒后方可使用。

⑤ 对重要的系统盘、数据盘及硬盘中的重要文件，要经常进行备份，以使系统或数据遭到破坏后能及时得到恢复。

⑥ 对网络上的计算机用户，要遵守网络软件的使用规定，不能在网络上随意使用外来的软件。

⑦ 定期检查软盘、硬盘和系统，以便及时发现和清除病毒。

（2）用技术手段实现对病毒的预防措施。

病毒防治的技术措施，目前最常用的是利用防病毒卡和防病毒软件。防病毒卡和防病毒软件对病毒能起到预防作用。

防病毒软件的应用：防病毒软件种类很多，如以在 DOS 6.0 以上版本提供的防病毒软件 VSAFE 为例，VSAFE 运行后驻留于内存，担任在线病毒警戒，监视计算机是否有病毒，若发现病毒，则显示告警信息。

防病毒卡的应用：防病毒卡是一种将软件和硬件相结合的防毒技术。它被制成一块插件板，插于主机箱内的扩展槽中。其优点是不占内存，在系统启动时，防病毒卡上的程序能被系统自动地运行，即开机后立即监视系统的各种异常举动，如异常的磁盘读写操作等。它只允许合法程序驻留系统内存，不允许非法程序在内存中常驻，出现异常情况及时报警。防病毒卡的种类很多，使用时可参阅防病毒卡手册。

（3）尽早察觉计算机病毒。

一般来说，不论何种病毒，一旦侵入系统，都会或多或少、或隐或显地给系统带来不正常的现象，根据这些现象可以及早发现病毒，并及时把它们从计算机中清除掉。

2．检测和消除病毒

为了阻止计算机病毒的扩散，一方面要预防，另一方面还需经常检测和消除病毒。检测和消除病毒的方法有两种，一是人工检测和消除，一是软件检测和消除。人工检测和消除难度大、技术复杂，而软件检测和消毒方法则操作简单、使用方便，适合于一般的计算机用户使用。用于检测和杀毒的软件种类很多,如瑞星科技股份有限公司研制的瑞星杀毒软件、金山公司研制开发的金山毒霸等。

需要说明的是,由于新的计算机病毒可能不断出现,因此新的杀毒软件版本也会随之产生。对用户来说,就必须不断更新杀毒软件版本,才可能有效地预防和消除新的计算机病毒。

15.4.6　瑞星杀毒软件介绍

如图 15-5 所示为瑞星杀毒软件的主程序界面。瑞星杀毒软件(Rising Antivirus,RAV)采用获得欧盟及中国专利的 6 项核心技术,形成全新软件内核代码;具有 8 大绝技和多种应用特性;是目前国内外同类产品中最具实用价值和安全保障的杀毒软件产品。

图 15-5　瑞星杀毒软件的主程序界面

瑞星公司是目前中国最大的提供全系列反病毒及信息安全产品的专业厂商,软件产品全部拥有自主知识产权。在 2000 年中国公安部组织的所有在中国境内销售的病毒防治产品统一标准评测中,"瑞星杀毒软件"单机版、网络版双双荣获总分第一的殊荣,是中国主流的信息安全产品和服务提供商。2011 年 3 月 18 日,国内最大的信息安全厂商瑞星公司宣布,从即日起其个人安全软件产品全面、永久免费。免费产品包括:2011 年最新的瑞星全功能安全软件、瑞星杀毒软件、瑞星防火墙、瑞星账号保险柜、瑞星加密盘、软件精选、瑞星安全助手等所有个人软件产品。

采用瑞星独创的智能解包还原技术,解决了杀毒软件无法有效查杀因使用各种公开、非公开的自解压程序对病毒进行压缩打包而产生大量变种病毒的世界难题,根治了此类变种病毒造成的危害。

瑞星首创的"行为判断查杀未知病毒"技术再次实现突破,不仅可查杀 DOS、邮件、脚本以及宏病毒等未知病毒,还可自动查杀 Windows 未知病毒。在国际上率先使杀毒软件走在了病毒前面,并将防病毒能力拓展到防范 Windows 新病毒。

通过对实时监控系统的全面优化集成,使文件系统、内存系统、协议层邮件系统及互联网监控系统的多层次实时监控有机融合成单一系统,各个子系统更好地协调工作,使监控系统更有效地与脚本解释器的多层次实时监控完整地融合,有效降低了系统资源消耗,提升了监控效率,让用户可以放心地打开陌生文件和网页、邮件。

瑞星杀毒软件在秉承传统特征值扫描技术的基础上,又增加了瑞星独有的行为模式分析(BMAT)和脚本判定(SVM)两项查杀病毒技术。检测内容经过三重检测和分析,既能通过特征值查出已知病毒,又可以通过程序分析出未知的病毒。三个杀毒引擎相互配合,从根本上保证了系统的安全。

瑞星杀毒软件采用国际领先的 VST II 病毒扫描引擎技术,该技术是一项多引擎技术,可快速、全面地查杀 DOS、Windows 3. x/9x/Me/NT/2000/XP/2003 等操作系统平台上的病毒。

采用超容压缩数据保护技术,无须用户干预,定时自动保护计算机系统中的核心数据,即使在硬盘数据遭到病毒破坏,甚至格式化硬盘后,都可以迅速恢复硬盘中的宝贵数据。

通过屏保杀毒功能,计算机会在运行屏幕保护程序的同时,启动瑞星杀毒软件进行后台杀毒,充分利用计算机空闲时间。

在 Internet 连接状态下,程序的主界面会自动获取瑞星网站公布的最新信息。诸如重大病毒疫情预警、最新安全漏洞和安全资讯等信息,用户能及时做好相应的预防措施。上网用户再也不必为软件升级操心,主动式智能升级技术会自动检测最新的版本,只需轻松单击一下鼠标,系统将自动为用户升级。

瑞星最新提供的注册表修复工具,可以帮助用户快速修复被病毒、恶意网页篡改的注册表内容,排除故障,保障系统安全稳定。

用户可在瑞星设置中快速灵活地选择已定制的安全级别设置:低安全级别、中安全级别和高安全级别,也能在自定义级别设置中按照传统方式自行调整。

使用瑞星杀毒软件的光盘即可引导系统,直接查杀病毒,并能够自动寻找和使用硬盘中的最新版本进行病毒查杀。

瑞星杀毒软件支持 DOS、Windows、UNIX 等系统的几十种压缩格式,如 ZIP、GZIP、ARJ、CAB、RAR、ZOO、ARC 等,使得病毒无处藏身,并且支持多重压缩以及对 ZIP、RAR、ARJ、ARC、LZH 等多种压缩包内文件的杀毒。

除了常用的杀毒软件之外,有的病毒则需要专杀工具查杀才有更好的效果。

常见病毒及其专杀工具有:五毒虫病毒、求职信(Worm. wan)、网银大盗、恶邮差(Worm. Supnot)、霸王虫(WORM_SOBIG. F)、"狂爱"病毒等。

常见的病毒还是比较多的,但各大防病毒厂商都已推出相应的专杀工具,如金山和瑞星都推出了相应专杀工具。

15.4.7　计算机病毒发作后的急救措施

根据病毒发作后不同的破坏程度,可采用一些相应的急救措施来进行挽救,以使损失减到最小。下面介绍一些较为常用的补救措施。

1．Flash BIOS 被破坏

重写 BIOS 程序(一般需专业技术人员进行)或者更换主板。

2．CMOS 被破坏

将 CMOS 放电,然后用计算机的设置程序进行重新设置。

3．引导区或主引导扇区被破坏

某些杀毒软件提供备份和恢复系统主引导区及引导区信息内容的功能,可以利用事先做的备份进行及时恢复。如果没有建立备份,若能找到具有相同类型的硬盘、同样的分区和安装有同样操作系统的其他计算机,可利用它进行备份,然后恢复被病毒破坏的引导区或主引导扇区。

4．文件丢失

若是在纯 DOS 系统中,可利用 NDD 等磁盘工具进行恢复。注意,若有其他操作系统,则不能使用 NDD 磁盘工具,否则会带来更大的破坏。

若有备份文件,病毒对磁盘的破坏均可通过备份文件进行恢复。如果没有备份文件,有些较为复杂的操作,如部分文件分配表被破坏,需要通过专业技术手段来进行恢复。

15.5　黑屏与死机故障的排除方法

15.5.1　黑屏故障的排除方法

1．计算机主机故障引起的黑屏故障

1) 主机电源引起的故障

主机电源损坏或质量不好引起的黑屏故障很常见。例如,当添加了一些新设备之后,显示器便出现了黑屏故障,排除了硬件质量及兼容性问题之后,电源的质量不好动力不足是故障的主要起因,更换大功率优质电源或使用稳压电源是解决这类故障的最好办法。

2) 配件质量引起的故障

配件质量不佳或损坏,是引起显示器黑屏故障的主要原因。如内存、显示卡、主板、CPU 等出现问题可能引起黑屏故障的出现。其故障表现为显示器灯呈橘黄色,此时可用替换法更换下显示卡、内存、CPU、主板等部件试试。

3) 配件间的连接质量

内存、显示卡等与主板间的插接不正确或有松动,灰尘等造成接触不良是引起黑屏故障的主要原因。而且显示卡与显示器连接有问题,或驱动器的数据线接反也可能引起黑屏故障。

4) 超频引起的黑屏故障

过度超频或给不适合于超频的部件进行超频不仅会造成黑屏故障的产生,严重时还会

引起配件的损坏。若过度超频或给不适合于超频的部件进行超频后散热不良或平常使用中因风扇损坏导致无法给 CPU 散热等,都会造成系统自我保护死机黑屏。

2.显示器自身故障引起的黑屏故障

1)交流电源功率不足

外部电源功率不足,造成一些老显示器或一些耗电功率大的显示器不能正常启动,是显示器自身故障引起的黑屏故障原因之一。或者外部电源电压不稳定,电压过高过低都可能造成显示器工作不稳定甚至不工作。

2)电源电路故障

显示器的开关电路以及其他电路出现故障是引起显示器黑屏故障的主要原因,如保险丝熔断,整流桥开关管被击穿,限流保护电阻烧断等故障导致显示器无法工作。

3)显像管、行输出电路的损坏

显像管或行输出电路出现故障也会引发显示器加电无光栅黑屏的故障,也是引起显示器黑屏故障的主要成因。

3.计算机软件故障引起的黑屏故障

如软件冲突、驱动程序安装不当、BIOS 刷新出错、CMOS 设置不正确等都有可能引起黑屏故障。此外,如恶性病毒引起硬件损坏(如 CIH)等也都有可能引起显示器黑屏故障的出现。

4.黑屏故障解决方法

(1)检查主机电源工作是否正常。首先,通过查看主机机箱面板电源指示灯是否亮,以及电源风扇是否转动来确定主机系统有没有得到电源供应。其次,用万用表检查外部电压是否符合要求,电压过高或过低都可能引起主机电源发生过电压或欠电压电路的自动停机保护。另外,重点检查电源开关及复位键的质量以及它们与主板上的连线的正确与否都很重要,因为许多劣质机箱上的电源开关及复位键经常发生使用几次后便损坏,造成整机黑屏无任何显示。

(2)检查显示器电源是否接好。显示器加电时有"嚓"的一声响,且显示器的电源指示灯亮,用户移动到显示器屏幕时有"咝咝"声,手背汗毛竖起。

(3)检查显示器信号线与显示卡接触是否良好。若接口处有大量污垢,断针及其他损坏均会导致接触不良,显示器黑屏。

(4)检查显示卡与主板接触是否良好。若显示器黑屏且主机内喇叭发出一长两短的蜂鸣声,则表明显示卡与主板间的连接有问题,或显示卡与显示器之间的连接有问题,可重点检查其插槽接触是否良好,槽内是否有异物,将显示卡换一个主板插槽进行测试,以此判断是否插槽有问题。

(5)检查显示卡是否能正常工作。查看显示卡上的芯片是否有烧焦、开裂的痕迹,以及显示卡上的散热风扇是否工作,散热性能是否良好。换一块工作正常的显卡,用以排除是否为显示卡损坏。

(6)检查内存条与主板的接触是否良好,内存条的质量是否过硬。如果计算机启动时黑屏且主机发出连续的蜂鸣声,则多半表明内存条有问题,可重点检查内存和内存槽的安装接触情况,把内存条重新拔插一次,或更换新的内存条。

(7) 检查机箱内风扇是否转动。若机箱内散热风扇损坏,则会造成散热不良,严重者会造成 CPU 及其他部件损坏或计算机自动停机保护,并发出报警声。

(8) 检查其他板卡与主板的插槽接触是否良好,以及驱动器等的信号线连接是否正确。

(9) 检查 CPU 是否超频使用,CPU 与主板的接触是否良好,CPU 的散热风扇是否完好。

(10) 检查参数设置。检查 CMOS 参数设置是否正确,若 CMOS 参数设置不当而引起黑屏,计算机不启动,则需要打开机箱,恢复 CMOS 默认设置。

(11) 检查是否为病毒引发显示器黑屏。若是因病毒造成显示器黑屏,可用最新版本杀毒软件进行处理,有时需要重写 BIOS 程序。

(12) 若是显示器内部电路故障导致黑屏或显像管损坏,应请专业人员维修。

15.5.2 死机故障的排除方法

由于在计算机"死机"状态下无法用软件或工具对系统进行诊断,因而增加了故障排除的难度。可以将计算机死机的原因归为人为操作、硬件、软件、病毒侵袭等诸多原因,故障现象为规律性死机和随机性死机。

1. 硬件引起的死机故障

1) CPU

(1) CPU 内部的二级缓存部分损坏,此时计算机在运行过程中容易出现死机现象或只能进入安全模式而不能进入正常模式。如果主板支持屏蔽二级缓存功能,可以在 BIOS 设置中把 CPU 的二级缓存关闭,以牺牲计算机速度来避免更换 CPU。

(2) 当 CPU 出现部分损坏时,这时机器加电时可能会出现显示器有图像出现,但是不能通过自检或者是无法加载系统。但是多数情况是根本不能启动计算机,可以使用排除法快速得出结论。

(3) CPU 供电不足或供电电源质量太差。如果主板的 CPU 周围的滤波电容有鼓泡,漏液时会造成 CPU 供电的电源质量差,纹波系数过大,而导致系统经常在运行过程中死机;CPU 插座与 CPU 接触不好,也会出现不启动或死机的情况,只要拔插几次 CPU 后就可以排除。

2) 内存

(1) 当在一台计算机上使用了两条以上的内存时,如果这两条内存条不是同一品牌的或者内存芯片不是同一厂家时,因为内存条的刷新速度或工作频率的原因,可能会出现系统不稳定或死机的情况。因此为保证计算机的稳定可靠工作,最好使用同一批次同一型号的内存条。

(2) 内存条性能差,产品质量不稳定。

(3) 内存使用了超频性能或加速功能。当使用超频性能时,对于一些低端的内存条就会出现工作不稳定的现象而导致系统死机,为了保证系统的稳定可靠性,一般情况下不要使用超频或加速功能,以免影响机器的正常使用寿命。

3）显示卡

（1）显卡的散热风扇损坏或散热片松动，导致显卡过热而死机。

（2）显卡性能不良。这种情况属于显卡有功能性故障，但是故障比较隐蔽，不是很直观，需要长时间观察或检验才能发现。

（3）显卡的驱动程序安装错误或版本不兼容。

（4）主板的 AGP 插槽的供电不足或主机的电源供电不足。

（5）显卡与主板的 AGP 插槽接触不良或者是 AGP 插槽上积尘太多。

4）主板

（1）最简单也是最有效的排除死机故障的方法是清除主板上的积尘。在实际维修中经常会遇到因为主板上积尘过多造成主机频繁死机、重启、找不到键盘鼠标、开机报警等情况，但清扫灰尘后故障不治自愈。

（2）检查主板上的滤波电容有无鼓泡、漏液的现象。

（3）主板上的内存供电或显卡供电的电源管有无变色或烧裂痕迹。

（4）主板上的接口芯片，南桥芯片出现问题时，也会出现在系统运行过程中死机。

5）硬盘

（1）硬盘供电不稳或不足或电源质量太差。

（2）硬盘的数据线接触不良或质量差。

（3）硬盘盘体上的缓存损坏，硬盘的主从盘跳线设置错误。

（4）硬盘盘面坏道太多或磁头脱落及其他硬盘故障，BIOS 中设置有误。

6）其他部件

光驱、USB 设备等，由于其质量与使用不当也可能导致死机故障的发生。

2．人为操作不当造成死机故障

（1）修改 BIOS 可优化系统性能，如果改动不当会造成系统不稳定。

（2）误删除系统文件导致系统死机。

（3）非正常关机造成死机。

（4）对硬件设备进行热插拔造成死机。

（5）超频引起死机。

3．软件引起的死机故障

（1）BIOS 设置有误。在实际工作中，如果 CMOS 电池电量耗尽会造成主机的系统时钟不能保存，时间复位，可能无法正常安装操作系统；如果硬盘信息设置错误，主机不能正确读写硬盘，系统不能启动；如果内存的读写刷新周期、频率设置错误会造成计算机在正常工作中突然死机；CPU 的内频外频设置过高时会造成 CPU 处于超频状态而工作不稳定，系统死机；当电源管理设置错误时也会造成在正常工作时因硬盘或 CPU 处于节能状态而死机。

（2）Windows 操作系统的系统文件丢失或被破坏。如果系统文件丢失时，无法正常进入桌面操作；如果系统文件被破坏，可能会进入桌面，但无法正常操作计算机，系统容易死机。

(3) 后台加载的程序太多,造成系统资源匮乏而死机。

(4) 缺乏相关的支持软件,应用软件无法正常使用而死机。

(5) 硬件设备的驱动程序安装有误或配套版本有 Bug,或者是相互之间冲突。

(6) 杀毒软件或其他防火墙安装设置不正确。

(7) 软件在安装过程中更改共享文件,导致其他软件启动时死机。

(8) 动态链接库文件丢失导致死机,随机启动的程序太多导致无故死机。

(9) 硬盘剩余空间太少或磁盘碎片太多也会导致"死机"故障。

(10) 使用试用版、测试版软件导致死机,非法卸载软件导致机器死机。

15.6　实训

15.6.1　实训目的

掌握 Windows 优化大师、瑞星杀毒软件的使用。

15.6.2　实训内容

(1) 使用 Windows 操作系统和 Windows 优化大师分别对系统进行维护和优化,并进行相关的信息备份和恢复。

(2) 使用瑞星杀毒软件对计算机进行杀毒,并用瑞星杀毒软件进行系统恢复,以及其他常用杀毒软件的使用。

15.6.3　实训过程

1. Windows 优化

(1) 使用 Windows 操作系统对系统进行维护和优化。例如,改变 Windows 虚拟内存的大小及其所在驱动器分区、设置启动 Windows 的自动启动的程序、硬盘的碎片整理、优化电源管理、桌面和"开始"菜单的优化等。

(2) 使用 Windows 优化大师对系统进行维护和优化,可以根据自己的需要进行。例如,可以在此设置输入法的顺序、整理内存碎片、简单测试系统的性能、删除垃圾文件、优化上网速度和开机速度等。

2. 使用瑞星杀毒软件查杀病毒

(1) 用软盘启动,在 DOS 下杀毒。

(2) 在 Windows 下杀毒。

① 安装瑞星软件。

② 双击桌面上瑞星快捷方式的图标。

③ 单击"全盘杀毒"按钮。

(3) 运行"工具"选项卡中的各项内容,并进行硬盘数据的备份与恢复。

（4）专杀工具是瑞星杀毒软件针对流行病毒推出的安全工具，可以通过"工具"标签页获取最新的专杀工具信息并运行，单击"检查更新"后自动下载本地。

15.6.4 实训总结

通过操作系统可以调节计算机的一些配置参数，可以提高计算机的运行速度。但是有些操作是以降低硬件性能为代价的，所以，计算机系统优化应尽量从硬件的内部挖掘。对计算机系统进行优化除了利用操作系统内部的功能之外，还有很多类似 Windows 优化大师的工具软件也可以进行维护和优化。现在计算机硬件性能越来越高，计算机的工作量也越来越大，所以计算机的维护压力也越来越重，有一组适合的维护工具软件，对用户来说也是越来越重要。同样，掌握一些常用的维护工具的使用方法是很必要的。

病毒是计算机的最大杀手，如何治毒、防毒是日常计算机维护工作的一项重要内容，也是保证计算机数据安全的重要措施。

小结

为了保障计算机的正常使用，延长计算机各个部件的使用寿命，根据计算机每个配件的特性，掌握对这些设备的保养与维护是十分必要的。能够使用 Windows 操作系统以及工具软件进行系统维护和优化，提高计算机系统的工作效率。了解计算机病毒的概念和起源，并对计算机病毒进行有效的预防。掌握常用杀毒软件的使用方法、计算机病毒发作后的急救措施。需要说明的是：计算机新病毒每天都在不断的出现，各种杀毒软件也不是万能的。在使用杀毒软件的时候，必须保持严肃而科学的态度来对待。使用正版杀毒软件，使用最新版本的杀毒软件，及时下载杀毒软件升级包以增加查杀病毒的数量和查杀新型病毒的能力。

习题

1. 硬盘在日常使用时需注意什么？
2. 简述内存使用的注意事项。
3. 如何进行鼠标的保养与维护？
4. 简述显示器使用中应注意的事项。
5. 操作系统的注册表的作用是什么？
6. 常用的计算机优化软件有哪些？
7. 简单描述病毒的特征和主要表现形式。
8. 简述如何预防病毒。
9. 通过互联网查找相关的系统优化软件，比较其适用的环境。

计算机维护与维修网址

1. 电脑维修技术网(http://www.pc811.com/)

2. 中国电脑维修网(http://www.shameng.net/)

3. 中国电脑维修联盟(http://xunboqf.cailiao.com)

4. 中国电脑配件网(http://www.pppccc.com/)

5. 电脑技术商城(http://www.nnxdn.com/)

6. 迅维网(http://www.chinafix.com)

7. 电脑维修技术网(http://www.cndebug.com)

8. 太平洋电脑网(http://www.pconline.com.cn)

9. 中国电脑配件网(http://www.pppccc.com)

10. 电脑配件批发网(http://www.89ws.com)

11. 攒机之家(http://www.zgcdiy.com)

12. 中关村在线(http://www.zol.com.cn)

13. PC 下载网(http://www.pcsoft.com.cn)

14. ZOL 软件下载(http://xiazai.zol.com.cn)

15. PC6 下载站(http://top.chinaz.com/Html/site_pc6.com.html)

16. 华军软件园(http://top.chinaz.com/Html/site_onlinedown.net.html)

17. 绿茶软件园(http://top.chinaz.com/Html/site_33lc.com.html)

18. 西西软件园(http://top.chinaz.com/Html/site_cr173.com.html)

19. 非凡软件站(http://top.chinaz.com/Html/site_crsky.com.html)

20. 腾牛网(http://top.chinaz.com/Html/site_qqtn.com.html)

参考文献

[1]　詹青龙.微机组装与维护技术[M].北京：清华大学出版社,2004.

[2]　周香庭.计算机组装与维护[M].北京：人民邮电出版社,2005.

[3]　过莉莎.计算机组装与维护[M].北京：人民邮电出版社,2005.

[4]　邓志华.计算机系统组装与维护技术[M].北京：中国水利水电出版社,2003.

[5]　韩桂林.计算机组装[M].北京：海洋出版社,2004.

[6]　王坤.计算机组装与维护[M].北京：中国铁道出版社,2007.

[7]　詹重咏.微机组装与维护[M].北京：人民邮电出版社,2006.

[8]　赵小明.微机组装与维护[M].北京：科学出版社,2006.

[9]　九州书源.电脑故障诊断排除[M].北京：清华大学出版社,2009.